时尚及其社会议题

服装中的阶级、性别与认同

［美国］戴安娜·克兰 著

熊亦冉 译

译林出版社

图书在版编目（CIP）数据

时尚及其社会议题：服装中的阶级、性别与认同 ／（美）戴安娜·克兰
（Diana Crane）著；熊亦冉译 . —南京：译林出版社，2022.2
（艺术与社会译丛 ／ 刘东主编）
书名原文：Fashion and Its Social Agendas: Class, Gender, and Identity in Clothing
ISBN 978-7-5447-8960-8

Ⅰ.①时… Ⅱ.①戴… ②熊… Ⅲ.①服装学 – 社会学 – 研究
Ⅳ.①TS941.12

中国版本图书馆 CIP 数据核字（2021）第 246832 号

Fashion and Its Social Agendas: Class, Gender, and Identity in Clothing
by Diana Crane

著作权合同登记号　图字：10-2017-469 号

时尚及其社会议题：服装中的阶级、性别与认同　［美国］戴安娜·克兰 ／ 著　　熊亦冉 ／ 译

责任编辑	张海波
装帧设计	周伟伟
校　对	孙玉兰
责任印制	单　莉

原文出版	The University of Chicago Press, 2000
出版发行	译林出版社
地　址	南京市湖南路 1 号 A 楼
邮　箱	yilin@yilin.com
网　址	www.yilin.com
市场热线	025-86633278
排　版	南京展望文化发展有限公司
印　刷	江苏凤凰通达印刷有限公司
开　本	960 毫米 ×1304 毫米　1/32
印　张	10.875
插　页	4
版　次	2022 年 2 月第 1 版
印　次	2022 年 2 月第 1 次印刷
书　号	ISBN 978-7-5447-8960-8
定　价	68.00 元

主编序

在我看来，就大大失衡的学术现状而言，如想更深一步地理解"美学"，最吃紧的关键词应当是"文化"，而如想更深一步地理解"艺术"，最吃紧的关键词则应是"社会"。不过，对于前一个问题，我上学期已在清华讲过一遍，而且我的《文化与美学》一书，也快要杀青交稿了。所以，在这篇简短的序文中，就只对后一个问题略作说明。

回顾起来，从率先"援西入中"而成为美学开山的早期清华国学院导师王国维先生，到长期向青年人普及美学常识且不懈地移译相关经典的朱光潜先生，到早岁因美学讨论而卓然成家的我的学术业师李泽厚先生，他们为了更深地理解"艺术"问题，都曾把目光盯紧西方"美的哲学"，并为此前后接力地下了很多功夫，所以绝对是功不可没的。

不宁唯是，李老师还曾在一篇文章中，将视线越出"美的哲学"的樊笼，提出了由于各种学术方法的并进，已无法再对"美学"给出"种加属差"的定义，故而只能姑且对这个学科给出一个"描述性的"定义，即包含了下述三个领域——美的哲学、审美心理学、艺术社会学。平心而论，这种学术视野在当时应是最为开阔的。

然则，由于长期闭锁导致的资料匮乏，却使当时无人真能去顾名

1

思义:既然这种研究方法名曰"艺术社会学",那么"艺术"对它就只是个形容性的"定语",所以这种学问的基本知识形态,就不再表现为以往熟知的、一般意义上的艺术理论、艺术批评或艺术历史——那些还可以被归到"艺术学"名下——而毋宁是严格意义上的、把"艺术"作为一种"社会现象"来研究的"社会学"。

实际上,人们彼时对此也没怎么在意,这大概是因为,在长期"上纲上线"的批判之余,人们当年一提到"社会学"这个词,就习惯性地要冠以"庸俗"二字;也就是说,人们当时会经常使用"庸俗社会学"这个术语,来抵制一度盛行过的、已是臭名昭著的阶级分析方法,它往往被用来针对艺术作品、艺术流派和艺术家,去进行简单粗暴的、归谬式的高下分类。

不过照今天看来,这种基于误解的对于"艺术社会学"的漠视,也使得国内学界同西方的对话,越来越表现为某种偏离性的折射。其具体表现是,在缺乏足够国际互动的前提下,这种不断"自我发明"的"美的哲学",在国内这种信息不足的贫弱语境中,与其表现为一门舶来的、跟国外同步的"西学",毋宁更表现为自说自话的、中国特有的"西方学"。而其流风所被,竟使中国本土拥有的美学从业者,其人数大概超过了世界所有其他地区的总和。

就算已然如此,补偏救弊的工作仍未提上日程。我们越来越看到,一方面是"美学"这块领地的畸形繁荣,其滥造程度早已使出版社"谈美色变";而另一方面,则是"艺术社会学"的继续不为人知,哪怕原有的思辨教条越来越失去了对于"艺术"现象的解释力。可悲的是,在当今的知识生产场域中,只要什么东西尚未被列入上峰的"学科代码",那么,人们就宁可或只好对它视而不见。

也不是说,那些有关"美的本质"的思辨玄谈,已经是全不重要和毫无意义的了。但无论如何,既然有了那么多"艺术哲学"的从业者,他们总该保有对于"艺术"现象的起码敏感,和对于"艺术"事业的起码责任心吧?他们总不该永远不厌其烦地,仅仅满足于把迟至十八世纪才在西方发明出来的一个词汇,牵强附会地编派到所有的中国祖先头上,甚至认为连古老的《周易》都包含了时髦的"美学"思想吧?

也不是说,学术界仍然对"艺术社会学"一无所知,我们偶尔在坊间,也能看到一两本教科书式的学科概论,或者是高头讲章式的批判理论。不过即使如此,恐怕在人们的认识深处,仍然需要一种根本的观念改变,它的关键还是在于"社会学"这几个字。也就是说,必须幡然醒悟地认识到,这门学科能为我们带来的,已不再是对于"艺术"的思辨游戏,而是对这种"社会现象"的实证考察,它不再满足于高蹈于上的、无从证伪的主观猜想,而是要求脚踏实地的、持之有故的客观知识。

实际上,这早已是自己念兹在兹的心病了。只不过长期以来,还有些更加火急火燎的内容,需要全力以赴地推荐给读者,以便为"中国文化的现代形态",先立其大地竖起基本的框架。所以直到现在,看到自己主持的那两套大书,已经积攒起了相当的规模,并且在"中国研究"和"社会思想"方面,唤起了作为阅读习惯的新的传统,这才腾出手来搔搔久有的痒处。

围绕着"艺术与社会"的这个轴心,这里收入了西方,特别是英语学界的相关作品,其中又主要是艺术社会学的名作,间或也包含少许艺术人类学、艺术经济学、艺术史乃至民族音乐学方面的名作,不过即使是后边这些,也不会脱离"社会"这根主轴。应当特别注意的是,不同于以往那些概论或理论,这些学术著作的基本特点在于,尽管也脱离不了宏观架构或历史脉络,但它们作为经典案例的主要魅力所在,却是一些让我们会心而笑的细节,以及让我们恍如亲临的现场感。

具体说来,它们要么就别出心裁地选取了一个角度,去披露某个过去未曾意识到的、我们自身同"艺术"的特定关系;要么就利用了民族志的书写手法,去讲述某类"艺术"在某种生活习性中的特定作用;要么就采取还原历史语境的方法,去重新建构某一位艺术"天才"的成长历程;要么就对于艺术家的"群体"进行考察,以寻找作为一种合作关系的共同规则;要么就去分析"国家"与艺术间的特定关系,并将此视作解释艺术特征的方便门径;要么就去分析艺术家与赞助人或代理人间的特定关系,并由此解析艺术因素与经济因素的复杂缠绕;要么就把焦点对准高雅或先锋艺术,却又把这种艺术带入了"人间烟火"之中;要么就把焦点对准日常生活与通俗艺术,却又从中看出了不为人知的严肃意义;要么就去专心研究边缘战斗的阅读或演唱,暗中把艺术当作一种抗议或反叛的运动;要么就去专门研究掌管的机构或认可的机制,从而把赏心悦目的艺术当成了建构社会的要素……

凡此种种,当然已经算是打开了一片新的天地,也已经足够让我们兴奋一阵的了。不过我还是要说,跟自己以往的工作习惯一样,译介一个崭新的知识领域,还只应是这个程序的第一步。就像在那套"中国研究"丛书之后,又开展了同汉学家的对话一样,就像在那套"社会思想"丛书之后,也开展了对于中国社会的反思一样,等到这方面的翻译告一段落,我们也照样要进入"艺术社会学"的经验研究,直到创建起中国独有的学术流派来。

正由于这种紧随其后的规划,对于当今限于困顿的美学界而言,这次新的知识引进才会具有革命的意义。无论如何都不要忘记,"美学"的词根乃是"感性学",而"感性"对于我们的生命体而言,又是须臾不可稍离的本能反应。所以,随便环顾一下我们的周遭,就会发现"美学"所企图把捉的"感性",实在是簇拥在生存环境的方方面面,而且具有和焕发着巨大的社会能量,只可惜我们尚且缺乏相应的装备,去按部就班地追踪它,去有章有法地描摹它,也去别具匠心地解释它。

当然,再来回顾一下前述的"描述性定义",读者们自可明鉴,我们在这里提倡的学科拓展,并不是要去覆盖"美的哲学",而只是希望通过新的努力,来让原有的学识更趋平衡与完整。由此,在一方面,确实应当突出地强调,如果不能紧抓住"社会"这个关键词,那么,对于作为一种"社会现象"的"艺术",就很难从它所由发出的复杂语境中,去体会其千丝万缕的纵横关系;而在另一方面,恰正因为值此之际,清代大画家石涛的那句名言——"不立一法,不舍一法",就更应帮我们从一开始就把住平衡,以免日后又要来克服"矫枉过正"。

刘　东

2013 年 4 月 24 日于清华园立斋

献给米歇尔,他总能找到时尚的乐趣;

以及艾德丽安,她陪伴了我无数次购物之旅

目 录

致　谢

在研究时尚及着装选择的诸多面向十一年来，我得到了来自很多不同地方的帮助。我最为感激的是为这项研究接受采访的男性和女性——设计师、时尚预测师和公关人员——以及参与时装摄影和服饰广告的焦点小组的女性（和少数男性）。

图书馆员的协助对于这项研究至关重要。我特别感谢巴黎的文献、信息和社会行动研究中心图书馆的弗朗索瓦丝·布卢姆（Françoise Blum）和米歇尔·普拉特（Michel Prat），他们拥有弗雷德里克·勒普莱（Frédéric Le Play）的全套出版物，在他们的帮助下，我得以获取勒普莱及其助手对19世纪法国工人阶级家庭所进行的案例研究副本。我特别感谢勒普莱研究专家安东尼·萨瓦（Antonie Savoye），是他让我知道这份特殊档案的存在。

我还要感谢巴黎福尼艺术图书馆和宾夕法尼亚大学范·佩尔特图书馆的许多参考馆员，特别是劳里斯·奥尔森（Lauris Olson）和馆际互借部助理主任李·V. 普格（Lee V. Pugh）。我同时还要感谢巴黎时装博物馆（Musée Galliera）的弗朗索瓦丝·泰塔尔-维图（Françoise Tétart-Vittu）。

在研究的早期阶段，我获得了富布赖特高级研究奖。感谢宾夕法尼亚大学社会学系在1995—1996年为我提供了一年的学术休假，并为开展和记录焦点小组会议的研究和文书助理工作提供了资金。

琳达·马蒙（Linda Mamoun）和凯莎·摩尔（Kesha Moore）作为焦点小组的负责人提供了宝贵的帮助。克里斯汀·霍姆斯（Christine Holmes）和博尼塔·伊里塔尼（Bonita Iritani）完成了转录磁带的艰巨任务。蒂娜·内梅茨（Tina Nemetz）始终准备就绪并总能解决各种行政事务问题。我还要感谢巴黎美国大学的沃迪克·道尔（Waddick Doyle）协助寻找焦点小组的参与者。

我感谢巴黎社会艺术中心的皮埃尔-米歇尔·门格（Pierre-Michel Menger）邀请我在社会科学高等学院度过一个月，并在1995—1996年间的学院研讨会上介绍我的研究。

朱迪斯·阿德勒（Judith Adler）、苏珊·凯瑟（Susan Kaiser）和托巴·克森（Toba Kerson）花费了宝贵的时间阅读和评论我的早期手稿。他们的意见和建议非常有价值。我特别感谢托巴从一开始就对相关研究充满了兴趣，并通过剪报和文章的形式为我提供了很多我原本无从知晓的信息。

我感谢芝加哥大学出版社的道格拉斯·米切尔（Douglas Mitchell）长期以来对我工作的关注，并感谢罗伯特·德文斯（Robert Devens）协助我为本书的出版准备了五十八幅插图。我还要感谢新闻界提供的小额资助，这部分填补了插图照片的复制费用。

最后，米歇尔·埃尔韦（Michel Hervé）和艾德丽安·埃尔韦（Adrienne Hervé）为我提供了精神上的支持，以及各种有益的建议和帮助。在与创作中的手稿进行艰苦斗争的过程中，他们表现出了一贯的耐心和坚忍。

本书的某些部分（虽然在形式上有所差异）也可参见下述出版物。

《作为职业的时装设计：一种跨国的路径》（"Fashion Design as an Occupation: A Cross-National Approach"），第55—73页，《工作与职业的现况研究》（*Current Research on Occupations and Profession*），第八

ix

卷：《文化的创造者》（*Creators of Culture*），由M. 坎托（Cantor）和C. 佐拉尔斯（Zollars）合编。康涅狄格州格林威治：JAI出版社，1994。经许可转载。

《后现代主义与前卫：服装设计的风格转变》（"Postmodernism and the Avant-Garde：Stylistic Change in Fashion Design"），《现代主义/现代性》（*Modernism/Modernity*），1997：第123—140页。约翰斯·霍普金斯大学出版社。

《全球化、组织规模与法国奢侈时装业的创新：文化生产理论再研究》（"Globalization，Organizational Size and Innovation in the French Luxury Fashion Industry：Production of Culture Theory Revisited"），《诗学：文学、媒介与艺术实证研究杂志》（*Poetics：Journal of Empirical Research on Literature, the Media, and the Arts*），24（1997）：第393—414页。经爱思唯尔科学公司许可转载。

《作为非言语抵抗的着装行为：19世纪的边缘女性和另类着装》（"Clothing Behavior as Non-Verbal Resistance：Marginal Women and Alternative Dress in the Nineteenth century"），《时尚理论》（*Fashion Theory*），3（1999）：第241—268页。经伯格出版社许可转载。

《女性时装设计师与女性经验》（"Women Fashion Designers and Women's Experience"），《美国文化杂志》（*Journal of American Culture*），22，no.2（1999年夏季刊）：第1—8页。经鲍灵格林州立大学大众出版社许可转载。

《扩散模型与时尚：一次重估》（"Diffusion Models and Fashion：A Reassessment"），《美国政治和社会科学学院年鉴》（*The Annals of the American Academy of Political and Social Science*），566（1999年11月）：第13—24页。经美国政治和社会科学学院许可转载。

《时尚杂志中的性别与霸权：女性对时装摄影的诠释》（"Gender and Hegemony in Fashion Magazines：Women's Interpretations of Fashion Photographs"），《社会学季刊》（*Sociological Quarterly*），40，no.4（1999年秋季刊）：第541—563页。经中西部社会学协会许可转载。

第一章 时尚、身份与社会变迁

作为最显著的消费形式之一，服饰在身份的社会建构中发挥了重要作用。着装选择为我们提供了一个极佳的研究领域，它探究了人们如何出于自身意图理解特定的文化形式：这既包括关于在特定时刻表现得体的外观的强有力规范（也称作时尚），也包括其他种类繁多的选择。作为社会地位和性别最明显的标志之一，服饰由此有效地维护或颠覆了符号边界，并显示出不同时代的人们如何感知自己在社会结构中的定位，以及如何协调不同的地位边界。在过去的几个世纪中，服饰也是在公共空间中实现身份认同的主要手段。若以特定时期为依据，那么身份认同的诸多方面（包括职业、区域认同、宗教和社会阶层）都将体现于欧洲和美国的服饰中。每个人穿戴的配饰也极为重要，比如帽子就传达出一种获取社会地位或渴望跻身上层社会的即时信号。着装选择的多样性成了一种微妙的暗示，体现了不同的社会类型和社会地位是如何真切地体现在服饰中的。

最近，社会学家已经开始了解人工制品的力量，以便践行一种文化"议题"，它往往以我们意识不到的方式影响着社会行为和态度。技术对现代生活的重要介入（Latour 1988）体现在机械、建筑和计算机（仅举几例）领域中，但它通常掩盖了这样的事实：几个世纪以来非技术性人

1

1

工制品始终在影响着人类行为。作为一种人工制品，服饰通过其强制推广社会身份的能力"创造"着行为，并赋予人们维护潜在社会身份的权力。一方面，就像维多利亚时代的女装一样，服饰的风格可以是一种束缚，它（确实）限制着人们的行为举止。几个世纪以来，制服（军队的、警察的、宗教的）被强行施加于那些所谓志愿者身上，以表明其社会身份（Joseph 1986）。另外，服饰也可视作一个丰富的意义库，它以操纵或重构意义的方式强化人们的能动性。对社会心理学家（Kaiser, Freeman, and Chandler 1993）的访谈表明，人们将自己"最爱"的着装归功于影响其自我表达以及与他人互动方式的能力。

社会科学家尚未明确表述当代社会中的个体如何构建社会身份。最近的理论将人定义为社会结构中的功能性存在，且现在的人比过去更具流动性，也更少受到约束。当代社会的特征是"后工业"，其文化特征是"后现代"，这意味着社会结构的不同要素与文化的性质及作用之间的关系发生了转变。

在本书中，我将探讨19世纪的工业社会和当代后工业社会中的时尚和着装选择，并将援引法国、美国和英国的案例。在阶级社会中，每个阶级都有区别于其他阶级的独特文化，但同时又与其他阶级共享着一定的价值观、目标和性别观念。在当代"碎片化"的社会中，阶级差别在工作场所中很重要，但在工作场所之外，则未必适用于其他社群的成员，尽管这一差别所依据的标准适用于出身在同一个社群中的形形色色的人。社会阶级和性别是社会身份最突出的面向，在这些社会中，时尚和着装选择有何不同？相较于那些用生活方式、年龄段、性别、性取向和种族来划分社会阶层的社会而言，时尚和着装的差异如何建构了人们的自我形象和自我表征？时尚传播和着装选择的变化可用以追踪和阐释这些阶级文化中的转变。

服饰与社会变迁：地位、阶级与身份

服饰及其相关话语的变化表明了社会关系的转变以及不同社群之

间的张力关系，它们以各种方式体现在公共领域之中。过去的几个世纪以来，服饰的应用范围扩展到了不同社会阶层的成员中，这与服装成本的下降有关，并影响了时尚风格的产生与接受。在中世纪晚期，欧洲社会的服饰开始变得如我们今天所熟知的那样：定制且合身的着装取代了松垮的长袍，前者的形式通常受宫廷或上流社会的时尚影响。在一些国家，禁奢法令（sumptuary laws）规定了可供不同社会阶级成员选用的面料以及服饰类型（Hurlock 1965）。在相对僵化的社会结构中，以着装来协商身份边界的尝试，与20世纪以服饰打破性别边界的类似尝试一样，都是有争议的。

在工业革命和服装的机械化生产出现之前，衣服通常是人们最贵重的财产之一。穷人很难接触到新衣服，即使身上的旧衣服也是辗转多次才到他们手中的，因此穷人很可能只有一套衣服。例如，1780年在巴黎及其周边地区被捕的278人中，只有28人有一套以上的衣服（Roche 1994：87）。那些有钱人则将自己的大量衣物视作有价值的财产形式，它们也是所有者去世时其亲人和仆人所应继承的财产。布料是如此昂贵且珍稀，以至于它本身就构成了一种货币形式，并经常取代黄金而成为获取服务的支付方式（Stallybrass 1993：37）。当资金稀缺时，衣服就会随着珠宝和其他贵重物品一起被典当了。

在前工业社会，着装举止极为确切地表明了个人在社会结构中的地位（Ewen 1985）。服饰不仅揭示了社会阶级和性别问题，还经常显示出职业、宗教信仰和原籍等。每个职业都有特定的装束。在一些国家，每个村落和地区的着装在不同时期都有着自己的变化（Pellegrin 1989）。随着西方社会的工业化，社会分层对着装举止的影响也产生了变化，对阶级和性别的表达变得优先于其他类型的社会信息的传播。工业社会的社会分层本质上可以通过职业等级予以理解（参见Goldthorpe 1987：39—42；以及Le Play 1862），职业是支配财产和其他经济资源的指标之一。特定职业的服饰消失了，取而代之的是不同职业类型的着装，以及在某个组织中代表特定等级的制服。区域认同不再那么重要了。

在19世纪的工业化社会中，社会阶级归属是个体身份最突出的面向之一。社会阶级之间着装举止的差异体现了工业化社会阶级中的人际关系特征。中上阶级和下层阶级之间的社会"鸿沟"是巨大的。在19世纪末，下层阶级占据了这一时期人口的绝大多数［法国为73%（Duroselle 1972：85），英国为85%（Runciman 1990：389），美国为82%（U.S. Bureau of the Census 1975, pt.1：139）］。这一阶级和其他社会阶级之间的联系主要借助工人阶级为中上阶级提供服务的方式予以实现，而这种联系又在很大程度上局限于手工艺者、商人（通常是男性）和仆人（通常是女性）。

即使在19世纪，服饰在工人阶级的家庭财产中也还是占据着很大比重。在法国，工人阶级男性通常会在结婚时买一套西装，并希望能穿一辈子，以用于各种场合：礼拜天教会事宜、婚礼和葬礼。年轻女性及其女性亲属则一般会花几年的时间来准备自己的嫁妆，这是她为未来家庭所做贡献的重要部分，其中就包括她将会用上数十年的衣服、内衣和床上用品。在英国，贫困家庭还以省钱买衣服为目的组建了俱乐部（de Marly 1986）。相对而言，工人阶级很难买到衣服，而上层阶级却轻易能买到很多衣服，因为正是上层阶级创造了时尚。因此，其他阶级成员如果想拥有时髦的外表，就必须效仿上层阶级。

到了19世纪末，衣服变得越来越便宜，因此下层阶级也变得很容易购买到。作为率先被广泛接纳的消费品，有时服装对穷人和富人而言都是一种享受。年轻的工人阶级女性往往会把工资花在时装上，而中产阶级和上流社会女性也会把家庭收入的很大一部分花在买衣服上。

服装史学家的结论是，服装在19世纪得到民主化，因为所有的社会阶级都接纳了相似类型的着装（Steele 1989a）。他们认为正是由于美国社会结构的特性，这种转变在美国才最为显著。但19世纪工业化社会的阶级结构并不完全相同。由于在阶层等级制度中地位相似的群体往往共有独特的、可以定义生活的经历（Kingston 1994：4），阶层等级制度的性质变化可以通过着装举止而变得可见。人们普遍认为19世纪的美国是一个无阶级社会，其特征是高度向上的流动性。托克维尔对1840年时美国的评价是，"在任何时候，仆人都可以成为主人"，这显著地体现了当时民众的态度。19世纪美国女性对时尚的痴迷归功于高度的"地位竞争",它源于"美国社会的流动性,追求成功的普遍努力,名义上的贵族的匮乏,以及大多数美国人的朴素历史"(Banner 1984:18, 54)。讽刺的是,尽管美国对向上流动的**期望**高于其他国家,但流动性的实际水平并非如此(Kaelble 1986)。[1]

19世纪下半叶的大量移民使得美国的着装问题变得尤为突出。移民们一到美国,就换下自己的传统服饰,以此作为摒弃原有身份并建立新身份的手段(Heinze 1990:90)。由于东西部之间的内部迁移,美国也经历了高度的地理流动,这意味着大量人口在新的地方建构了身份。而法国同样经历了社会环境的巨变。巴黎处于社会变革和现代化的最前沿,同时也是国内移民的中心,因此对时装有着极高的需求。相比之下,对于巴黎之外的城市以及仍囿于传统文化的农村社区而言,那里的人们无力效仿巴黎,也很难买到新衣服。

时尚似乎赋予了个体提高社会地位的可能性,但这仅仅是特定时期着装的某个方面。必须将时尚和着装的各个方面结合起来看,通过推行制服和着装规范,它被用作一种社会控制的形式。与上个世纪相比,尽管男装变得更为简约,但随着制服在行政组织中的蓬勃发展,工作装的差异越来越大,并以此体现了组织等级制中的层级结构。在工作场所,社会阶级的差异通过制服和着装规范而变得日益明显。

20世纪以来,随着成衣在各个价格层次上的大规模扩张,服装逐渐失去了经济意义,但并未失去其象征意义。[2]廉价服饰的推广意味着那些财力有限的人可以寻求或创造个人风格,以表达自己对身份的认知,而并非模仿那些最初售卖给有钱人的服饰风格。尽管过去也偶尔会有工人阶级的街头风格被记录下来,但只有到了最近的五十年,街头风格才

---

1 美国和欧洲的主要差异在于非熟练工人向上流动的水平,而美国的这一水平更高。所有这些社会的社会结构都在19世纪逐渐变得更为僵化,并同时伴随着向上流动率的下降。

2 本声明的例外情况包括在拍卖会上出售的设计师服装和古着服装。尽管大多数城市都有二手服装店,但二手服装交易仍是一项规模相对较小的经济活动。大量的旧衣服被定期运往第三世界国家,这些国家的衣服保留着其稀缺和易货的传统特征(McKinley 1996),最贫穷的居民甚至愿意穿发展中国家所摒弃的不合身的衣服。

逐渐发展起来，并成为工人阶级内部亚文化的代表。从理论上讲，所有社会阶层的人实际上都可以接受时尚，无论是选择自己创造用以表达自己身份的风格，还是直接采纳服装公司所创设的款式。

既然时尚的本质已然发生了变化，那么人们的应对方式也就随之改变。19世纪的时尚标准很明确，即被广泛接纳的外观。伴随着当代后工业社会高度分化的性质，当代时尚也变得更加模糊和多元。凯瑟、长泽和赫顿（Kaiser, Nagasawa and Hutton 1991：166）指出，"着装的'时尚'风格与个人外观的复杂范围和多样性……导致了市场选择范围界限模糊的混乱状态"。因此，对服饰的选择反映了我们在当代社会中互相理解方式的复杂性。

将19世纪的时尚理论化：阶级文化与符号边界

时尚与着装行为最为人所熟知的理论是齐美尔（Simmel）所提出的时尚变迁理论，该理论认为时尚是社会底层模仿社会精英的过程（1957）。在写于20世纪初的这部著作中，齐美尔描述了时尚在19世纪社会中所扮演的角色，并指出了当时的社会阶级具有相对鲜明的阶级文化。齐美尔时尚变迁模型的核心思想是：时尚首先为上层阶级所接受，然后才被中下层阶级所采纳。地位较低的群体通过效仿地位较高群体的着装来获取地位，并由此启动了一个社会扩散的过程，在这一过程中，地位较低的群体相继接纳了不同的服饰风格。当一种特定的时尚波及工人阶级时，上层阶级已经形成了新的风格，因为之前的风格在普及的过程中已失去了吸引力。因此，地位最高的群体将再次寻求新的时尚从而让自己与众不同。

尽管齐美尔认识到，一部分引领潮流的人是已经成为演员或交际花的工人阶级女性，但他仍然因强调上层群体在引发时尚扩散过程中的作用而遭到批评。另一些人则认为，追求更高社会地位的群体更渴望接纳新的风格，并以此作为社会地位的标志，从而将自己与下级群体区分开来。而地位最高的群体，由于自身的显赫地位是有保障的，是建立在财富与继承权基础之上的，因此他们相对而言对最新的时尚并不关心（McCracken 1985：40）。凡勃伦（Veblen 1899）的"炫耀性消费"模式有助于解释某些社会阶层的时尚接纳者的动机。

齐美尔的理论假定新的风格将被广泛接纳，但对于19世纪的阶级社会而言，理解时尚本质至关重要的是谁会或谁不会接纳新风格的问题。时尚是否主要在这些社会的上层循环？工人阶级在多大程度上接纳了时尚的风格？19世纪的中产阶级观察家们往往从自己的社交圈中总结经验，并夸大了工人阶级广泛接纳新风格的程度。杂志和报纸上的中产阶级评论人士则从某些特别"显眼"的人（如工匠和仆人）的外表来得出他们对工人阶级着装的看法。那些社会地位较低、与中产阶级接触较少的人是否不太可能接纳新的风格？尽管服装史学家声称，服装在19世纪实现了民主化，但处于劳动阶层的人实则并不会以表面化的方式效仿中产阶级的全部装束。

布迪厄（Bourdieu 1984）的阶级再生产理论和文化趣味理论有助于理解不同社会阶层如何在高度分层的社会中对文化商品和物质文化做出反应。他的理论表明，时尚的传播过程比齐美尔所描述的更为复杂。布迪厄将社会结构描述为复杂的阶级文化系统，它由一系列文化趣味和相关的生活方式组成。在社会阶级内部，个体会根据阶级的趣味和举止标准来判断文化产品的适用性，进而完成对社会地位和文化资本的追求。文化实践（包括文化知识以及评价、欣赏文化的关键能力）是从儿童时期的家庭和教育系统中获得的，它有助于实现当前社会阶级结构的再生产。在阶级社会中，占主导地位且最具声望的文化是上层阶级的文化。精英们拥有"一种权力，它可以设定趣味被赋予道德和社会价值的条件"（Holt 1997b：95）。中下阶层的社会背景和文化习俗使其无法完全融入上层社会的趣味。与中产阶级相关的文化产品消费往往需要用到工人阶级无法接触到的态度和知识。

根据布迪厄的理论，工人阶级男性的趣味是以该阶级的"必要文化"特征为基础的，换句话说，服饰应该实用耐穿而非美观别致。那些步入中产阶级的人需要效仿该阶层的着装行为，但由于并未接受过充分的社

7

会化和教育，他们很难表现出与之相应的品味与优雅。

布迪厄的理论有助于解释社会阶级和社会结构是如何随着时间的推移而得到维持的，但对于理解人们如何应对急剧的社会变革则不太有用。他强调，对文化评估标准的获取往往源自儿童时期和教育体系，这也就表明了这些标准和文化趣味的变化相对缓慢。对社会区隔不断竞争的结果是社会结构的稳固而非变化。19世纪生活水平的提高、社会预期的提升以及信息的开放，都使得工人阶级男性更为积极地参与到了公共领域和公共空间中去。人们对他们自己作为公民的观念正在发生变化，这可能是因为他们开始以新的着装风格来表明自己对社会地位变动的看法。总的来说，随着社交网络的扩展和社会联系的日趋多样化，人们很可能会接触和采纳新的文化形式（DiMaggio 1987；Erickson 1996：221—222）。

时尚史通常会向我们讲述特定时期流行过什么，对于过去普通人（特别是工人阶级）的实际穿着却往往难以得出定论。对此，另一位社会科学家弗雷德里克·勒普莱（Fréféric Le Play）对19世纪法国工人阶级家庭展开了研究，这项工作由此成了重要参考对象。勒普莱对理解19世纪阶级社会的特征很有兴趣，因为他所关心的是工业革命带来的变革将会减少不同社会阶层之间的人际交往，并以牺牲道德情操为代价强调物质价值。他对家庭进行个案研究的目的是全面了解每个家庭的经济、社会生活以及该家庭所居住的社会环境。他和他的助手们收集了关于家庭财务状况的大量信息，并详细列出了这些家庭所有的资产和财产（包括所有家庭成员全部衣物的完整清单和每件衣服的费用）。他们在1850—1910年间发表了一系列关于工人阶级家庭的案例研究，这为考察19世纪法国工人阶级生活的各个方面提供了独特资源。[1]这些研究惊人地接近于英国社会学家朗西曼（Runciman 1990：392）所说的对"密集的纵向民族志的诉求，其中观念的不同面向都被置于阶级实践的背景之中"。

---

[1] 有关勒普莱及其研究的更多信息，请参阅本书第二章和附录1。另参见 Kalaora and Savoye（1989）。

关于工人阶级生活的其他信息来源则包括美国研究人员［如卡罗尔·赖特（Carroll Wright）］在19世纪末和20世纪针对家庭预算展开的研究（Brown 1994）。这些研究提供了与美国工人阶级家庭着装选择相关的信息。服装史学家所挑选的照片展现了人们看待自身及其着装的独特洞见（Ginsburg 1988；Lee Hall 1992；Severa 1995）。

20世纪的时尚：“碎片化”社会的理论化

社会学家一致认为，过去三十年西方社会已发生了变化，但其分歧在于如何对这些变化做出描述和解释，以及如何理解它们对于个人的意义。对当代社会结构的性质，特别是对社会结构与文化的关系持不同看法的理论，将以彼此差异的方式影响对人们如何消费文化商品（如服饰）的理解。

一些学者（例如，Clark and Lipset 1991）暗示，在当今社会（尤其在政治、经济和家庭背景下），社会阶级不像以前那么突出了。美国的研究发现，几乎没有证据表明存在着独立的阶级文化。原因之一是阶级之间及其内部的流动性很高：美国的阶级不是代际再生的社会群体（Kingston 1994：36）。这表明在个体自我形象的构建过程中，社会阶级变得不再那么重要了。金斯顿（Kingston 1994）指出：“在社会问题、价值观、生活品味、社会归属感和社交方面，阶级并不会显著地影响人们的整体态度。”   9

与阶级文化不同的是，社会阶级内部的文化利益渐趋分化。在这样一个高度碎片化的社会中，“特殊利益与个人利益的数量几乎令人难以置信”（Vidich 1995：381）。“多元与交叠的制度化文化”依赖于极为不同的标准，因此不能像布迪厄所主张的那样归结为“单一的区隔方法”（John R. Hall 1992：260）。由于媒介渠道的细分以及广告商和营销专家的运作，生活方式的差异正在变得更加突出（Turow 1997：193）。其结果是“过度的自我分裂”（hypersegmentation），它将每种生活方式都区隔在各自的定位中。塔洛（Turow）认为，生活方式已经开始类似于“形象部落”（image tribes），即人口中不相互重叠的部分，其成员的“问题、忠心和利益"都各不相同。此外，霍尔特（Holt 1997a）还强调了当代社会中人们生活方式的多样性，这意味着不仅这些生活方式会随着时间的推移而发展变化，且个体差异也会随着特定生活方式的显著变化而渐次产生。

相较于成为社会阶级中的一员，生活方式的参与意味着个体具备更高层次的能动性。[1]人们所做的选择需要不断测评消费品及其活动，因为这对他们试图投射的身份或形象而言具有潜在的帮助。个体可能会不时地改变自己的生活方式，而当更多的人随之参与到这一过程中时，生活方式本身的特征也就不断得到推演和改变。这最终降低了社会阶级的同质化程度，因为社会阶级会根据休闲活动（包括消费）而被分化为各不相同却逐渐演变的生活方式。

当代社会生活方式的多样性将个体从传统中解放出来，从而使其做出的选择能够创建有意义的自我认同（Giddens 1991）。当个体不断重估过去和当下的事件以及责任的重要性时，自我的构建和表征就已成为主要的关注点。个体往往通过创设"自我叙述"来建构身份认同感，而这一叙述包含着对过去、现在和未来的理解。这些理解会随着时间的推移而不断变化，因为个体根据过去和现在的经验重估了其"理想"自我，并改变了对精神和身体层面的自我的看法。

贝尔（Bell 1976）在他的后工业社会理论中认为，个体在经济和政治领域之外拥有了建构新身份的空前自由；因为社会认同不再完全基于经济地位。他的理论表明，人们在工作场所构建身份不同于他们在闲暇时间所做的。这一点尤为重要，因为在20世纪，个体休闲活动的时间大幅提升，而工作时间的比例却在稳步下降。同时，教育系统所需的年限增加了，阶段性失业变得更为普遍，且提前退休也逐渐为社会所接受。尽管"闲暇"（leisure）是一个全球性术语，其中包括社会限定时间（家庭工作）、社会责任时间（志愿政治活动）和个人时间（闲暇），但没有从事有偿工作的时间都可视为"闲暇"（Dumazedier 1989：155）。日益增多的时间不再专门用于有偿工作，这对社会产生了重要影响。个人由此不再

1　霍尔特（1997a）将"生活方式"定义为一种集体消费模式，它建立在特定社会背景下的共享文化框架基础之上。

受到"工作、家庭责任、政治和宗教权威所施加的制度规范"的约束（同上：158），这意味着"闲暇"是个体用以发展自身和社会认同感的"阈限"（liminal）时间。

这些理论表明，对时装等文化产品的消费在个人身份建构中发挥着越来越重要的作用，而对物质需求的满足和对上层阶级的效仿则往往是次要的。博考克（Bocock 1993：81）指出："风格、享乐、在工作或游戏中摆脱无聊、让自己更具吸引力并令他人着迷，这些都成了生活的中心问题，进而影响了后现代的消费模式，而不是单纯地复制'上层'社会群体的生活和消费模式。"在微观层面上，消费者而非生产者的角色"已经开始定义人类体验……在家庭以外……以及工作场所……消费者们把大部分时间都花在了购物环境中"（Firat 1995：111—112）。后现代主义消费者被期待为一个有经验的规则阐释者，以便能够"区分不同的选择，同时识别出选定的商品，以清楚地阐明某种特定的角色"（Partington 1996：212）。消费在后现代文化中被概念化为一种角色扮演的形式，因为消费者试图投射不断变化的身份概念。

怎样的证据可以证明自恋的后现代主义消费者的普遍性？在当代社会中，将不同类型的消费者予以概念化开始成为复杂的任务。市场研究常用的解决方案之一是生活方式类型学。尽管这些类型学大多只是根据社会阶层、特定价值观类型以及在一定程度上根据年龄对人口所进行的分类，但它们表明了社会阶层内部和不同阶层之间的主要生活方式的异同。

VALS2模型（针对消费行为的生活方式调查）是一个广泛运用于市场研究的系统，它根据（1）个人取向，包括行动、地位和原则；以及（2）资源约束，包括收入、教育和年龄，将人口分为八类（Waldrop 1994）。这些类别表明，美国人在消费取向上存在着严重分歧。[1]据该系统显示，一半以上的人（57%）受传统价值观的影响很大，其中包括来自中产阶级

---

1 这一类型学所界定的八个群体构成了人口的如下比例：实现者，12%；信徒，17%；生产者，12%；挣扎者，16%；自我实现者，8%；成就者，10%；实践者，11%；奋斗者，14%。

和工人阶级生活方式的四个群体。[1]传统的人口构成包括中产阶级"实现者"（fulfilleds），他们受过良好教育、见多识广且较为年长（50%超过五十岁），并且对家庭、事业和社会地位感到满意。传统群体还包括出身于工人阶级的"信徒"（believers），他们受教育程度较低，道德准则根深蒂固，并且其中三分之一的人已经退休了。第三个群体对应的是工人阶级生活方式中的"生产者"（makers），他们虽然不以原则为导向，却持有保守的态度，并且对消费不太感兴趣。第四个群体则是底层"挣扎者"（strugglers），他们非常贫穷，因此最关心的是安全与保障问题。

剩下的四个群体占总人口的43%，他们似乎拥有成为后现代主义消费者的财力和恰当的态度。这些群体包括人口构成中最富有的上流社会"自我实现者"（actualizers），以及两个年轻的中产阶级群体，即"成就者"（achievers）和"实践者"（experiencers），后者尤为关注时尚与潮流。对于来自工人阶级的年轻"奋斗者"（strivers）而言，他们的"形象意识"令其对服饰消费很有兴趣。哈利（Halle 1984）在针对工厂工人的一项研究中发现，"奋斗者"往往是蓝领工人，他们在工作时可能会从工人阶级中寻求认同，而在闲暇时则维持着中产阶级的认同感。[2]这些分类表明，较为富裕的年轻群体通常更关注身份认同，并对利用消费来操纵身份的表征持后现代主义态度，而较为年长和不太富裕的群体则对身份认同和生活方式持更为传统的态度。因此，一些营销专家认为，单凭年龄群体就足以解释生活方式的差异。他们把人口分成三组，分别是1909—1945年出生的、1946—1964年出生的和1965—1984年出生的（Smith and Clurman 1997）。研究表明，这三组人的态度和目标各不相同，并进而影响了他们各自生活方式的本质。[3]

1　拉蒙特等人（Lamont et al. 1996）发现，传统观念与美国特定的地理区域有关。

2　哈利（1984）在一项针对工人阶级（处于工厂环境和郊区住宅之中）的研究中发现，在工厂中，他们在工人阶级中寻求认同，但在其私人生活中，他们试图维持中产阶级的生活方式。

3　史密斯和克勒曼（Smith and Clurman 1997）认为，第二个群体，即婴儿潮一代，比另外两个群体更注重消费。韦斯（Weiss 1989）列举了美国的四十种生活方式。有关法国生活方式的讨论，请参见瓦莱特－弗洛朗斯（Valette-Florence 1994）。对法国生活方式的研究表明，略多于三分之一的法国人可能会参与到某种形式的后现代主义消费中去。

尽管为销售商品而确定的细分市场始终比上述社会阶层和群体更为多样化，它实际存在于大多数人之中，并且在持续发生变化（Fiske 1997），但后现代主义对身份认同的态度似乎只局限于特定的群体之中，且社会各阶层内部和不同社会阶层之间的消费取向存在着显著差异。其他市场研究表明，具有相同人口统计特征（如受教育程度和收入水平）的消费者反而不会选择相同的休闲活动或着装（Crispell 1992），这也表明生活方式比阶级地位更为突出。研究还表明，大多数女性表示她们对时尚并不感兴趣，也不会为了追求新风格而改变自己的外形（Gutman and Mills 1982；Gadel 1985；Krafft 1991；Valmont 1993）。只有大约三分之一的女性（主要是年轻女性）对时尚风格感兴趣，甚至少数人试图参与某种接近于后现代主义角色扮演的活动：不断地接受和摒弃与着装及配饰相关的身份认同（Rabine 1994）。

对个人身份的迷恋仅仅是某些但并非所有生活方式的特征，这在一定程度上可以解释为社会和文化日益复杂且难以被解释的结果。对年轻人来说，他们的事业最不稳定，却是媒介文化最活跃的消费者，因此很难清楚地了解当代社会的状况及其对自身的意义。工作场所的技术和组织变革导致了这样一种情况：就代际和社会背景而言，工作经历既难以预测又不太统一（Buchmann 1989）。年龄和社会背景相同的人的经历变得不再统一；他们经历的时间节点（诸如教育、首次就业、结婚和生育）也更加难以预测。对个人身份的关注是适应社会和文化的失序所带来的新形式的一种方式。

通过不断赋予人工制品以新的意义，时尚促进了社会身份的重新定义。戴维斯（Davis 1992：17—18）认为，时装对消费者来说意义深远，因为它表达了围绕着社会认同的矛盾心理，例如"青春与年老，男性气概与女性气质，双性恋与单性恋……工作与娱乐……从众与反叛"。时尚的魅力在于它不断地重新定义这些张力关系，并以全新的方式将其体现出来。消费者利用不同的话语阐释了个体和社会认同感之间的联系，而后者则是由穿着相似的各个社会群体成员所赋予的。汤普森和海特科（Thompson and Haytko 1997：16）认为，消费者运用"时尚话语塑造了自我定义的社会差异和界限，构建了个人历史的叙事，诠释了他们社会领域的人际动态，同时理解了与消费文化的关系……转变和……挑战了传统的社会类别，尤其是那些与性别有很大关联的类别"。

正如贝尔（1976）所指出的，当代社会的特征是经济与文化、工作与休闲之间的脱节。这表明，人口根据职业和专业而被划分为离散的社会阶层，其成员需要在工作场所表现出以独特态度和行为类型为标志的身份。在经济领域之外，分层的基础是文化结构，它基于生活方式、价值观以及关于个体和性别认同的概念而产生。包括消费在内的休闲活动塑造了人们对自身的看法，对许多人来说，休闲活动往往比工作更有意义。

因此，有必要研究职业装与休闲装如何传达出不同的含义，以及这些类型的着装如何以不同的方式被使用。在休闲领域，基于年龄、种族、民族、性别和性取向的社会关系尤为突出。身处社会各阶层的人们都会消费物质文化，以增强对特定群体而非整个社会的认同。他们倾向于认同非常局限且具体的文化利益（John R. Hall 1992；Holt 1997a）。

齐美尔"自上而下"（top-down）的模式直到20世纪60年代都始终是西方社会时尚传播的主导形式，当时的人口和经济因素增强了年轻人在各个社会阶层的影响力。与前几代的年轻人相比，婴儿潮一代的庞大规模及其富裕程度促成了它对时尚的影响。20世纪60年代以来，"自下而上"（bottom-up）的模式解释了时尚现象中的重要部分，在这种模式下，新风格通常出现在地位较低的群体中，随后才被地位较高的群体所接纳（Field 1970）。在该模型中，年龄因素取代了社会地位而成为向时尚创新者传递威望的变量。在社会经济地位较低的群体中生成的风格经常源自青少年和年轻人，他们从属于亚文化群体或"风格部落"，并以独特的着装方式吸引人们的注意，最终导致了其他年龄段和社会经济阶层的模仿（Polhemus 1994）。新的风格也出现在中产阶级的亚文化阶层，如艺术界和同性恋团体。在这两个模型中，向下或向上扩散的过程都借助媒介的曝光而得到加速，这使得人们对系统内各个层次的新风格都有了快速的认识。但时尚传播的轨迹比

13

这两种模式所描述的都要复杂 (Davis 1992)。如今,使用齐美尔自上而下模型的困境在于,青少年亚文化群体的成员(处于较低的社会阶层)有时其实是最狂热的奢侈品消费者,他们往往在奢侈品外表最光鲜时就开始消费,又在丧失时尚口碑之前就将之摒弃 (de la Haye and Dingwall 1996)。

14

还必须提出一个与文化组织之间的关系相关的问题,这些组织主要负责生产和传播文化,而这又涉及引发不同来源的风格传播因素,尤其是从工人阶级到上层阶级的传播因素。有时人们会认为,时尚以神秘的方式展现了特定时期文化潮流的本质。这种时尚概念忽略了一个事实,即时尚和其他流行文化形式一样,来自一系列相互作用的组织和网络,它们能够以各种方式塑造相应的内容 (Crane 1992;Peterson 1994)。文化产品的意义受到创作者与公众、管理者与市场之间关系的影响。当一组特定的文化生产者主导了一个文化市场时(正如20世纪60年代以前的法国时装设计师以及今天的好莱坞电影制片公司一样),如果将其与身处不同国家且相互竞争的文化生产者展开对比的话,那么被营销的风格或流派的性质就不再那么多样化了。19世纪的时尚主要源自巴黎,它的流行准则在其他工业社会中被广泛接受。而到了20世纪,其他国家的时尚界、媒介文化中的时尚领袖以及以休闲活动为中心的亚文化则变得越来越重要,这使得着装选择与时尚之间的关系变得更为复杂。随着潜在的受众从地方延展到国家,从国家扩张至全球,时尚组织也发生了变化。过去,小城市公司的设计师只能以自己与艺术相联系的方式来赢得声望并吸引客户 (Bourdieu 1993)。

如今,由于全球市场的巨大竞争,时尚组织很难创立业务并维持生计。在这种环境下,服装本身并不重要,重要的是用于售卖服装的体系,它反过来又能用于销售授权产品。消费者不再仅是模仿时尚引领者的"文化白痴"(cultural dopes)或"时尚受害者"(fashion victims),而是会根据对自我身份和生活方式的认知来选择风格。时尚是一种选择而非一种命令。消费者期望从多种选择中"构建"个性化的外表。服饰风格是资源丰富的混合体,因此不同社会群体对它的理解彼此相异。

与流行音乐和通俗文学的某些流派一样，服饰风格对其产生或指向的社会群体具有重要意义，但对于那些远离相关社会语境的人来说则非15 常难以理解。

19和20世纪的时尚与性别

时装被用于表达社会阶级和社会身份，但其主要用途是表达女性和男性如何看待自己的性别角色，或者应该如何认知这一性别角色。在19世纪，上流社会女性的性别角色通常由时装展现出来。工人阶级主妇们的角色被忽视了，而中产阶级和工人阶级的职业女性，以及中产阶级女性服装改革者们逐渐发展出了性别角色的另类定义，尽管这些定义仅在时装中得到切实体现。

19世纪的阶级结构对女性的影响不同于男性。所有社会阶层的女性几乎都没有法律或政治权利。19世纪末的科学家们认为，男性和女性之间的差异证明了不同的社会角色是合理的。根据拉西特（Russett 1989：11—12）的说法："压倒性的共识是……女性在解剖学、生理学、气质和智力等方面与男性天生不同……即使成年了，她们的身心仍然像孩子一样……劳动分工的伟大原则在这里发挥了作用：男人生产，而女人再生产。"关于女性的主流意识形态的一个基本前提是相信固定的性别身份以及男女之间存在着重大差异。对于19世纪的女性来说，时装具有社会控制的元素，因为它为关于女性角色的主流的、极具限制性的观点提供了例证。

上流社会女性的理想形象是，无论在家里还是家外都不用工作，而这就体现为时装风格的装饰性及其不符合实际需求的特性。对于在社会结构中处于不同地位的女性来说，时装在很多方面都存在问题。中产阶级的主妇们可能会试图效仿上流社会的时髦着装，而可供她们这样做的经济资源却相对较少。人们往往对工人阶级主妇们的容貌知之甚少，因为其服装预算通常比丈夫要少，这表明她们其实被困在家中，公共空间也将其排斥在外。对中产阶级和工人阶级的单身职业女性来说，因为有工作并且通常具有一定的经济独立性，所以她们所扮演的角色会与时尚且理想的性别角色相矛盾。她们究竟如何对时装做出反应？她们是否表现出比主妇们更强的使命感？她们在多大程度上试图颠覆时装所表达的性别价值？

　　在齐美尔对时尚的分析中，这些可能性大多被忽略了。他认为 16 时尚影响了"外表——着装、社会行为、娱乐"，因为这些领域并不涉及"人类行为的真正重要的动机"。在齐美尔（1957：548）看来，时尚是"具有依赖性的个体理想场域，但其自我意识需要具备一定程度的显著性、关注度和独特性。时尚甚至会把无关紧要的人培养成一个阶级的代表，一种共同精神的体现"。在他看来，女性最有可能成为这类"依赖性"的典型，而且总体上更有可能表现出"对社会一般标准更为谨慎的恪守"（同上：550）。对齐美尔来说，时尚是一个出口，它满足了女性在其他领域无法实现的对显著地位的欲望。齐美尔忽略了着装对两性都很重要这一事实，因为它们是公共空间中自我表征的一个主要因素。[1]

　　时尚史学家通常声称，19世纪的男性避开了时尚，转而刻意打造低调保守的造型。事实上，男性时尚经常变化，种类繁多的夹克、裤子、领结、领带和帽子为维护或保持社会地位提供了大量素材（Delpierre 1990）。传统的工人阶级着装方式在整个19世纪都还在盛行，随之出现的还有新式的工人阶级着装（如牛仔工装连体裤和牛仔裤）。而曾经存在于英国和法国的地域服饰则逐渐消失了。

　　20世纪后期，19世纪根深蒂固的性别认同以及针对性别的偏狭观念开始逐渐消失。福柯（Foucault 1979）曾断言，性别观念并非固定不变的，而是受医学和精神病学话语的影响，这代表了20世纪以来世界观的变化。巴特勒（Butler 1990）的理论认为，性别是通过社会表现传达的（如选择某些风格的着装、配饰和妆容），但自我本身并不具备男性化或女性化特征。

1　有关齐美尔的其他评论，请参见Blumer（1969）；Davis（1992）。

到了 20 世纪末，对于每个性别来说，得体的性别行为和外表的霸权主义理想仍然不尽相同。霸权概念的核心是这样一种理想，即霸权对现实、规范和标准的定义似乎是无可争议的"自然"。经由媒介传播的霸权主义男性气概往往要求男性在行为上表现出身体力量和掌控力、异性恋、职业成就和父权家庭角色等理想概念 (Trujillo 1991)。这些理想似乎在"碎片化"社会的不同阶层着装中以极为不同的方式得到转译。休17 闲装应该比工作装更能体现出对霸权男性气概的温和诠释，而源自某些亚文化类型的着装风格（例如与异性恋相对的同性恋）则可能会对霸权男性气概展开创造性的重新解读。最近，凯尔纳 (Kellner 1990b) 提出，当代美国媒介和大众文化可以更准确地解释冲突霸权的概念。凯尔纳认为，美国社会并非受制于单一的精英统治，相反，媒介为解读不同主流文化之间的冲突、辩论和谈判提供了场所。

作为一种媒介文化形式，女性时尚符合了冲突霸权的定义。与 19 世纪霸权女性主义的特征形成鲜明对比的是，时尚与时尚媒介形象所呈现出的霸权女性主义是冲突的而非单一的。女性面临着极为不同的女性身份概念，即从公开和边缘的表达到女性赋权和主导 (Rabine 1994)。一些形象是保守的，而另一些则试图扩展可接受的性取向及其定义。女性主义者认为，霸权女性主义是一种基于针对女性外貌的男性标准而产生的女性气质概念，它强调身体特征和性取向，并鼓励女性应像男性那样看待自己和其他女性 (Davis 1997)。然而，对于带有霸权女性主义特征的媒介形象来说，年轻女性对它的态度正在经历一种转变，即把这些形象视为权力的象征，而非被动的概念 (Skeggs 1993)。

一项针对时尚杂志广告中女性形象的分析表明，女性形象是这样一种标志，它是"内在矛盾的霸权过程——主导与对立话语之间持续的辩证法"(Goldman, Heath, and Smith 1991: 71)。为了吸引日益成熟的消费者的注意力，广告商不得不在广告中加入对立元素。时尚杂志上与女装风格相关的各类形象可被视作 20 世纪后期对女性身份意义之争夺的一个标志。

如果一位女性将自己的外貌和身份看作一个不断演变的"方案"

（Giddens 1991），那么她对消费品的选择就会成为一个复杂的协商过程，从经由媒介图像传递的相互冲突的霸权规范，到她自己对性别差异的理解。威尔逊（Wilson 1987：246）谈及"巨大的心理工作……进入了社会自我的生产中，其中衣着是不可或缺的一部分"。这类活动形成了这样一种方式，它能够克服商品潜在而压倒性的影响，以及它们所暗示出的"预先构造的身份"（Thompson and Haytko 1997：27）。它也成为个体利用着装来化解由"主要状态"（诸如阶级、性别和种族等）所引发的矛盾情绪的手段（Davis 1992：26）。凯瑟、长泽和赫顿（1991：72）强调了"外观管理"以及符号操控在"构建和协商自我意识"中的作用。他们指出（同上：173）："通过对符号的积极操纵，个体可以努力构建身份，从而生成个体存在感并赋予其意义。"

18

时尚始终是女性的社会议题，而着装行为也总是出于社会动机。19世纪的时尚议题往往偏于保守，它基于一种被广泛共享的女性角色概念。在20世纪20和60年代，时尚的议程则更为激进，它重塑了女性的外表，以适应社会角色和社会其他方面的变化（Roberts 1994）。如今，时尚界存在着种类繁多且不尽相同的议题，即从虐待狂和色情的表征，到将女性塑造成强势且中性的形象。并由此提出了这样的问题，即女性是否以及如何意识到了时尚媒介所关注的服饰及其各种社会议题，以及她们在多大程度上接受或排斥这些形象，并同时认为这对自己的形象塑造富有意义。

对短暂时光的追踪：服饰研究的起源

本研究调查了法国、美国和英国这三个国家在19—20世纪的时尚和着装选择。法国和英国是19世纪阶级社会的例证，而美国的情况却模棱两可：人们普遍认为美国比其他两个国家提供了更多向上流动的机会，但其平等主义的程度似乎被夸大了。法国对性别角色的定义最为保守，而英国和美国则更为自由。今天，鉴于高度发达的媒介文化，美国比英国和法国更符合后现代、后工业社会的特征，尽管这些国家的文化都含

有后现代主义的元素。来自不同国家的材料可用于比较同一时期不同
风格的着装行为，以及组织时尚和着装风格之生产的各种制度。

该研究的核心是四组数据，前两组数据由研究人员在19和20世纪搜
集。其中包括弗雷德里克·勒普莱及其合作者对19世纪下半叶八十一
个法国家庭所进行的案例研究，这些家庭分别来自工人阶级的不同阶
层。由于丈夫和妻子均登记了信息，因此该样本的总人数为一百五十八
人（其中四个家庭是以女性为户主的家庭）。这组研究包括了在1910
年以前关于法国家庭的所有研究，并由勒普莱及其助手发表（Le Play
1877—1879；Société Internationale des Etudes Pratiques d'Economie Sociale
1857—1928）。[1] 鉴于这些研究是在六十年的时间里进行的，所以可以将
早期研究与后期研究进行比较。我之所以选择对比1875年前后的研究，
是因为19世纪70年代初法国发生的重大事件（1870年法国在普法战争
中战败，并在随后不久爆发了工人起义，即"巴黎公社"）影响了后来法
国社会的性质。勒普莱的数据是研究19世纪法国工人阶级生活的独特
资源。除了偶尔会有一些案例研究被引用之外，这个档案从未得到充分
利用。迄今为止，尚未有人尝试系统且定量地研究这些材料。由于这些
与着装相关的社会语境研究中存在着大量信息，因此这些研究是一个极
好的资料来源，它能够被用于理解对各类服饰的利用如何受到了法国社
会不同工人阶级地位的影响，以及时装在多大程度上被工人阶级所接纳。

第二组数据包括19世纪末20世纪初对美国家庭预算的几项研究。
这些研究包括丈夫和妻子在服饰上的花费以及购买服饰类型的详细信
息。在美国，卡罗尔·赖特展开了对美国几个州和欧洲国家的工人阶
级家庭预算和生活水平的调查。相关研究是在19世纪70至90年代进
行的，它们提供了关于美国当地人、移民劳工、欧洲工人的收入和支出信
息，这些信息涉及食品、服装、住房、健康和其他诸多方面。赖特及其同
行们的另一项类似的研究，提供了有关年轻女性和贫困家庭的着装行为
的信息（Wright 1969；Worcester and Worcester 1911）。虽然这些研究不

---

[1] 还有一些研究尚未发表，也并未保存下来（1999年3月9日，源自与安东尼·萨瓦的私人交
流，他是研究勒普莱及其学派的两本著作的作者）。

足以代表当时的人口，但它确实提供了在19世纪后期的美国与这类行为相关的唯一定量信息。

20

第三组数据是我自己对巴黎、伦敦和纽约时尚界的案例研究，它们基于对全国时装设计师职业生涯的样本分析，相关样本取自以下研究：贝纳姆（Benaïm 1988），德尔堡－德尔菲斯（Delbourg-Delphis 1984），德朗德尔和米勒（Déslandres and Müller 1986），麦克道尔（McDowell 1987），施泰格梅耶（Stegemeyer 1988），沃尔兹和莫里斯（Walz and Morris 1978），以及《纺织报》（*Journal du Textile*），一份关于巴黎时尚界的报纸。这些样本包括已确立或得到一定认可的高级时装设计师。样本数量如下：法国，146；英国，74；美国，80。在美国和法国，约有100名时装设计师、时装杂志编辑、时装公关人员和时尚预测专家接受了采访。通过研究法国、美国和英国时尚组织的演变，我展示了它们与其受众之关系的变化如何影响到了时装本身的性质。时尚不再是投射性别化的外表和行为的文化理想，而是以特定类型的产品锚定特定的群体和生活方式。

第四组数据包括女性在针对时装摄影和服饰广告的焦点小组中的反应，这些反应揭示了她们对涉及性别、性意识和性取向的媒介形象的看法。焦点小组的对象包括东海岸一座城市的白人和黑人大学本科生、生活在同一城市的中年女性以及巴黎一所国际大学的本科生，共有45名女性参加。她们还完成了一份简短的问卷调查，该调查旨在了解她们对时尚和着装行为的态度。这项研究旨在表明，女性在多大程度上认同于这样的图像，该图像代表着当代时尚中女性外表的冲突霸权理想。

尽管这些数据极为实用，但必然不够完善。我提出的问题类型需要更多关于着装本质、穿着方式以及服饰风格所处的社会语境的信息。由于与着装实践相关的信息通常基于观察、历史文献、照片和艺术品，因此需要对不同的原始资料进行交叉比对以确保其可靠性。服装史表明不同社会阶层、职业、地区、国家的人在不同时期的穿着都非常不同。服装史和照片在提供与配饰（如帽子、领带、金表、手杖、遮阳伞和束身衣）相关的信息上极富价值，它们都发挥了跨越或维持阶级界限的作用。[1]服装史中出现的照片以及专门针对特定城市、地区、行业或职业的服饰系列都表现出了同样的意义，即来自定性实地研究的数据是有参考价值的：它们通常不是作为典型的行为样本，而是作为不同类型行为的例证，当这三个国家可以找到类似社会情境的照片时，尤其如此。[2]照片的实用性取决于这些信息的有效性，如社会背景、环境以及研究对象的历史。

服装史同样富有价值，因为它更注重服饰所处的语境，而并非着装本身的风格。[3]布鲁（Brew 1945）的研究记录了1879年和1909年美国不同社会阶层对时尚风格的接纳程度，这一研究意义重大。[4]

关于工人、仆人、女性、女性主义以及购物的众多历史为阐释着装行为的变化提供了必要的背景信息（详见参考文献）。为了理解20世纪奢侈时装产业与街头风格的关系，我查阅了与时装史[5]、街头文化以及流行音乐服装设计相关的各种书籍。[6]时装行业的商业期刊也极富价值，尤其是出版于巴黎的《纺织报》。最后，关于服饰、服饰消费以及着装态度的最新研究，为我们了解受众对当代服饰的反应提供了视角。[7]广泛使用收集于不同时期的、与时尚和着装选择相关的各种材料，这旨在阐明涵盖了各类行为的社会性质差异，如下节所述。

1　参见，英国：Byrde (1992)；Cunnington and Cunnington (1959)；Cunnington and Lucas (1967)；Cunnington (1974)；Ewing (1975)；Ewing (1984)；Gernsheim (1963)；Ginsburg (1988)；Lambert (1991)；Levitt (1991)；de Marly (1986)。美国：Gorsline (1952)；Lee Hall (1992)；Kidwell and Christman (1974)；Kidwell and Steele (1989)；Severa (1995)。法国：Blum and Chassé (1931)；Delpierre (1990)；*Femmes Fin de Siècle*, 1885—1895 (1990)。配饰，参见Gibbings (1990)；Robinson (1993)；以及Wilcox (1945)。

2　参见Borgé and Viasnoff (1993)；Hine (1977)；Juin (1994)；*La Mémoire de Paris*, 1919—1939 (1993)；以及Severa (1995)。

3　参见，英国：Wilson (1987)。美国：Banner (1984)。法国：Chaumette (1995)；Delbourg-Delphis (1981)；Perrot (1981)；Roche (1994)；以及Steele (1989a, 1989b)。

4　布鲁研究的资料来源包括照片、商业文献、报纸和杂志广告、邮购目录、自传和日记、礼仪书目、外国游客的记录，以及小说。

5　参见Chenoune (1993)；Déslandres and Müller (1986)；Garnier (1987)；Martin and Koda (1989)；以及Milbank (1985)。

6　参见Jones (1987)；Obalk, Soral, and Pasche (1984)；Polhemus (1994)；以及York (1983)。

7　参见Brown (1994)；Herpin (1986)；以及Pujol (1992)。

时尚及其社会议题：研究计划

在20世纪的进程中，人们感知社会结构并在其中概念化自我身份的方式发生了变化。通过对比以"阶级"和"碎片化"社会为代表的两种理想类型，这些差异得到了表达。在阶级社会中，阶级地位比生活方式更为突出。人们通常倾向于接受相对固定的社会身份，但地位较低的群体会试图效仿地位较高群体的风格与行为。相比之下，在碎片化的社会中，职业环境即地位等级，但在工作场所之外，社会区隔则以社会阶级内部及之间的不同标准为基础。

在本书中，我将服饰视作研究文化产品含义及其变化的策略性场所，这些文化产品的意义又与社会结构、文化组织特征以及其他文化形式的变化有关。在针对19世纪阶级社会的研究中，阶级不平等和时尚传播模型涉及了若干问题，而这又与不同社会阶层成员之间的着装意义密切相关：(1) 鉴于相对匮乏的资源，工人阶级的男性和女性如何利用着装来表达和协商他们在19世纪的社会地位？正如布迪厄理论所预测的那样，他们的着装实践是否受到阶级和地域文化的限制？(2) 时尚风格在何种情况下、在多大程度上扩散到了工人阶级？这些国家在多大程度上实现了服饰的民主化？(3) 经济和社会变化如何影响了工人阶级的着装选择？某些阶层的工人阶级是否利用服饰作为流行文化的新形式，以表明他们与公共领域和公共空间之关系的变化？

19世纪着装行为的其他案例无法依赖这些模型进行解释，而是需要其他的方法，如非言语交际理论和符号颠覆理论（Goffman 1966；Cassell 1974），以及关于不同类型公共空间之间关系的假设。这些观点由此提示了更多的问题：(1) 鉴于19世纪社会的性别理想，强大而霸权的着装性别编码如何影响了社会边缘女性（如中产阶级和工人阶级的职业女性）对于服饰的接纳？(2)"隐蔽"的公共空间，特别是某些类型的群体专属的公共空间（如美国边疆地区、煤矿以及女性教育机构），或专用于休闲活动的公共空间（如沙滩以及为某类运动预留的区域）是如何为城

22

市街头所拒斥的着装风格提供可能性的？（3）作为社会控制形式的制服和着装规范有着怎样的重要性？

20世纪末，阶级不平等模型和扩散模型所提出的问题并不相关。所有社会阶级的成员都身着形式各异的时装，但社会阶级的特征已然发生了变化，时尚传播模式比时尚扩散模型要复杂得多。此处有必要依靠另类模型来解释着装在当代碎片化社会中的作用，例如贝尔（1976）的后工业社会模型，后现代主义的复杂概念（Kellner 1990a），也包括后现代主义的性别理论（Butler 1990），文化组织的作用、媒介对文化意义的生产和传播以及文化接受理论（Press 1994）。这些方法都表明了以下问题的重要性：（1）按年龄段和生活方式划分的时尚传播模式如何反映了当代社会的碎片化？（2）服装设计和生产组织的特点如何影响了着装风格的含义及传播？（3）男装及其着装方式在多大程度上证实了基于后工业社会理论的预测？（4）工作装和休闲装如何表达了经济和非经济角色之间的差异？（5）休闲装是如何在碎片化的社会中体现日益复杂的文化规范的？（6）女性对媒介中时装形象的反应在多大程度上表明，她们认为自己是后现代主义角色的扮演者，且喜欢利用时装来表现其异质和矛盾的身份，抑或自认为是现代主义者，更希望将连贯而稳定的身份以着装的形式表达出来？（7）这种对于女性解读时尚和媒介文化的分析，所揭示的由着装所体现的霸权女性主义的本质是什么？

服饰和时装风格是广泛思想内涵或"社会议题"的"载体"。在本书中，它们将用以追溯社会阶级和生活方式之间，以及两性关系之间的本质变化，并拓展对19世纪以来的物质文化及其规范的理解。

第二章　19世纪工人阶级服饰与社会阶层经验

> 衣着从来都不是轻浮的；它们始终是当时基本社会条件和经济压力的体现。

——拉弗（Laver 1968：10）

齐美尔（1957）和凡勃伦（1899）所提出的经典时尚理论模型认为，新的风格始于精英阶级，并逐渐在社会结构中向下传播。然而，这一理论很少提供这样的信息，即接纳时髦款式或保持传统风格者的类别。服装史学家认为，至少在美国、法国和英国的城市中，男性逐渐形成了以夹克和裤装为主的着装方式，对此，所有社会阶层的情况都是类似的。斯蒂尔（Steele 1989a：78）指出："在19世纪的进程中，各个阶层的男性都或多或少地身着同类服饰。"一些服装史学家还将民主化议题延伸到了女装上（Kidwell and Christman 1974；Severa 1995）。尽管从字面意义上讲，民主化的论点似乎是正确的，但它并未涉及不同社会阶层在外表上的差异程度。

从布迪厄（1984）的文化趣味与阶级再生产理论来看，人们通常认为着装行为的变化比经典时尚理论或民主化议题所暗示的更为多样。布迪厄认为，与中产阶级相关的文化产品消费往往需要用到工人阶级难以

26

接触到的态度和知识。该理论暗示着社会阶层之间的着装行为差异将得到维持。工人阶级的着装应该是实用耐穿的而非美观别致的。对于那些确实接纳了中产阶级服饰的工人阶级成员而言，他的理论表明，与中产阶级（可能在某些职业领域）的密切接触可能足以使其克服家庭社会化或中产阶级教育的欠缺，并最终承袭中产阶级的品味和着装风格。

然而，布迪厄的理论路径并未厘清工人阶级内部对于文化产品反应的差异。19世纪，法国工人阶级包括多个不同的阶层，他们的收入水平和生活水准各不相同。在19世纪的最后二十五年里，社会变革改变了这些不同社会阶层之间的关系，也改变了工人对中产阶级的态度。法国变得越来越工业化，这导致了非熟练工人的情况较之熟练工人有所改善，因为工厂里有了更多薪水更高的工作。因此，布迪厄的阶级再生产理论需要再补充一点，即了解工人阶级内部不同阶层成员的收入和社会关系的变化所带来的影响，而这些影响使他们接触到了新的文化形式（Erickson 1996）。在19世纪中叶，巴黎的社会环境比外省和乡村的农业社区要"现代"得多。在19世纪的最后二十五年里，随着识字率的提高，以及由此实现的报纸数量的增加，外省的城镇开始成为工人阶级的公共场所，这与哈贝马斯所描述的18世纪英国资产阶级的公共领域并无不同（Calhoun 1994）。甚至在小城镇也出现了有工人阶级参与的咖啡馆、俱乐部、社团和协会。农村社区变得不再那么偏僻，这使得某些群体（例如农民）逐渐接触到了新的文化形式和公共空间。无论在城市还是农村，工人阶级成员都越发加深了对其他社会阶层行为方式的认识。

尽管从非常笼统的意义上说，男性着装的新标准在19世纪就逐渐被人们接纳，但传统类型的着装（特别是对工人阶级而言）仍然继续风行。裤子自古就有，但并不时髦（de Marly 1986：8，27；Tarrant 1994：38）。在中世纪及之后的几个世纪里，士兵、农民可能甚至连贵族都身着长裤，即要么是宽松或整套的裤装，要么是紧身的"马裤"。裤子在法国大革命期间备受工人们青睐，这促成了19世纪不那么奢侈的着装风格的兴起。德马利（de Marly 1986：76）指出："裤装是都市年轻人的时尚，法国大革命为其赋予了极为重要的政治意义：无套裤汉（sansculottes；指那些没有齐膝马裤的人），身着裤装的农民反抗贵族统治。"1840年左右，在英国、法国和美国的城市以及许多农村地区，人们大多穿着裤装进行日常活动（Tarrant 1994：42—44；Lee Hall 1992）。[1]到了19世纪中叶，搭配各式夹克的裤装（西装）开始广为流行（de Marly 1986：114；Blum and Chassé 1931：111）。这类服饰（通常为黑色）符合19世纪初英国纨绔博·布鲁梅尔（Beau Brummell）为英国公爵所设定的着装标准，随后被英国贵族所采纳，此后才传播至欧洲其他国家（de Marly 1985：84）。[2]英国成了男性时尚的引领者，并进而影响了法国和美国（Byrde 1992：94）。

19世纪的男性常被认为放弃了时尚诉求，转而选用单调且近乎严肃的着装风格。但事实上，中上阶级身着各式时髦的夹克和西装（包括及膝双排扣长礼服、燕尾服和日常外套），同时还会选用大量配饰。在这种着装风格中，刻意的禁欲主义已取代了18世纪的奢华与浮夸，但想要呈现一种时髦外表仍需要时间、品味和金钱。特定类型的夹克和裤装应与每天不同类型的活动和时段相匹配（Delpierre 1990）。有些装束适合城市，有些则适合乡村。礼帽、真丝领带、绸缎马甲、手套、手杖、手表等配饰也是塑造中产阶级和上流社会男性形象的重要元素。正如佩罗特（Perrot 1981：157）所描述的那样："正是在这样充斥着细微差异与各种细节的世界里，一切才得以发生。"与此同时，传统工人阶级男性的其他着装（如罩衫和木鞋）直到20世纪才消失。工人和农民所穿的罩衫是一种宽松廓形且能盖住臀部的带袖服装，已有数百年的历史。

尽管民主化议题同时适用于男性和女性着装，但布迪厄的理论往往并不涉及性别差异。然而，我们有理由相信对于工人阶级女性（尤其是工人阶级主妇）来说，她们效仿中上阶级着装的难度要比工人阶级男性更大。原因之一在于这一时期女性着装的性质。因为女性的服饰风格起源于法国，所以它们都持有整套关于女性角色的特定价值观，尤其是法国资产阶级主妇的理想角色。这表明，身着这类服饰的女性通常都雇

28

---

1 马裤仍然是骑马时的着装、宫廷服饰以及仆人制服（Tarrant 1994：42—44）。

2 1829年，巴尔扎克曾说过："我们总是穿着黑衣服，就像人们在悼念什么东西一样。"（引自 Robb 1994：170）

有仆人，她们不必做家务或外出工作。贵族式的闲散被视作中上阶级女性的生活方式。这一时期的女性时装极具约束性和装饰性。这类服饰不实用的构造体现在各个时期的紧身胸衣、宽裙摆和长裙裾上，这甚至阻碍了她们的正常活动（如爬楼梯或在街头步行），且显然不利于女性健康。因此，时装对于大多数工人阶级女性的日常活动而言并不实用。

为了参与到社交与群体活动之中，工人阶级女性能够在多大程度上打造出时尚的外表？与拥有更多可支配收入的在职单身女性相比，已婚的工人阶级女性在这一方面处于劣势。服装支出是这样一种指标，它可以被用来衡量工人阶级主妇对家庭以外社交生活的参与程度（Smith 1994）。工人阶级主妇花在自己衣服上的钱通常比花在丈夫、女儿和儿子衣服上的钱要少。相比之下，年轻的工人阶级单身女性（包括佣工和其他类型的雇员）则会把相当多的收入花在工作场所以外的穿着上，并以此作为改善其社会生活以及实现向上流动可能性的一种手段。

在19世纪的工业社会中，上流社会创造了时尚的风格，但这些风格向工人阶级的扩散则取决于个体在不同社会阶层中的位置、这些阶层与公共领域之间的关系，以及个体可以在家庭中掌握的资金水平。民主化议题主张阶级差异是通过着装的标准化来予以消除的，而扩散理论则认为阶级差异是通过为精英创造不断涌现的新风格来维持的。这些证据是否可以支持这样一种假设，即男性和女性着装在19世纪均实现了民主化，抑或是其中的身份障碍难以或无法克服？

29

重现过去：弗雷德里克·勒普莱对工人阶级家庭的研究

为了研究这些与服饰的普及和民主化相关的问题，我将参照服装史和弗雷德里克·勒普莱及其助手在19世纪对工人阶级家庭展开的一系列案例研究。勒普莱终其一生（1806—1882年）都是法国和欧洲社会科学领域的重要人物，他既是理论家，又是实证社会学的创始者之一（Silver 1982）。作为工程师而非社会科学家，他发展了一种收集定性和定量信息的方法（Le Play 1862）。他的方法论以分类系统为主，并以此对案例研究所获取的信息进行分类。对勒普莱来说，家庭是社交生活的焦点；家庭的性质和组织对个人和社会本身产生了巨大的影响。由于工人阶级家庭遍布世界各地，因此他的目标是对它们进行描述和分类。通过同样运用过此方法体系的合作者的协助，他编写了一百五十多份关于家庭的案例研究专论（主要涉及欧洲，但也包括美洲和亚洲）。从19世纪中叶开始，该研究项目由国际社会经济实践研究学会（Société Internationale des Etudes Pratiques d'Economie Sociale）管理，大概延续了七十五年。该学会可能是社会学领域的第一个私人研究基金会，并获得了339位捐赠者的支持，包括科学家、商人、律师、公务员、出版商和当选官员（Silver 1982: 11）。

　　勒普莱试图获取的信息涉及每个家庭的经济和社交生活，以及家庭居住的社会环境或社群。每个案例研究由四个部分组成，其中包含作者所应提供的特定类型的信息。在第一部分中，工人的特点由其工作性质所体现，对勒普莱来说，这构成了相关家庭在工人阶级内部所占社会阶层的大致分类（Le Play 1862: 21）。第二部分包含了关于家庭本身及其社会和经济环境的信息。这一部分还包括服装和所有其他家庭财产的详细清单。

　　每个专论的第三部分都详细说明了家庭年度预算（包括收入和支出）。勒普莱认为，家庭预算是了解家庭生活的一项重要因素，因为家庭的日常生活通常被编码在预算中。他在与其方法论相关的说明中（Le Play 1862: 31）指出："事实上，完整而系统地列出一个家庭的收支情况，实际上是对观察所得的信息予以验证的途径，也是深入调查工人阶级物质和道德状况的唯一手段。"[1]

　　因此，该方法需要收集关于家庭财务状况（包括家庭支出和收入）的大量信息。在勒普莱的研究中，对预算的重视既与法国家庭生活的特点相一致，又与法国社会科学的特征相符。理想的19世纪资产阶级主妇必须对所有的支出都进行细致入微的记录。在此期间，法国女性

30

1　除非另有说明，所有法文都由我自己翻译。

杂志还发表过文章，指导女性掌握家庭预算的技巧（Flamant-Paparatti 1984：77）。历史研究表明，19世纪的资产阶级女性确实保持了记账的习惯（参见 Smith 1981；Perrot 1982）。历史学家发现，家庭预算是重现与阐释19世纪法国中产阶级生活的重要因素。20世纪的法国社会学家一直在研究家庭预算（参见 Herpin and Verger 1988），但往往未能获取勒普莱研究方法所需要的额外社会学信息。[1]每个专论的最后一部分将专门讨论有关区域、家庭、地方工业和社会组织的一般性问题。这是专论中唯一允许作者"背离对事实的严格分析，并做出评价"的部分（Le Play 1862：31）。

这些专论材料是如何获得的？这似乎源自对相关家庭的一系列走访，通常持续了几个月到一年的时间。夫妻双方都接受了大量的访谈，丈夫提供了关于自身职业和工作生活的信息，妻子则提供了关于家庭预算和家庭生活的细节。每个案例研究中所包含的大量细节都体现了它的准确性，如预算中的项目以及包括家具和服装在内的财产清单。

评估这些材料的一个重要因素是如何选择案例。显然，这些案例并不能算作随机样本。在19世纪末的法国人口中，工人阶级男性中农民或农场工人的比例远高于其他工人阶级职业的男性比例［62%对38%（Duroselle 1972：85）］。这些百分比在案例研究中得到保留：33比67。尽管案例筛选的过程并不是很清楚，但从某些案例关于研究的评论中可以看出，一些家庭之所以被选中是因为他们能够代表特定地区特定类别的工人。另一种经常用于定性研究的标准是以最大化多样性的方式来选择案例。由此看来，案例的选择是为了代表不同地区和不同职业的工人阶级。每个家庭的大量细节弥补了随机样本的匮乏，而且根据时间段的区别也可进行比较研究（对比19世纪第三个25年和最后一个25年）。

在涉及法国家庭的81份专论中，6份出自勒普莱（他在其他国家进行了大量研究）。其余的研究报告由42名调查人员撰写，他们分别是律

31

1　这些类型的研究将在本书第三章和第六章中得到讨论。

师、工程师和当地官员。其中有 8 名调查人员撰写了两份以上的报告。他们中的大多数都是无偿的，一些不太富裕的人甚至可能是勒普莱自掏腰包资助的。[1]

勒普莱一生都身处 19 世纪。该世纪的价值观和世界观由此成为其作品的典范，但这也在一定程度上解释了为什么他的作品在 20 世纪几乎黯然失色。勒普莱及其追随者所撰写的案例研究揭示了他对 19 世纪法国社会变革的担忧，这些变革正以一种降低家庭重要性的方式改变着法国社会。勒普莱尊崇一种他认为在法国曾经存在过的传统社会，但后者正由于经济和社会的变革而日渐消失。他担忧的是工业革命带来的变化正在摧毁微妙平衡的社会体系，在这一体系中，上流社会的家长式作风使其保护和指引着工人阶级。他认为如果宗教组织和传统家庭能够维持其影响力，工业化带来的不良影响就会被消除。勒普莱方法论体系的优势在于，不必为了利用他及其助手所收集的信息而必须认同他的理论观点。

案例研究包括 1850—1874 年间所调研的 42 个家庭，以及 1875—1909 年间的 39 个家庭。[2]对于这 81 个家庭而言，其内部的 6 个阶层代表了截然不同的工人阶级境况：(1) 巴黎熟练工人（手工艺者和匠人），(2) 拥有或租用土地的农民，(3) 巴黎非熟练工人，(4) 外省的熟练工人，(5) 外省的非熟练工人，(6) 非熟练农场工人（见附录表 1.1）。[3]

鉴于我们今天看待社会结构的方式，这些法国家庭反映出了一种看似异常的状况。其中一些家庭的收入与典型的下层中产阶级相当，但勒　32

1　1999 年 3 月 9 日，与安东尼・萨瓦（Antonie Savoye）的私人通信。

2　本文引用的案例研究来源参见 Le Play（1877—1879）以及 Société Internationale des Etudes Pratiques d'Economie Sociale（1857—1928）。附录 1 列出了一份完整的案例清单及其书目来源。在文本中，案例按编号和年份标识，如附录 1 所示。有关案例研究和其他表格的更多信息，请参见附录 1。共有四个女性户主家庭未被包括在附录表 1.1 和附录表 1.2 或下表 2.1 和表 2.2 中；在考察时间上，其中的一个女性户主家庭在 1875 年以前，而另外三个家庭则处于 1875 年以后（参见本书第一章）。

3　农民包括两个群体：(1) 拥有土地的人和相对富裕的人；(2) 租用土地的人和主要靠为其他农民工作来维持生计的佃农，他们相当于非熟练工人。1875 年以前的农民群体均包含两名佃农。因为他们的收入与农场主的收入相当，所以也被纳入在农民之中。1875 年以后，农场主比佃农要富裕得多。因此，对两组人分别进行了考察。

普莱及其助手根据他们的职业和生活水平将其视为工人阶级。[1] 许多家庭都有能力效仿中产阶级着装，但并非所有家庭都会这样做。在1875年以前接受调研的家庭中，有7个（17%）家庭年收入仅在3 000法郎以上，这样的收入是中产阶级里最低的。巴黎熟练工人或农民占据了所有这些家庭的主流位置。古莱纳（Goulène 1974: 40）曾这样评论1875年以前的时期："下层中产阶级（办公室职员、小商人、级别较低的公务员）有时过着与工人阶级相近的生活。尽可能地通过衣着等外在特征让自己脱颖而出成了他们的主要关注点。"在1875年后接受调研的家庭中，近三分之二（61%）的年收入超过了3 000法郎。尤其在后期，这些家庭被确定为基于职业而非收入的工人阶级。

这些法国家庭的生活水平在每个时期都存在着显著差异（见附录表1.1）。[2] 在19世纪的第三个25年，巴黎熟练工人和农民成了工人阶级中的精英，其生活水平远高于其他三个群体，接近于下层中产阶级。非熟练农场工人的生活水平最低。在19世纪的最后25年，由于工厂工资的上涨，非熟练工人的情况相对于熟练工人有所改善，与此同时，农民收入大幅提升（见附录表1.1）。换言之，不同阶层的关系在这一时期发生了深刻的变化，这也将影响到男性和女性对于服饰类型的选择。

服装对这些工人阶级家庭的重要性表现为他们买衣服或订购面料的年收入百分比：这两个时期的中位数均为8%（见附录表1.2）。中等收入的资产阶级家庭的可比数据为8.3%至15%（Perrot 1982），这表明在他们当中，收入较低家庭的服装支出比例与较富裕家庭相似。这些家庭的服装支出中位数占其总资产（包括房产、房屋、设备、家具和家庭日用品）的13%，后一时间段的数据为16.5%（见附录表1.2），但不同阶层之间往往差异较大。对于那些财力有限的人来说，服装占据了资产的较大份额：衣服通常是他们唯一有价值的财产。

---

1 对1873—1913年间法国资产阶级家庭预算所进行的研究，可以作为有益的比较（Perrot 1982）。佩罗特指出了法国资产阶级的三个阶层：年收入在3 000—12 000法郎之间的"中等"资产阶级家庭；年收入在13 000—19 000法郎之间的"舒适"家庭；年收入在20 000—28 000法郎之间的"富裕"家庭。

2 因为范围较大，附录表1.1中的数据统计是根据中位数而非平均值来计算的。

案例研究准确地罗列了每个家庭每组衣物（男性和女性）的服饰类型，以及每个人拥有此类物品的数量以及每件物品的价值。每个家庭的衣物中都存在两种不同类型的服饰（见表2.1），例如对男性来说，有西装、夹克和偶尔戴的高顶礼帽，在袜子、棉质或亚麻西装马甲之外，还会搭配草帽、鸭舌帽和贝雷帽。他们通常会在礼拜日穿着质地优良的中产阶级服饰，而在工作中，男性和女性则都身着传统服饰或破旧的礼拜日着装。

衣服的获取渠道有很多，而主要的男装一般都是购买所得。到19世纪中叶，巴黎已经形成了规模可观的男装成衣业，以生产出销往巴黎和外省的相对便宜的服装[no. 13（1856）：446—447]。另外，男装通常是由裁缝定做的。男性在结婚时会购买西装和夹克（尤其在外省），这些衣服可能会穿上几十年。某位八十岁的佃农在礼拜日还穿着他结婚时的礼服[no. 80（1892）]。然而，男性的工作服通常是妻子缝制的。一名巴黎运水工的衣服与其家乡的法国工人服装相似[no. 17（1858）：153]。这种服装布料是在村子里纺制的，除了颜色，男女都一样，男人穿绿色，女人穿棕色。而另一名巴黎工人则是拾荒者，他穷到衣柜里的帽子和手帕都是在街上捡的。

女装更有可能是家中自制的，同样地，这在外省尤其如此。许多女性都是专业的裁缝，甚至在结婚前就曾以这样的身份工作过。在一些家庭中，女性还得到了当地裁缝的帮助。这些家庭中的男性和女性似乎连二手衣服都没有，也很少给自己买衣服作为礼物。只有对孩子才会这样。

我们无法仅凭勒普莱的研究文本就概括出工人及其妻子选择中产阶级着装的动机。除了少数例外，案例研究提供了个体对特定着装的态度及其具体信息，但尚不清楚的是，工人及其妻子是否认为自己在模仿中产阶级，抑或他们是否受到来自朋友或社群的着装风格的影响。无须考察人们特定着装的动机，就可以验证齐美尔时尚扩散模型以及服装史学家关于时尚民主化的假设。但重要的是他们是否身着与中上阶级相符的服饰。

34

表2.1　1850—1874年和1875—1909年工人阶级男性着装的
　　　　服饰类型（百分比）

服饰类型	1850—1874 （N=41）	1875—1909 （N=36）
中产阶级		
服装		
双排扣长礼服	21	19
燕尾服	0	6
连衣裙式外套	27	3
男式大衣	39	53
西服（三件套）	10	50
日常外套	3	38
西装外套	34	19
配饰		
领带（丝绸）	46	17
西服马甲（丝绸或缎面）	17	3
手套	5	8
手杖	2	3
带或不带链子的表	12	43
帽子		
高顶礼帽	22	22
圆顶礼帽	0	8
工人阶级		
服装		
罩衫	59	36
西服背心（针织、棉质、亚麻、法兰绒）	98	84
配饰		
领带（棉质或亚麻）	59	58
围裙	18	16
鞋（木制）	54	50
帽子		
鸭舌帽	51	37
贝雷帽	34	23
毡帽	49	47

注：根据勒普莱及其助手总结的案例研究中工人阶级男性服饰清单，该表显示了每
个时期拥有特定服饰的男性比例。此表不包括四个女性户主家庭

时尚扩散还是时尚民主化?
1875年前后法国工人阶级男性的服饰

时尚的扩散程度抑或工人阶级男性的民主化程度,可以通过占有与中产阶级或工人阶级相符的特定衣着的比例予以显现(见表2.1)。在1850—1874年间,只有少数工人拥有中上阶级的装束(如及膝双排扣长礼服和连衣裙式外套),但这一时期流行的其他服饰(如燕尾服和日常外套)则几乎没有。对礼拜日服饰而言,尽管其中的14名工人(34%)有不太时髦的夹克,但只有10%的人有整套西装(裤子、马甲和夹克;见图1)。这些衣服通常是黑色或深蓝色的,以便在必要时用作丧服。

工人们往往会在工作日身着与工人阶级身份相符的衣服。该组中有24人(59%)有同款罩衫(见图2)。98%的男性有无袖马甲,以便搭配裤子和衬衫(见图3)。超过一半的男性穿木鞋。

时尚单品扩散的另一个迹象是对中产阶级配饰的选用,如高顶礼帽、手套、手杖和手表,这可理解为人们试图跨越阶级界限的证据。据服装史学家的观察,由于与服饰相关的许多18世纪配饰都被摒弃了,因此那些得到保留的配饰(帽子、手套、手杖)作为社会地位的标志反而变得更加重要了(Dike and Bezzaz 1988:275;Perrot 1981)。在1875年以前的研究中,只有9名(22%)男性有高顶礼帽,服装史学家(Delpierre 1990:27)声称在那个年代,这意味着"几乎所有人都戴这种帽子"。另一种身份标志是黑色丝绸或缎面的领带。19人(46%)有这种适合礼拜日戴的领带。丝绸或缎面的西装马甲或坎肩与中产阶级的配饰相符:7名工人(17%)拥有此类单品。然而,对于这些工人而言,某些类型的中产阶级配饰明显不合时宜,因为几乎用不上。例如,手杖和手套是中产阶级不可或缺的配饰,但这一时期的工人显然根本不需要。

在19世纪的最后25年,很多变化影响了工人阶级的社会环境,这些变化在案例研究中的家庭可支配资金上得到显著体现。一半以上的家庭收入超过3 000法郎,这是中产阶级的最低收入。这在部分工人对

36

图1 一对身着礼拜日服饰的工人阶级夫妇端坐于摄影师前（约1857—1860年，法国）。在通常情况下，丈夫要比妻子更时髦。他身着黑色西装，搭配19世纪50年代晚期时兴的格纹马甲和当时日渐流行的翼领衬衫。他的妻子穿着浅色的衣服，带着灯笼袖，这是那个年代的特征；不过她的**披肩**，以及尤其是她的黑色围裙，很可能是羊毛质地的，这些都不是当时的流行装束，因而表明了她所处的社会阶级。她还戴着19世纪初就有的蕾丝边白色女帽。由法国国家图书馆提供，巴黎

图2 工人阶级男性身着传统的长罩衫，戴着鸭舌帽（1862年，法国）。由法国国家图书馆提供，巴黎

图3 外省小城镇的工人和老板（约1875年，法国）。与员工形成鲜明对比的是，这位老板身着19世纪70年代流行的肥大夹克，系着宽领带。大多数工人既不打领带也不穿西装。五位男性穿着无领外套。大多数人都穿着马甲，其中有五个人穿了青果领马甲。几乎所有人都戴着鸭舌帽或其他款式的帽子。由 Sirot/Angel 收藏，巴黎

礼拜日着装款式的改进中反映出来。因此，日常外套变得更受欢迎了（38%）。拥有一套西装（夹克、马甲和裤子）的人数大幅提升（从10%到50%），各类工人和农民都会穿西装。男式大衣也越来越受欢迎。但很少有人选择与工人阶级和农村地区相符的某类着装。例如，与早期的59%相比，后期只有36%的男性穿罩衫，而穿木鞋的男性数量则基本持平（见表2.1）。

与前一时期一样，某些与中产阶级相符的着装或配饰似乎并不适合工人阶级，这导致他们大多不愿效仿。因此，穿长礼服和燕尾服的男性比例仍然很小。拐杖和手套是资产阶级着装的基本要素［根据德尔皮埃尔（Delpierre 1990：60）的说法，"男人没有拐杖从不出门"］，但实际上根本就形同虚设。对于这些家庭中的男性而言，手表是唯一日渐流行的中产阶级配饰。

这些数据表明，在19世纪的最后25年，服装的民主化在一定程度上是有限的。尽管拥有一件以上时尚单品的工人人数从第一阶段的63%提升到了第二阶段的92%，但时尚风格的扩散仍然仅限于特定的物品（见表2.1）。工人们拥有西服和大衣的比例大幅上升，而他们对中产阶级其他时装类型的占有度（如礼服、燕尾服和高顶礼帽）却没什么变化。因此，收入的增加只能解释一部分变化。

37

谁流行，谁过时？ 1875年前后工人阶级的变化

根据时尚扩散理论，工人阶级中的上层应该比下层穿得更好。在前述两个时间段，一些案例研究者对这些家庭成员是否身着中产阶级风格的服饰（通常是在礼拜日）做出了判断。在1875年之前的研究中，有8名男性（20%）的着装风格与中产阶级相似。令人惊讶的是，其中只有两人的收入达到了资产阶级的较低水平，这再次表明收入并非影响着装行为的唯一因素。不过这些人都属于上层工人阶级。除一人以外，其余都是巴黎或外省的熟练工人。另有11名男性（27%）（主要是外省的农民和农场工人）的穿着被明确描述为"与资产阶级毫不相干"、"不够体面"或

"非常朴素"。

巴黎的熟练工人以及外省的一小部分熟练工人,会在礼拜日身着中产阶级风格的服饰,如长大衣搭配真丝领带,丝绸或缎面西装马甲搭配高顶礼帽。熟练工人包括手工艺者和匠人,他们的工作使其得以和中产阶级打交道。[1]布迪厄的理论认为,这些接触可能已经使他们习得了资产阶级的着装品味以及对精美服饰的欣赏。事实上,该群体与中产阶级的商业关系可能已经构成了他们的社会化形式,即"在工作中"学习如何模仿中产阶级的着装风格。手工艺者在工人阶级中享有最高威望,特别是那些与奢侈品制造相关的工人。针对19世纪的第三个二十五年,某一家庭案例的研究者认为,裁缝的衣着在巴黎熟练工人中是最为精良的。研究者评论道[no. 13(1856):162—163]:"按照巴黎裁缝的习惯,他身着中产阶级的服饰……裁缝与资产阶级习俗之间的关系迫使他们比其他工人的造型更为优雅,并由此培养出对服饰的品味。"

然而,布迪厄(1984)认为工人阶级所习得的中产阶级趣味和行为方式与中产阶级自身所具备的并不相符。向上流动的个体依旧保留了他以前的某些特征。这种想法在裁缝身上得到了体现,他们中的一些人尽管身着中产阶级服饰,却仍保留了工人阶级其他不雅的品味。 38
该案例的研究者指出[no. 13(1856):163—164]:"与名声不好的女性交往通常是这些工人的习惯,并且他们在这种放荡的生活中养成了对葡萄酒和烈性酒的品味。"但有些裁缝除了着装之外,还习得了资产阶级的其他趣味。同一个案例研究仍在继续:"他们的休闲活动与那些出身优越、放荡不羁的年轻人没什么不同,人们注意到他们追求的是艺术乐趣,比如人们纵情高歌的派对、塞纳河上的独木舟比赛、剧院派对……裁缝也会寻求智性的消遣;尤其是在研讨会上,他们大多会大量阅读历史主题的廉价书籍,相关知识或多或少地为其提供了政治关注的背景。"

从一名熟练的披肩织工[no. 7(1857):318—319]的休闲活动中可

1　例如,"对钟表做精细调整的技术人员,玛莱(巴黎的一个区)的雕刻师,以及在圣安托尼郊区制作镶嵌家具的手工艺者或插画师"[no. 89(1895):373]。

以看出，效仿巴黎中产阶级着装的一个重要动机是渴望参与城市的社交活动。19世纪的主要娱乐活动之一是在城市及周边的乡村散步。与其他同事不同的是，这位特殊的工人相对富裕，因而能够参与到这类活动中去。根据案例研究者所述，"和许多其他行业一样，在披肩制造业，编织工人很少外出；总的来说，他们想去散步，但他们却不愿这样做，因为他们会**为自己在公共场所的衣着与这项活动格格不入而感到羞愧**"（着重标记为作者所加）。

该评论暗示了这一时期着装的重要性以及人们对公共空间的感知，即个体的外表会受到陌生人挑剔的目光审视。这些工人（尤其是非熟练工人）在工作日往往身着此阶级特有的工作服：罩衫、棉质或亚麻的西装马甲、木鞋和鸭舌帽。

在外省的熟练工人中，只有手工艺者（玻璃工、制扇工、陶器工和手套工）试图穿得像中产阶级。这些工人通常会在礼拜日身着与中产阶级相符的服饰，如双排扣长礼服、丝绸马甲和真丝领带。一名制扇工的衣物中还有另一套能够体现中产阶级身份标志的服饰——裤子和一件用"花式"（fantaisie）材料制成的马甲，上面印着花哨的图案，这与工人阶级普遍在礼拜日身着黑色或深蓝色的衣服形成了鲜明对比。与其他工人相比，这名手工艺者有很多（10件）礼拜日服饰，他收入的16%都用来给自己和家人买衣服［no. 40（1863）］。手套工的礼拜日着装则被描述为"精致高雅、数量众多"［no. 55（1865）］。然而，这些手工艺者在工作日还是身着工人阶级服饰。而外省的其他工人则无论在礼拜日还是工作日都穿着工作服（包括罩衫）。

相比之下，尽管农民的收入和经济水平都相对较高，但他们几乎从未想要效仿中产阶级。农民隶属于一个明显不同且扎根传统的文化环境。在16名农民和农场工人中，有一半是文盲或半文盲，或者只会说当地方言。因此，他们无法通过阅读报纸、书籍或参加政治辩论来参与全国性的文化活动。农民家庭案例的研究者评论道［no. 59（1862）：178］："家庭的蒙昧是巨大的……他们虽然骄傲而富有，却似乎对这种绝对的无知感到满足，这也就解释了为什么他们既不信教，也不从政。"

　　农民们仅有的几件资产阶级服饰包括一件双排扣长礼服和四条真丝领带。农民和农场工人没有丝绸马甲。那些试图接纳新风格的人通常会模仿城市工人阶级而非中产阶级。农民仍然穿着罩衫，尽管并不像巴黎和外省工人那样频繁。其中的三位农民仍然穿着几个世纪前就有的特定职业装。

　　底层农民的衣着也会暴露出他们捉襟见肘的经济状况。他们通常穿着几经修补的衣服，直至完全穿坏。其中的四位农民在工作时还穿着旧衣服。他们中的大多数人都穿着罩衫。还有六位农民戴着毡帽、穿着木鞋。而父母的旧衣服都是给孩子改制衣服用的。

　　1875 年以前，时尚单品的扩散仅限于上层工人阶级；着装的民主化相对有限。要使时装风格得到更为广泛的扩散，就必须克服传统、贫穷和文盲的障碍。为了控制服装开销，下层社会的人们试图让每一件衣服都经久耐用。这些衣服往往需要经常修补。因此，这些工人的着装反映了布迪厄归属于工人阶级的"必要文化"。

　　1875 年以后，案例研究中的工人阶级的相对地位也发生了变化（见附录表 1.1）。当时非熟练工人的收入中位数要高于熟练工人。一些非熟练工人在工厂挣的工资比作为手工艺者的熟练工人要高。例如，除了农民，收入最高的工人是在巴黎一家工厂里打磨青铜的非熟练工人。和整个群体的中位数相比，他花掉了收入的很大一部分来给家人买衣服（19%，见附录表 1.2）。巴黎的另一名男性以前曾是手工艺者，负责为人造花制作人造叶，尽管女帽制造商对人造叶的需求量很大，但他仍然经常失业。然而，作为一名工厂的非熟练工人，他能得到高得多的报酬，即使他所做的完全是机械而重复的工作，且从未失业过。巴黎仍有一些非熟练工人，他们穷得买不起像样的衣服（比如拾荒者），他们通常不会在礼拜日和家人一起外出，因为会为家人的着装而感到羞耻 [no. 41A（1878）：194]。也许是由于非熟练工人的情况发生了变化，巴黎的熟练工人现在会将更多的收入都花在买衣服上（11.5%），这一花费比其他所有阶层的工人都要高（见附录表 1.2）。

40

1875年以后，那些被具体引述为"穿着像中产阶级或有教养"的工人比例与前一时期相似（19%），但如今他们中的大部分人有着下层中产阶级水平的收入。与前一时期不同的是，那些穿得像中产阶级的人一半以上都不住在巴黎地区。只有5名工人（14%）（主要在外省）的穿着被明确描述为"与资产阶级毫不相干"、"不够体面"或"非常朴素"。

从收入中位数来看，这些外省工人并没有巴黎工人那么富裕（见附录表1.1）。但他们现在更加了解国家大事及动态，且可以说也因而急于表明自己并不逊于中产阶级。某位研究者［no. 104（1904—1905）：273］在描述一名小镇居民时指出："工人们强烈地渴望模仿资产阶级生活的所有外在表现。如果未能得到满足，那么这一期望就会被放大，以至于他们会将几乎所有积蓄都用来购买服装、时尚杂志和各种时尚单品。"

如今，更下层的群体所效仿的配饰，实则曾经专属于上层工人阶级。外省非熟练工人的配饰清单中出现了带链或不带链的手表。[1]现在非熟练工人和农民都戴上了高顶礼帽，尽管服装史学家把它描述为当时的"优雅帽"（Delpierre 1990：39）。此时，另一种帽子（即圆顶礼帽）开始在中产阶级中流行，但该群体中只有三名成员接纳了这一配饰，因此它并不像人们所预料的那样受到巴黎熟练工人的青睐，反而是巴黎和外省的非熟练工人最终接纳了这一配饰。然而，在工作场所中，工人和雇主之间仍然差异显著（见图3）。

除了一名佃农外，所有农民和佃农的收入都与下层中产阶级相当。[2]虽然大多数农民仍然是保守的教徒，但他们大多已受过教育，因此更容易受到外界的影响。尽管当地语言并未消失，但也不再是唯一的交流语言。农民现在更倾向于读报，因而已不太受传统束缚。到了19世纪的最后二十五年，传统的地方服饰实际上已经消失了。只有两位中年农民还穿着全套或残存的传统服装。其中的一位在法国西海岸的盐沼里

1　这一时期，外省的非熟练工人不再是农业劳动者，而是外省城市中的非熟练工人。
2　一位法国历史学家解释说，19世纪末的农民即使很富有，也并不被视为中产阶级，因为他们主要还是农民。同时，他们的视野也非常有限。

工作,他是唯一身着全套传统服饰的人,该服饰由家庭成员自己缝制,且涵盖了从工作日到礼拜日的各种款式[no. 47(1883):22—23]。[1]他的儿子则身着现代服装。针对法国西南部农民家庭的案例研究发现,该地区的着装"与法国其他地区非常相似"[no. 44(1881):3]。农民们越来越多地接触到国内的流行趋势,这反映在他们对中产阶级(尤其是年轻一代)着装的接受程度上。同一个大家庭可能会存在两种截然不同的着装风格,正如此案例研究的简介所示[no. 94(1897—1899):149]:"这个家族看起来仍然是一个质朴的家族——古时候的那种名副其实的酿酒师——但人们看到的是儿子衣着考究、牵着猎狗,身边还伴有穿着巴黎时装的儿媳,他们看上去就像北方城市下层中产阶级的代表。而父亲⋯⋯则处在承前启后的位置上。"

正如服装史学家所记载的那样,19世纪,新的男性装束取代了18世纪的着装。然而,在法国,不同社会阶层的工人阶级都不同程度地接纳了这套装束中的特定时尚单品和配饰。关于中产阶级和传统工人阶级着装的指数表清楚地反映出了这一点,该表格根据工人们持有的时尚单品以及传统衣物数量来进行评分。[2]

表2.2显示,1875年以前,巴黎最有可能拥有中产阶级服饰的就是熟练工人和非熟练工人。对于居住在外省的熟练工人而言,只有少数人(手工艺者)有这类衣服,而农民和农场工人则几乎没有。在此期间,巴黎的熟练工人逐渐摒弃了工人阶级的传统着装,尽管其他城市的工人并不会这样做。农民(特别是农场工人)的衣服相对较少,所以他们所拥有的中产阶级或工人阶级的服饰并不齐全。在此期间,他们生活在偏向传统而非变革的"飞地"(enclave)中。

42

---

1 从对礼拜日服饰的描述可以看出着装的复杂性:"礼拜日服饰包括两套服装,一套是带袖的蓝色修身夹克,另一套是白色蓬松的马裤、羊毛长袜和绒面革皮鞋。且这些服装都会配上一顶带银扣的大帽子。"直到19世纪中叶,许多农民都还买不起这些精致的服装。

2 在1850—1874年的第一阶段,中产阶级服饰指数包含七个项目:礼服外套、大衣、三件套西装、礼服夹克、丝绸或绸缎背心、丝绸领带,以及礼帽。在1875—1909年的第二阶段,马甲被手表所取代。传统服饰指数在这两个阶段均利用了六个项目:罩衫,羊毛、棉质或针织背心,棉质或亚麻领带,木鞋,便帽(无檐帽),以及鸭舌帽。每个职业阶层的工人都会根据各自拥有的项目获得评分,并以此计算出各职业阶层的平均值。这两个阶段各阶层的平均得分如表2.2所示。

表2.2　1850—1874年和1875—1909年工人阶级男性着装的
　　　　中产阶级和传统服饰指数

地区和职业	中产阶级服饰指数	
	1850—1874 (N=41)	1875—1909 (N=36)
巴黎		
熟练工人	3.5	2.5
非熟练工人	2.6	3.7
外省		
熟练工人	1.9	1.7
非熟练工人[a]	0.6	2.7
农场主	1.0	2.0
农场佃户	—	1.6
平均值	1.9	2.4
	传统服饰指数	
	(N=41)	(N=35)[b]
巴黎		
熟练工人	2.7	2.0
非熟练工人	3.2	1.2
外省		
熟练工人	3.9	3.2
非熟练工人[a]	2.5	2.6
农场主	2.9	3.8
农场佃户	—	3.2
平均值	3.0	2.7

注: 中产阶级服饰指数每个时期涉及七个项目。传统服饰指数每个时期涉及六个项目。每个职业阶层的工人都会根据各自拥有的项目获得评分,并根据他们的分数计算各阶层的平均值。该表显示了两个时期内各阶层的平均得分。有关指数中所用服饰项目的说明,请参见本书第43页注释2
a 外省的非熟练工人是1850—1874年间的农场工人。后期受雇于外省城镇
b 不包括一名身穿军装的工人

1875年后，中产阶级和传统工人阶级服饰指数显示，巴黎的非熟练工人是研究对象中最时尚的一群人，但即使外省的非熟练工人也比巴黎的熟练工人更"时髦"。农民们的中产阶级服饰比以前多了（图4）。农民们（农场主和佃户）仍旧是传统着装，但巴黎的熟练工人与（且尤其是）非熟练工人实际上都已经摒弃了这种衣着。

这些着装偏好的变化不能轻易地用时尚扩散模型来解释，因为后期较低阶层有时反而比较高阶层还要时尚。这确实表明了民主化过程的不均衡和不完整，因为时尚单品的扩散在工人阶级内部的差异很大（见图5）。

布迪厄所强调的因素（如家庭甚至工作场所的社会化）并不足以解释这些变化。相反，工人们对中产阶级着装的接受，似乎是对社会视野不断

图4　身着礼拜日服饰的佃农（约1890年，法国）。男人们既没穿西装也没戴帽子（有两个人拿着帽子），不过有几个人打着领带。他们的衬衫带有那时很常见的小尖领。然而，女装遵从了19世纪80年代的典型风格，包括前面带有纽扣的紧身胸衣，以及袖口很短的贴身长袖。还有几位女性穿着围裙戴着头巾。其中一位女性还披着披肩。由雅克·博尔热（Jacques Borgé）提供，巴黎

图5　巴黎工人（约1900年，法国）。三个人都穿着无领衬衫，且未系领带。左边的男性穿着短夹克，这是那时工人的典型着装。中间的男性穿着无袖衬衫，搭配马甲和棉裤。右边的男性穿着相当破旧的日常西装或休闲西装，搭配马甲和圆顶礼帽。由雅克·博尔热提供，巴黎

拓宽的一种回应。以前被排除在外的工人得以进入不断扩大的社交圈，从而接触到新的但通常是对立的政治观点以及全新的消费品（Erickson 1996）。有些人利用了资产阶级着装的某些面向，但矛盾的是，这同时也伴随着对中产阶级的消极政治态度（见下文），事实与这一论点是一致的。

1875年后的着装与社会阶层经验

在19世纪的最后二十五年间，工人的收入增加了，但他们成为雇主的机会减少了。大企业的发展"加剧了……管理者和工人之间的鸿沟"（Goulène 1974：43）。根据古莱纳（同上：57）的说法，"1870年的战败[1870年的普法战争]和巴黎公社[同年的工人起义]标志着工人阶级开始参与政治斗争"。罢工变得越来越普遍，工人俱乐部和咖啡馆逐渐成为政治活动的中心。[1]一位早期案例的研究者[no. 59（1862）：217]在1886年再次造访外省地区时，发现那里已经有了相当大的变化："咖啡馆、音乐会、出版社、廉价出版物、照片、各种协会和社团甚至遍布了最不起眼的村庄。"另一个研究案例[no. 107（1889）：462]描述了法国中部的一个小镇，那里有90家咖啡馆和客栈，可供9 000位居民居住。这些场所被描述为"名副其实的俱乐部，在那里可以公开向资本主义宣战"，并对社会主义理论展开长时间的讨论。

反抗社会秩序与着装实践之间存在着怎样的关系？是否有证据表明，对社会秩序的抵抗往往是通过颠覆公认着装标准的服饰风格予以实现的，正如20世纪时所发生的那样？在这一时期，一些衣着讲究的高薪工人基本都是社会主义者和潜在的革命者。两名极为富有的巴黎熟练工人的案例很能说明问题。其中一位是木匠，他负责管理其他员工，工资相对较高，穿着符合下层中产阶级风格的服饰。同时，他也是社会主义政治组织的重要成员，其目标是"全面认识社会"[no. 70（1889—1890）：341]。对他来说，"政治是主要甚至唯一的消遣……他将每一段

44

1　例如，根据古莱纳的报告，1890年有313次罢工以及118 300名罢工者，1901年有523次罢工以及212 700名罢工者。

闲暇时间都用于研究加剧阶级仇恨的最有效手段"（同上：337）。

在巴黎，另一名持有革命见解的熟练工人是家具制造工人[no. 74 (1891)]，他曾经效力的工作室能够生产出当时最奢华昂贵的家具。他收入颇丰，并将收入的很大一部分（17%）都花在了服装上（他打着真丝领带），因此他的生活方式已经接近于中产阶级。他的儿子是一名雕塑学徒，这是一种中产阶级的职业。他的休闲娱乐活动包括在郊区滑冰、野餐，以及参与咖啡馆音乐会和剧院活动。与此同时，他还是某个政治协会的秘书，并将大部分闲暇时间用于阅读左派报纸以及和同事讨论，其目标是推翻政权。相比之下，社会底层的文盲拾荒者则被描述为对上流社会毫无敌意。该案例的研究者将其归因于"他的无知让他没法读报"[no. 41A (1878)：189]。

只有一名工人对着装和政治观点之间的对立保持着敏感，尽管他是非熟练工人，但收入比很多巴黎熟练工人都要高。作为一名无政府主义者，他把大部分闲暇时间都花在了与自己意见相同的人身上[no. 115 (1896)：97]。他们一起组织了一个图书馆，专门收藏与其政治观点相关的书籍。在成为无政府主义者之前，他曾参加过一个合唱社团，每逢礼拜日他都会穿上礼服，戴上高顶礼帽。他告诉该案例的研究者，他认为自己已经成了中产阶级。在成为一名无政府主义者之后，他就不再穿燕尾服了，而是穿普通西装，其花费还不及燕尾服的三分之一。他也不再穿大衣了，理由是大衣太做作了。因此，他换了一件带斗篷的长披肩，价格只是大衣的三分之一。

勒普莱在英国：绅士 vs. 工人

服装史学家对19世纪末英国服饰的民主化程度存在分歧。博物馆馆长金斯伯格（Ginsburg 1988：175）称，英国"在19世纪的最后二十年里，阶级之间的显著差距逐渐变得不再那么明显"。莱维特（Levitt 1991：13）在分析了英国国家肖像摄影档案之后得出的结论是："严格的等级制度最明显地体现在着装上，并通过服饰、权力、财富和地位得到表达……粗俗而低劣的手艺和粗制滥造的面料让那些没有教养的人显得十分突兀，穷人的处境都是显而易见的。"

19世纪50年代勒普莱及其助手所提供的少量英国案例证明，英国工人阶级的男性着装在质量和数量上均存在着差异。这些装束中最"时尚"的特征可以与其他资料来源的、有关上层中产阶级的典型"绅士"装束的信息展开对比。这种对比表明工人阶级所接纳的时装只是一种虚饰，而并非一种生活方式。对社会最底层而言，他们的衣服几乎都是二手的，而且非常少，因此研究者通常省略了与这些研究相对应的清单，德比郡的一名熔炼工［no. IV（1850）］与他的妻子和四个孩子就是如此。谢菲尔德的一名刀匠［no. II（1851）］带着妻子和三个孩子，他们的全部衣物都显现出"一种惯常的贫困状态"。而这同样未经提及。不过还有一名富裕些的伦敦刀匠［no. I（1851）］，他带着妻子和六个孩子，身着蓝色双排扣长礼服，而这样的长礼服通常一件是礼拜日穿的，一件是上班穿的。某位谢菲尔德的木匠［no. III（1842—1851）］则有着黑色礼拜日西装、丝绸马甲、真丝领带以及另外一套用于工作的西装。一名佃农［no. 8（1856）］有着西装、丝绸马甲和黑色丝绸帽子。最后，一名奶农［no. 6（1857）］也拥有几件类似于中产阶级的服饰，包括黑色双排扣长礼服、缎面和天鹅绒马甲、缎面领带、黑色丝绸帽子，以及带金链的银表。 46

如果将奶农（19世纪中叶数量最大的英国工人群体）的全套衣物与此时穿着考究的典型英国上层中产阶级服饰相对比的话，那么后者必然比前者包含了更多的东西。1857年，某位奶农有一件晨礼服、一件双排扣长礼服、四件大衣、六条裤子和七件马甲，但并没有任何迹象表明这些东西都是在同一年买的。事实上，其中一些东西在他结婚的时候（也就是几年前）就已经有了。相比之下，在19世纪60年代，衣着讲究的英国中产阶级每年都要购买四件晨礼服、一件双排扣长礼服、一件燕尾服、一件大衣、六条裤子和五件马甲（Ginsburg 1988：183）。

根据服装史学家的说法，到了19世纪70年代，那些隶属于上层工人阶级的人即使薪水不高、衣着有限，也能效仿中产阶级的服饰风格（Byrde 1992：88）。19世纪70年代初，行业杂志《裁缝和裁剪师》（*Tailor and Cutter*）声称："如今，薪水不高的职员也可以摆出他上司的神态和派头漫步街头。"（引自 Byrde 1992：88）在1888年唯一的案例研究中

[no. 69（1888）]，作者评论道："英国工人服饰已经丧失了所有地方特色……没有任何外部特征能将富裕的工人与下层中产阶级区分开来。"

然而，在1888年的案例研究中，制革工人和上层中产阶级时尚人士的装束差异可以通过对比各自的服饰清单来得出结论。制革工人有三套衣服（包括夹克、西装马甲和裤子），一套是礼拜日和节假日穿的，一套是他不工作时穿的，还有一套是他工作时穿的。相反，1890年，根据杂志《裁缝和裁剪师》的描述（Cunnington and Cunnington 1959：310）："对于衣着考究的人来说，一周中的每一天都要有不同的着装。每个新季度都要准备大约二十套衣服……时尚人士每天都要打扮三次；早上，他穿的是粗花呢套装；下午，他将换上礼服外套和更为精致的西装马甲，并配上更大的领带；晚上，他则会盛装去晚宴。"

一位中产阶级男性预计每年要买四套新西装（Ginsburg 1988：183）。中产阶级和上流社会在英国比在法国更难效仿，因为在英国，他们经常会与工人无关的组织联系在一起，即私人俱乐部、私立学校和精英团体（Gibbings 1990：81）。工人在工作时打领带是对中产阶级诉求的体现。没有这种诉求的工人可能只戴围巾（Gibbings 1990：84—85；de Marly 1986：118）。然而，法国工人几乎不用的手杖，却在英国周末的城市街头大行其道，"无论一个人的社会地位如何"，手杖都极大地提升了他外表的优雅（Dike and Bezazz 1988：290）。

19世纪末，英国上层工人阶级的工人和许多中产阶级男性一样，都身着日常西装，但处于工人阶级最底层的男性仍然主要穿着二手服装。查尔斯·布斯（Charles Booth 1903, 5：325）在针对19世纪末伦敦工人阶级的广泛研究中将穷人形容为"穿着富人的旧衣服……外表不体面、不合身且不合时宜"。

着装行为与法国工人阶级女性

与她们的丈夫相比，勒普莱案例研究中的工人阶级主妇与家庭之外的世界（包括工作和社会生活）有着非同寻常的关系。29%的工人阶级主妇有工作,但在大多数情况下,即使有工作的妻子也是在家里工作。[1]研究中有四个家庭是女性户主家庭。这些女性从事的工作种类几乎没有变化。做衣服是她们工作的一个重要方面。超过一半的人从事的工作在某种程度上都与织布或制衣有关。例如,这些女性通常被雇来制作内衣、束身衣、手套、外套、男士西装马甲,或纺线织布。还有几个人在结婚前就做过裁缝。

在这一时期,法国中产阶级女性和工人阶级女性之间的社会差距可能比这两个阶级的男性差距还要大。弗拉芒-帕帕拉蒂(Flamant-Paparatti 1984: 30) 将这两个阶级女性的处境描述为,其中的每个阶级(尤其在城市里) 都在"自己的领域和小天地中以缺乏交集的方式"逐渐发展。

和资产阶级女性一样,工人阶级女性也要在家中管理家庭资产以及让孩子们参与社交活动。[2]那些对统计学有一定了解的女性需要维系准确的家庭账目。一位案例研究者评论了其中一名主妇的职责 [no. 1 (1856): 10]:"她立即被委以管理丈夫每月工资金额的任务,每天早上她都会把丈夫吃饭所需的钱给他。总之,**按照法国工人的一般习惯……将整个家庭内部事务的管理权和资金的分配权托付给她**。"(着重标记为作者所加)

与中产阶级女性一样,工人阶级主妇也需要关注自己的外表。1873年,一名为中产阶级女性杂志撰稿的作家(引自 Flamant-Paparatti 1984: 95) 说道:"我已经告诉过你们这一点,以后还会经常提到:一个女人,即使她只是一名普通工人,也应该永远是女人,而且要**特别**注意自己的外表。"(着重标记为作者所加)

虽然尚不清楚她们在多大程度上意识到了这些期望,但对大多数法国工人阶级主妇来说,要做到这一点还是很困难的。这在1875年以前的家庭研究中尤为如此。虽然案例研究者认为1875年前的家庭中有20%的男性身着中产阶级服饰,但在这一群体中,只有3位(7%)女性(均为熟练工人的妻子)被这样评价。在 1875 年以后的研究中,案例研究者认为有6位主妇(17%,而丈夫的比例为19%)穿着与中产阶级相近或相符的衣服。

与男性相比,工人阶级主妇更有可能留守家中,所以她们可能还不

1　在1875年以前的家庭中,35%的主妇有工作,1875年以后的家庭中,23%的主妇有工作。

2　这些家庭中的所有女性都有孩子,且平均每个家庭有3.6个孩子。

如丈夫更清楚资产阶级的着装风格。另一个让她们没法像中产阶级那样穿衣的因素是自己做衣服或买衣服的财力有限。家庭服装预算显示出这些工人阶级主妇与丈夫相比要相对劣势。针对1850—1874年间家庭预算的研究表明，29%的家庭给工人丈夫买衣服的钱比妻子更多。只有21%的家庭主妇比丈夫花得多。在其余的家庭中，丈夫和妻子每年买衣服的钱大致相同。在1875年后接受调研的家庭中，丈夫在装束上的花费比妻子要多得多：70%的男性花费比妻子多。只有一份关于农场家庭的报告显示，给丈夫买衣服用的钱要比妻子少。在实际支出方面，1875年后接受调研的法国工人阶级家庭的丈夫比妻子多花了很多钱（巴黎多35%，外省多44%，农村多20%）。

49 一家之主比妻子更有可能被视为拥有中产阶级的着装风格，这不足为奇；妻子更有可能身着"流行服饰"（le costume populaire）。[1]家庭内部的着装差异有时是极为显著的。对农场夫妇有着如下描述[no. 21（1859）]："工人穿着在马赛买的成衣，是城市工人阶级的风格……而妻子则完全是乡村风格的装束，干净但极为简约。"类似的对比在图1中也可以看到，丈夫穿的是该时期的时装，而妻子仍穿着传统服装。同样，图4中，佃农妻子的着装则要比丈夫更为传统。

限制工人阶级主妇效仿中产阶级着装的第三个因素是服饰本身的性质。坎宁顿夫妇（Cunnington and Cunnington 1959：460）讨论了当时的法国时装，并指出："优雅淑女的真正标志是着装在每个特定场合的每个细节都恰到好处。"中产阶级的女性着装有几个方面的含义：第一，服饰风格的具体细节，例如紧身袖、裙撑或裙摆（服装的某些细节每年都在变化，而且可以精确地确定年代，参见Severa 1995）；第二，使用昂贵而精细的面料；第三，用浅色和亮色；第四，配饰，包括帽子、手套、鞋子、遮阳伞、扇子和手帕，以及束身衣和衬裙等内衣。

尽管对大多数工人阶级女性的日常活动来说，时装特别不实用，但

1　丈夫衣服的总价值并不一定比妻子的高。1875年后，在巴黎熟练工人和非熟练工人的家庭中，丈夫的衣服价值只比妻子的多3%。在外省，无论是熟练工人还是非熟练工人，这一数字都是29%，但农民妻子的衣服比丈夫的价值要高出19%。

她们有时还是会做出极大的努力来迎合这些风格（尤其在外参与活动时）。区分礼拜日和工作日服饰对女性着装而言非常重要。她们的礼拜日着装可能比工作日着装更接近中产阶级理想。虽然服饰清单缺少与这些女性着装风格相关的资料，但它还是提供了关于她们所拥有的具体单品（包括不同类型的服装与配饰）的详细信息。数据显示，时装风格的民主化程度很低。除了在巴黎生活的熟练工人的妻子外，这些工人阶级主妇和中产阶级女性的着装风格明显不同。

在1875年以前接受调研的家庭中，几乎所有的主妇都有礼服。在大多数情况下，她们至少有一件衣服是礼拜日穿的，另一件是工作日穿的。近三分之二的女性有两件以上的连衣裙，而十分之一的女性有十一或十二件连衣裙。无论这些服饰的款式如何，面料和颜色都表明了这些女性的身份是工人阶级。中产阶级女性白天在城市里身着由丝绸、天鹅绒和薄纱（夏季）等不同面料制成的连衣裙，在乡下则穿着棉质连衣裙（Delpierre 1990: 24; Cunnington and Cunnington 1959: 450）。只有三名工人阶级主妇（都住在巴黎或巴黎附近）有丝绸连衣裙。这些工人阶级女性大多穿羊毛或印花棉布衣服，因为很容易清洗（见图6）。

中产阶级女性所穿的浅色系在这一时期变得愈发鲜艳，因为随着新的苯胺染料的引入，种类更为繁多的色调得以实现。虽然只有略多于一半的人能够掌握与服装颜色相关的信息，但数据表明这些工人阶级女性几乎只穿黑色以及其他深色衣服。人们很偏爱黑色服饰，因为可以交替用于婚礼、丧礼，或当作最上乘的礼拜日着装。当时只有一位女性拥有最时髦的蓝绿色服饰，她自己是巴黎裁缝（一种以时装闻名的职业）的同伴（Delpierre 1990: 24）。

在19世纪后半叶，女性内衣为时装赋予了独特的形式。衬裙是穿在裙子里以提升其丰满度的一种裙箍，这是1850—1874年时装最引人注目的层面之一。根据法国服装史学家的说法（Delpierre 1990: 19）："在1845年到1869年间流行的衬裙是法兰西第二帝国服饰风格中最具特色的元素。"不过，无论对一天中的哪个时段来说，衬裙都是一种极不实用的服饰，因为它会妨碍身体活动（尤其是户外活动）。在1875年以前的

50

图6 格拉斯附近的农妇（约1852年，法国）。她穿着印花连衣裙，系着围裙，戴着缎带女帽，而中产阶级女性只有在家的时候才会这么穿。由安德烈·雅姆（André Jammes）收藏（巴黎）。由查尔斯·内格尔（Charles Nègre）拍摄；由帕特里斯·施密特（Patrice Schmidt）印刷，由奥赛博物馆提供，巴黎

调研中，只有两名女性拥有衬裙，一名是巴黎熟练工人的妻子，另一名是外省熟练工人的妻子。案例研究者将后者描述为"对着装有着明确的品味"[no. 55（1865）：182]。

另一种风格独特的内衣直到20世纪初仍然很流行，那就是束身衣，即"名媛着装的基本元素"（Guiral 1976：177）。由于胸部、腰部和臀部都被紧紧地箍在一起，所以它通常会阻碍呼吸和身体活动。1875年以前，三分之一的主妇有束身衣（见表2.3）。除了一名巴黎熟练工人的妻子外，所有人都有这种内衣。但高昂的花费可能成了这些家庭中其他女性穿不了束身衣的因素之一（Guiral 1976：177）。另一个因素当然是它对身体活动的限制。

女性装束的特征在很大程度上受到所选配饰类型的影响。时尚单品（如披肩、围巾、帽子、手套、雨伞和手帕）的添加通常会让外观更为时髦，因为每一种单品都传达了不同程度的时尚感。在这期间，即使是中

51

表2.3　1850—1874年和1875—1909年工人阶级主妇着装的服饰类型（百分比）

服饰类型	1850—1874（N=42）	1875—1909（N=39）
中产阶级		
服装		
连衣裙（丝绸）	7	10
套装	2	31
"束袖"	0	8
"晨衣"	0	8
内衣		
束身衣	33	44
衬裙	5	—[a]
配饰		
衣领	17	13
披肩（羊绒）	5	3
手套	10	23
遮阳伞	0	15
雨伞	2	23
手表	10	40
珠宝	38	33
手帕	60	56
短靴	17	36
头饰		
旧式软帽（有丝带的或蕾丝的）	26	5
帽子（带檐的）	2	44
工人阶级		
服装		
连衣裙（印花棉布）[b]	57	13
连衣裙（羊毛）	66	28
配饰		
围裙		
工作日	62	59
礼拜日	55	18
披肩	48	44
三角形披肩	48	21
领巾	17	5
鞋（木制）	64	49
头饰		
头巾	28	13
兜帽	24	13

注：根据勒普莱及其助手对工人阶级家庭案例研究中所包含的工人阶级女性服饰清单，此表显示了每个时期拥有特定服饰项目的女性百分比

a 在这一时期，衬裙并不流行

b 后期超过三分之一的女性没有自己的连衣裙，取而代之的是新款时装（夹克和裙子）　52

产阶级女性也很少穿大衣，她们通过各式斗篷、披肩和衬裙来保暖。在这一时期的大部分时间里，最优雅的披肩都是羊绒的（Galéries nationales 1987：240—241），但只有两名女性拥有这样的披肩。

任何社会阶层的人们都会认为女性不戴帽子出门是不合时宜的（Guiral 1976：175）。只有最贫穷的女性才会"露着头发"（en cheveux，指不戴帽子）出门。案例研究中，仅有两名工人阶级主妇没戴任何头饰。当时流行的帽子样式是一种叫作"卡波特"（capote）的款式别致的女帽（Cunnington and Cunnington 1959：457；Delpierre 1990：22）。这些工人阶级女帽的确切样式并未在清单中列出，但其中11人（26%）有装饰着丝带或蕾丝的帽子（通常在礼拜日穿戴）。

似乎大多数女性都认为与中产阶级着装相符的其他配饰［如手套、绸缎和蕾丝质地的遮阳伞（Delpierre 1990：25）以及雨伞］并不适合自己。这些女性都没有遮阳伞；只有一把雨伞。大多数中产阶级女性都会拿扇子，但这一举止在工人阶级群体中并不存在。手套在这一时期尤为重要。除了用餐外，女士们都要戴手套（Gernsheim 1963：35）。大多数中产阶级女性都有很多副手套，但在1875年之前的研究中，工人阶级女性中只有4位（10%）有手套。其中3位是熟练工人的妻子；1位是农民的妻子。

勒普莱的研究案例表明，大多数工人阶级主妇的着装都能够明确显示出她们的身份是工人阶级。这些工人阶级主妇通常会使用相对便宜的配饰，如手帕和衣领，而非手套和遮阳伞。女士们被认为应该携带手帕（通常绣有蕾丝饰边，参见 Delpierre 1990：25）。60%的工人阶级妻子有手帕，其中包括该群体中一些最贫穷的女性，这表明这些女性在努力迎合中产阶级的标准，即便在经济状况捉襟见肘的情况下也要这么做。此外，这些女性还试图通过可拆卸的衣领来提升服饰的时尚性与体面感，并饰以蕾丝或刺绣（17%的女性拥有此类时尚单品）。另有17%的人会用一种更简约的衣领——围在脖子上的领巾（见表2.3）。

约半数的工人阶级主妇有披肩。除了披肩以外，这些女性中大约有

一半的人会用小披肩作为披肩的替代品,该小披肩也被称为三角形披肩
(fichu)。约有四分之一的女性并不戴旧式女帽,而只是把丝巾简单地围
在头上,另外四分之一的女性(主要是农民和农场工人的妻子)仍然戴着
与当地服饰相关的传统"女式兜帽"(coiffe)或头饰。工人阶级女性的
传统标志是围裙。在1875年以前接受调研的家庭中,26名(62%)主妇
在工作日穿围裙,23名(55%)主妇在礼拜日穿围裙。最有可能在礼拜日
穿围裙的就是农村女性(农民和农场工人的妻子)。

　　在19世纪的最后二十五年,时尚发生了变化,在勒普莱的研究中,一
部分主妇接纳了新的风格。相当多的女性选用了一种新的款式,即"套
装"(costume complet,带裙子的夹克),其在一定程度上取代了连衣裙。
后来,更多的人开始穿束身衣,这仍然是资产阶级女性着装的重要元
素。然而,只有一小部分女性接纳了中产阶级的两种新风格——"束袖"
(visite)和"晨衣"(matinée)。前者由于袖子的特殊裁剪,肘部以上只能
做小幅度的动作,这是"当时对女性施加的极为典型的限制"(Delpierre
1990:33)。后者对中产阶级女性来说则意味着穿着大胆,因为它是一种
相对松垮的连衣裙,不用穿束身衣就可以穿。

　　女性和男性一样都将表作为富裕的标志。1875年以后,挂在脖子
上且带有金链或银链的表开始频繁出现在这些女性的着装中(1875年
以前只有10%的人拥有手表,1875年以后这一比例为40%)。约有三分
之一的女性在每个阶段都会拥有至少两件或三件小首饰(通常是耳环
或项链)。

　　更多的女性在1875年后开始选用时尚配饰(如手套、遮阳伞和雨
伞),尽管相对较少的数字表明,对大多数女性来说这些时尚单品仍然遥
不可及(见表2.3)。工人阶级主妇不再经常穿戴外套和头饰[如三角形
披肩、头巾和传统头饰(女式兜帽)],但她们当中有几乎一半的人选择了
带檐的帽子,当时这种帽子取代了旧式软帽而成为一种时髦头饰。鞋子
也发生了类似的变化。木鞋不再受青睐,人们开始经常穿靴子和拖鞋。
这些女性多数都在工作日系着围裙,而在礼拜日则几乎没人这么穿。

　　时装的民主化程度在后期有所提高,1875年以后,有93%的人至少拥

53

有一件时装，而在1875年以前，这一比例为69%。穿戴传统服饰的人变少
了：1875年之前至少有一件传统服饰的人数比例为83%，之后这一比例则
为63%。不过，时尚单品的扩散是极具选择性的。在很大程度上，人们仅接
纳了一种时装，那就是套装；除了表以外，人们仍然很少利用时尚配饰。这
再次表明，这些女性中的许多人（就像她们的丈夫一样）认为某些时尚风格
和配饰并不适合自己。图7显示了中产阶级和工人阶级女性着装的对比。

图7　1904年，法国农民主妇和中产阶级访客在维利尔斯（法国东北部）。这位
农民主妇身着礼拜日服饰——黑裙子和长袖衬衫，这种风格在1890年很时髦。
她还戴着传统兜帽。她的三位访客也着装入时，包括以亮色著称的上流社会着
装。左边的女性身着1895年流行的时装。由珍妮·德·瓦松（Jenny de Vasson）
拍摄。由吉勒·沃尔科维奇（Gilles Wolkowitsch）提供，巴黎

法国工人阶级主妇着装的变化：巴黎 vs. 外省

无论这些工人阶级主妇秉承传统的还是中产阶级女性的着装风格，影响最大的因素仍然是她们所居住的地方（巴黎或外省、城市或农村）以及丈夫的职业。为了考察时尚单品在工人阶级不同阶层之间的扩散以及传统风格的延续，我构建了关于女性着装的中产阶级和传统服饰指数。[1] 每个阶层的女性都会根据她们拥有的单品数量获得评分。各阶层的平均得分如表 2.4 所示。尽管该指数包含了那个时期流行的单品，但并不能准确地说得分高的工人阶级女性就是"时尚的"，因为她们当时不太可能达到时髦着装的复杂标准。

在早期接受调研的家庭中，巴黎女性拥有的中产阶级单品多于居住在外省的女性，而外省女性的中产阶级单品又多于居住在农村的女性。在每种情况下，熟练工人的妻子比非熟练工人的妻子拥有更多的中产阶级单品。该指数的平均值显示，这一时期时尚单品向下层工人阶级的扩散几乎是微乎其微的。

在 1875 年以后接受调研的家庭中，巴黎熟练工人的妻子再次成为最有可能拥有中产阶级服饰的人。据推测，由于其丈夫收入的增加，以及态度和生活方式的改变，当时外省非熟练工人的妻子要比外省熟练工人和农民的妻子拥有更多的中产阶级物品。后者仍然是最传统的，但所有群体的传统服饰都更少了。

在 1875 年之前接受调研的家庭中，最"时尚"的女性 [no. 55（1865）：466] 是格勒诺布尔一位手套制造工人的妻子，她本人也从事过一些缝纫和做手套的工作。[2] 她在二十一岁时是该群体最年轻的女性之一。

55

1　中产阶级服饰指数包括七个项目：(1875 年以前) 束身衣、衬裙、带花边或刺绣的衣领、有丝带的帽子、手套、短靴，以及不在礼拜日穿的围裙；(1875 年后) 束身衣、带裙子的夹克 (套装)、帽子、手套、及踝靴、雨伞、不在礼拜日穿的围裙。传统服饰的指数包括六个项目：(1875 年以前) 印花棉布连衣裙、兜帽 (传统头饰)、头巾、三角形披肩、木鞋、礼拜日的围裙；(1875 年后) 帽子、头巾、兜帽、三角形披肩、木鞋、礼拜日的围裙。

2　在此期间，格勒诺布尔是法国手套行业的主要中心。

表2.4　1850—1874年和1875—1909年工人阶级主妇着装的
中产阶级和传统服饰指数

地区以及丈夫的职业	中产阶级服饰指数	
	1850—1874 (N=42)	1875—1909 (N=39)
巴黎		
熟练工人	3.8	4.1
非熟练工人	1.8	2.7
外省		
熟练工人	1.5	1.7
非熟练工人ª	0.7	2.3
农场主	0.7	1.2
农场佃户	—	1.6
平均值	1.6	2.3
	传统服饰指数	
	1850—1874	1875—1909
巴黎		
熟练工人	1.7	0.9
非熟练工人	2.2	0.2
外省		
熟练工人	2.6	1.7
非熟练工人ª	4.0	1.0
农场主	2.9	3.0
农场佃户	—	2.0
平均值	2.6	1.4

注：中产阶级服饰指数在这两个时期均涉及七个项目。传统服装指数在这两个时期均涉及六个项目。每位家庭主妇都会根据各自拥有的项目获得评分，并根据她们的分数计算各阶层的平均值。表中显示了在这两个时期内，每个阶层的平均得分。有关指数中所使用的服饰项目的说明，请参见本书第59页注释1

a 非熟练工人是1850—1974年间的农场工人。后期受雇于外省城镇

56

她也受过一些教育，据说在孩子出生之前，她每天晚上和礼拜日都要去当地图书馆看书。由于她的丈夫收入很高，而且这对夫妇从家里和亲戚那里得到了礼物和其他形式的支持，因此这位年轻女性得以拥有数量可观的衣服。在该群体中，她是1875年之前仅有的两名穿衬裙的女性之一。她有两条衬裙、两件束身衣、十一件连衣裙、几顶饰有花边的帽子和几条衣领。然而，她在工作日的衣着往往更为保守，通常会穿木鞋和印花棉布围裙。

对于许多工人阶级女性来说，礼拜日着装通常包括一些资产阶级服饰，而工作日着装则主要是传统服饰。工人阶级女性在两种着装上的对比通常很明显，例如在丈夫的洗衣店工作的熟练工人的妻子 [no. XI (1852)：263]。她平日里会穿衬衫、宽大的夹克以及衬裙，但在偶尔外出的时候，她则喜欢穿得时髦些。出于这样的目的，她有八件连衣裙、一件束身衣、一条昂贵的衣领、六顶昂贵的有丝带和蕾丝的帽子（帽子的款式会随着最新的时尚而有所不同），此外还有一件大披肩（羊绒的）、一块带金链的表，以及手套。

下面这些被称为"农民服饰"（costume des paysannes）的服装清单展现了19世纪中叶许多农村工人阶级主妇的面貌 [no. 26（1860）：338]："一件棕色羊毛连衣裙，一件三角形披肩，一条羊毛围裙，一顶白帽子 [农村女性会在工作日缠着彩色头巾]……一套由旧的礼拜日服饰搭配而成的整套日常装束……一条旧裙子，六件亚麻内衣，六条袖珍手帕，六双棉袜，一双木鞋，一双常规的鞋。"

在1875年后接受调研的家庭中，着装与中产阶级最为接近的是两位有工作的巴黎女性。第一位女性和年幼的儿子一同生活，并且从事的工作是为奢侈品市场制作雕像。尽管当时她的收入远低于巴黎熟练工人的收入中位数，但其服饰被认为是中下阶级着装的翻版 [no. 76 (1892)]。她有一些资产阶级服饰，包括一件夹克、一套西装、一顶帽子、手套、一把雨伞、一件束身衣和一把遮阳伞。

该群体中的另一位女性是某位手工艺者的妻子，该手工艺者为奢侈品市场制作上乘家具。她自己的裁缝事业很成功，且效力于中产阶级。

57

她的装束中有许多资产阶级服饰，如黑色丝绸连衣裙、羊绒套装、一件束袖、四件晨衣、绣花衬裙和绸缎鞋。尽管如此，她依然支持丈夫的政治观点；他们认为自己都是革命者［no. 74（1891）：61］。[1]

相比之下，在1875年以后，着装最传统的是来自法国西南部大家庭中的一位农民的妻子［no. 65（1888）］。她的衣服是用厚重而粗糙的面料（粗毛衣）制成的，而且数量很少。这其中还包括两种款式的女式兜帽，与人们所熟悉的头巾一样，它们都是符合当地传统的着装风格。

与这些家庭中的男性相比，在这两个时期内，身着中产阶级风格服饰的女性都是主要居住在巴黎的熟练工人的妻子。巴黎女性比外省女性更有可能成为手工艺者，她们与中产阶级存在私人接触，并由此触及中产阶级的品味。即使没有这样的私人接触，巴黎大概也会为那些对时装感兴趣的女性提供更多观察衣着考究的女性的机会。1875年以后，对巴黎和外省的非熟练工人的妻子而言，她们的中产阶级服饰比以前更多了，这也反映了这些群体的收入水平波动以及巴黎以外地区所发生的变化。但是，表2.4中的数值表明时尚单品向工人阶级不同阶层的扩散仍然存在相当大的差异，且扩散的总体水平相对较低。

消费文化的开端：仆人、工人阶级职业女性和时尚

既然时尚单品并未在下层工人阶级中得到广泛扩散，为什么齐美尔（写于这一阶段的末期）认为即使有些延迟，但工人阶级终究还是接纳了这些风格。齐美尔似乎很可能是通过工人阶级的着装类型得出的结论，毕竟这些人最有可能与中产阶级接触，而且往往在城市街头就能见到他们。有两类工人符合这些标准：（1）男性和女性手工艺者及其他熟练工人，（2）在办公室和百货公司工作或当雇员的未婚工人阶级女性。手58 工艺者和熟练工人的着装可能影响了中产阶级对工人阶级着装的看法。受雇的未婚女性的服饰风格被视为工人阶级女性着装行为的代表，这

1　关于她丈夫的讨论，参见本书边码第45页。

导致了当时的一些观察人士宣称社会阶层在着装上的差异已经消除了（Ginsburg 1988：175）。与经常在外进行休闲活动的年轻未婚职业女性相比，衣着单调的工人阶级主妇并不那么引人注目。那么，这些女性是在什么情况下接纳了时髦的着装风格？

在法国、美国和英国，女仆经常因为妄图穿得像雇主一样时髦而遭受指责。甚有人说，要通过衣着分辨闲暇时间的女仆和她的女主人是极为困难的（Banner 1984：20；Guiral and Thuillier 1978：48—49）。在女性杂志的文章和关于礼仪的书籍中，女仆在工作中以及工作外的着装行为都经常遭到批评，并被认为是希求社会平等的不当尝试（Helvenston 1980：35；Dudden 1983：120；McBride 1976：95）。

此外，女仆对时装的迷恋（尤其是那些她不在家穿的衣服）可被视为对工作中不愉快状态的一种回应。由于需要从事长时间的家政服务工作，女仆与其同辈和亲属之间的隔离状态是该职业最麻烦的地方之一。对于离开家庭去做第一份工作的年轻女性来说，生活在雇主家中却并非家庭中的一员，换句话说，被排除在家庭社会生活之外，这种感觉极为别扭（Dudden 1983：238）。家务工作必须在雇主及其家人不在房间的时段里完成："房子的维护就像钟表一样准点，而且主人和仆人的隔阂是很深的。"（Burnett 1974：173）身穿制服的仆人对此深恶痛绝，并认为这种服装既标志着其低贱的工作，又侵犯了他们的个人身份（Clark-Lewis 1994：113—117）。

对女仆来说，打扮入时是参与并感受雇主家庭以外社会的一种方式。在这一时期，时装几乎是仆人们唯一容易接触到的流行文化形式，他们以此确认自己的身份，同时表达出对更高的社会地位的诉求。[1]

据说那些并未从事家政工作的年轻未婚工人阶级女性（Scott and Tilly 1975）也对时髦和得体的着装有着极大的兴趣。这些女性一般都很年轻，未婚或丧偶。[2] 她们大多从事面向女性的工作：制衣、纺织，以及在

1　有关女仆家庭服饰的时尚方面的例子，请参见 Severa 1995：218，281，451。

2　赖特（1969：127）在对 1880 年波士顿女工的研究中发现，她们中的 89% 未婚。且平均工作时间是 7.49 年。

59   百货公司销售商品。在工作场所，年轻的工人阶级女性衣着优雅，即便在肮脏的工厂里，她们也一边穿戴着束身衣、紧身袖、优雅的丝绸蝴蝶结和金表链，一边从事着卑微的工作。她们努力追逐最新的款式。例如，19世纪中叶在纺织厂工作的英国和美国年轻女性不顾被机器缠住的危险，坚持穿着衬裙去上班（de Marly 1986：123—124；Severa 1995：263）。服装是工薪阶层女性雇员的主要消费品，她们把收入的很大一部分都花在了买衣服上（Wright 1969：128；Cross and Shergold 1986：261；Stearns 1972：110）。她们通常也能买得起时髦的衣服，这些东西改变了她们的外表，尽管可能品质低劣，但也让她们不同于已婚的工人阶级女性。对于这些女性来说，时髦的着装被认为是参与社会活动和实现向上流动的必要条件（Smith 1994：14）。

在她们的休闲生活中，年轻的工人阶级女性往往以一种夸张的方式模仿资产阶级着装。斯坦塞尔（Stansell 1987：93—94）描述了19世纪中叶在纽约参加鲍里街亚文化运动的工人阶级年轻女性的着装风格，并将其与资产阶级"贵妇"的着装风格进行了对比："她们的与众不同之处在于其自觉的'氛围'，一种衣着和举止风格，代表了对贵妇风度的刻意背离，以及对资产阶级女性礼仪的含蓄拒斥。优雅的性别规则决定了'女性味'的女性应尽量弱化对公众场合所看到的他人的看法以及别人对自己的看法。街头那位可敬的女性则是转移而并非吸引了人们对其外表的注意。柔和的色彩，对容貌之外的身材予以修饰的服饰（包括必须穿戴的手套和帽子），以及超然的态度都是这位女士的特征……鲍里街时尚……因为色彩、图案和配饰本身的内在逻辑而摈弃了着装优雅的上流社会原则。女性衣着的颜色搭配极为鲜亮，这与街头女装朴素的浅色、灰色和棕色形成了鲜明对比。"

那个年代的人（Brew 1945：435）对19—20世纪之交的芝加哥办公室女职员着装有着这样的描述："羽毛、花环、烦冗的装饰物覆盖了她们的宽边帽、花哨的面纱、小山羊皮手套、银色挎包、绣花衬衫和精致的皮带扣……"案例中居住在纽约、从事服装行业工作的年轻犹太移民女性就与之类似。对于这些女性来说，穿着时髦是一种展示对美国文化了解的方式,一种拒斥传统伦理文化的方式,一种表达自我身份认同的方式。她们虽然没有多少钱,但喜欢和同事们竞相模仿最新的时尚,尤其喜欢色彩鲜艳的服装,并会"故意穿得过于讲究,以便'摆架子'"(Schreier 1994:132)。她们刻意打破"优雅女性气质"的规则,为了引人注目,"她们对装饰性与实用性进行了采样、混合和重组,并创造出一系列混搭风格……年轻的工人阶级女性坚持自己的文化力量,积极创造着自身的着装标准"(同上:132,110)。

在法国,在新式百货公司担任店员的年轻女性被称为"城市无产阶级皇后",因为她们衣着奢华,包括皮靴和时髦的帽子(McBride 1978:680—681)。工人阶级职业女性被认为更有希望采纳新的风格。据说,巴黎一位薪酬微薄的电话接线员在休假期间拒绝探望自己的父母,因为她这些衣服已经穿了两年了(Riot-Sarcey and Zylberberg-Hocquard 1987)。到了 20 世纪初,工人阶级女性的职业形象显然已成为"戴着帽子和手套,容易被误认为是悠闲度日的下层中产阶级闲暇女性"。

女仆和年轻的女雇员可被看作新兴消费文化的"先驱",着装是其中的一个重要因素。与工人阶级主妇不同,她们对着装的态度和行为方式与 20 世纪晚期工人阶级的年轻男女相似(de la Haye and Dingwall 1996)——衣着作为一种表达身份认同的手段,与闲暇、梦想和抱负相关,而并非由卑微的职业所赋予。

结论:扩散、民主化和符号边界

本章援引了几种理论来理解和阐释 19 世纪下半叶法国工人阶级男性和女性的着装选择。齐美尔自上而下的时尚扩散理论表明,工人阶级最终会接纳时装。事实上,法国工人及主妇有选择地接纳了时装;因此某些风格并未得以流行。他的理论还预测,在工人阶级内部,时尚风格将会首先出现在上流社会,然后才扩散至下层社会。在 19 世纪的第三个二十五年,情况似乎确实是这样,尽管文盲以及使用法语之外的语言等

61　文化障碍阻隔了时尚风格在农业社区的传播。但时尚风格最有可能被巴黎和外省的非熟练工人而非更体面的熟练工人所效仿，这在19世纪的最后二十五年尤为如此。这些数据表明，齐美尔的模型需要通过以下信息来加以限定：不同阶层的成员是否会采纳时尚风格的可能性，以及对鼓励或抑制这一接纳因素的理解。

　　服装史学家提出的民主化理论意味着服饰的最终标准化，社会阶层的差异在这种标准化中将不再明显或已然消失。事实上，与18世纪着装所呈现出的社会阶级差异相比，尽管这一时期的社会阶级差异变得更加微妙了，但并未因此而消失。勒普莱的英国案例研究数据揭示出即使是最时髦的工人阶级男性的服饰，也仍与中上阶级的时装类型存在差异。他们衣柜中的物品数量以及最新单品的购入频率都截然不同。

　　运用布迪厄的文化品味理论和阶级再生产理论，我们得以部分解释早期不同阶层的着装行为差异。在1875年以前，对于法国工人阶级的手工艺者来说，他们的工作使其与中产阶级频繁接触。根据布迪厄的理论，这些接触可能构成了中产阶级着装实践中的某种社会化形式，并取代了中产阶级家庭所提供的那种社会化。此时，影响着装行为的主要因素是职业地位而非收入水平。

　　在这两个阶段，工人表现得似乎认为某些时尚单品（如手套、手杖、高顶礼帽和圆顶礼帽）并不适合自己。而之所以不愿用这些单品并不能完全以开销太大来解释。毕竟，工人此时的收入一直在增长（Goulène 1974：71）。相反，这种解释可能是基于这样的事实：与其他单品相比，使用这些单品需要对中产阶级礼仪标准有更为深刻的理解。从这个意义上说，这些着装符号有效地区分了那些能够知晓并遵守"规则"的人与那些无法遵循它的人。这种解释与布迪厄的符号边界理论是一致的。

　　1875年以后，与同等情境下较高阶层的非熟练工人相比，巴黎和外省较低阶层的非熟练工人更有可能接纳时尚单品。齐美尔和布迪厄的理论对这一阶段而言是不太适用的，因为他们假设社会阶层存在线性等

级秩序，其中的每个阶层都明显高于下一阶层。1875年以后，较低阶层   62
获得了超出他们技能和技艺水准的经济资源，并且改变了与更高阶层之
间的相对地位，较高阶层的经济资源现在反而不如他们。在巴黎和外省
的案例研究中，非熟练工人比同一地区的熟练工人的收入中位数更高，
而这些人本来很可能会是他们与自身相对比的对象（见附录表1.1）。结
果，以前根据工人阶级的相对职业声望对每个阶级和每个内部阶层进行
排名的整套着装标志都变得难以预测了，因为这些标志也被那些用经济
资源取代匮乏的职业声望的人所接纳。

在此期间，法国工人阶级男性的着装行为也可以通过社会和经济变
革来解释，这些变革在打破传统"飞地"的同时，还让工人受到了新文化
的影响，并造成了社会和政治的紧张局势。这些变革也提高了工人对其
他社会阶层行为标准的认识。社会张力导致他们对自身阶层的认同日
益加深。他们对消费品的热情不仅可以看作是对地位的追求，而且也可
以视作参与自身社群的愿望。身着中产阶级服饰并不一定意味着同时
接受中产阶级世界观。一些工人的着装和生活方式与中产阶级近乎相
同，但他们强烈反对这种政治制度。其他工人也接受了这种着装，却拒
绝接受中产阶级生活方式的其他方面。

一般而言，工人阶级主妇比丈夫更加疏离于家庭之外的社交生活。
尽管她们为所有家庭成员都做了大量的针线活（缝制新衣服和修补旧衣
服），但身处这些家庭中的工人阶级主妇仍然不能凭借自己的努力过上
更好的生活。一般来说，她们买衣服的花费在总体上要低于丈夫。只有
巴黎熟练工人的妻子才有资格被定义为"时尚的"，其中一些自己就是
手工艺者。1875年以后，巴黎和外省的非熟练工人的妻子在某种程度上
更时尚了，但还是没有她们的丈夫那么时髦。无论如何，除了农民的妻
子之外，1875年后接受调研的女性在外表上远不如先前组别中的女性
那样传统。从这个意义上说，这些工人阶级女性的着装确实经历了民主
化，尽管它没有中产阶级服饰那么优雅。总的来说，工人阶级主妇的外
表是其家庭地位的体现——她们往往被困在家里，而且遭到了公共空间
的排斥。   63

　　这些案例研究数据为一种普遍的趋势提供了宝贵的修正作用，这种趋势根据公共空间中最显眼的人群类别（特别是中产阶级人士）来概括他们在多大程度上接纳了时装。从这些观察人士的角度看，那些最高调的人似乎代表了整个工人阶级。因此，有一种倾向认为，工人阶级的男性和女性之所以打扮入时恰恰是因为他们能够在工作中接触到来自中产阶级群体的时髦式样（如手工艺者和未婚职业女性）。而许多工人阶级既单调又不入时的着装则不太可能被关注到。

64

第三章　时尚、民主化与社会控制

不要带任何衣服，因为你来了之后，我们是不会让你穿那些衣服的。

——美国移民写给罗马尼亚移民亲属的信，引自施莱尔
（Schreier 1994：4）

告诉我你是怎么花钱的，我就知道你是什么样的人。

——美国经济学家，引自史密斯（Smith 1994：3）

最明显的时尚形式往往存在一个荒谬面向，并由此导致了这样的错误假设，即时尚和着装都没有任何社会重要性可言。因此，无论是作为个体自我提升的工具，还是作为公共和私人组织的社会控制形式，着装的重要性都被忽视了。在19世纪晚期，作为首批得到广泛使用的消费品，服饰似乎存在着特殊的意义。它有助于"模糊"社会地位，同时，作为摆脱社会约束的一种手段，着装似乎还能表现出比实际情况更为丰富的社会或经济资源。时至今日，时尚的诱惑力在于它似乎为个体提供了以某种方式变得与众不同、更具吸引力或更强势的可能性。与此同时，着装主要充当了表明社会地位的一种手段，即声称自己实际已

获得的地位，并加强与特定着装的社会群体的联系。某类服饰（如帽子）对此尤为适用。着装也被用作一种社会控制的形式：人们经常需要以某种方式着装，从而表明其社会身份的特定方面。19世纪，着装的这一面向越发明显，因为新式制服和职业装取代了已经消失的传统服装款式。

着装在美国尤为重要，研究显示美国人的收入越高，花在买衣服上的钱就越多。由于人们认为美国比欧洲国家更为民主，因此对服饰的关注似乎显得不太协调。作为彰显社会地位差异的一种手段，着装本来应该无关紧要，但实则不然。由于社会是以这样的情形为特征的，即地区之间的巨大流动性以及不同国家移民的不断涌入，因此声明、暗示和模糊自己的社会身份就显得尤为重要。

本章将研究着装的两个对立面向：着装作为扩张个体社会资本的手段；以及着装作为社会控制的一种形式，强化了经济或职业身份的重要性。19世纪的美国社会如何体现了着装的这些方面？有什么证据表明着装在美国比在欧洲更重要？正如我们将看到的，在美国和欧洲，某些类型的服饰（如帽子和制服）都以类似的方式彰显或加强了社会认同的某些方面。

美国的着装行为及其民主化

人们通常认为美国是19世纪着装民主化的最好例证。李·霍尔（Lee Hall 1992：73）声称，19世纪的美国，各个社会阶层的男性都在努力消除基于衣着的社会地位差异。她说："无论是否富有，按照有钱人的方式穿衣都能彰显个人价值。而那些实际上并不成功的男性也试图以这种方式来表现自己。"

正如美国公民的着装所表现的那样，19世纪的美国真的是一个没有阶级的社会吗？在缺乏案例研究的情况下，我们有必要借助各类汇总数据：历史学家对阶级结构的描述、服装史学家对着装行为模式的重构、照片（Lee Hall 1992；Kidwell and Christman 1974；Severa 1995）、布鲁（1945）针对1879年和1909年不同社会阶层效仿时装风格的研究，以及针对美国和欧洲家庭预算中服饰支出的研究（如卡罗尔·赖特在1875年和1890年的研究）。

在19世纪的美国，下述三个地区关于阶级关系的戏剧性变革正以不同的方式上演。在南方的等级社会秩序中，着装对于南北战争之前的奴隶、奴隶主和非奴隶主白人的社会地位尤为重要（Lee Hall 1992：87）。19世纪50年代初，来自北方的一名记者将中上阶级的穿着描述为：黑色布衣、黑色领带以及绸缎或刺绣的丝绸马甲，而尽管积雪已有几英寸厚，但贫穷的白人仍在冬天赤脚行走（同上：87, 89）。这些差别在内战之后依然存在。

相比之下，由于土地所有权更为普及，西部和中西部农业地区的等级分化程度要低于南方和欧洲。农场主和农场工人的数量也相对较少（Fishlow 1973：76）。这个相对无阶级的社会代表了该地区在1890年以前的大部分劳动力（同上：74）。与法国案例研究中所描述的农民和农场工人相比，美国中西部的农民似乎在更大程度上效仿了中产阶级着装。这一时期的照片显示，在19世纪70—80年代的农村地区，大部分男性的礼拜日服饰都是西装，并且存在着地域差异（见图8和图9）。据戈斯兰（Gorsline 1952：206, 213）所说："以东部为代表的商界，仍然维持着每个人都在努力自我定位的模式……在最遥远、最危险、最蛮荒的地方，人们身着东部职员的西装，搭配软呢帽、浆洗过的衬衫，甚至还有人穿着阿尔伯特亲王大衣。"[1]

这一时期的大量照片记录了农民家庭的愿景，这些照片由家庭成员委托拍摄，照片中的他们都打扮入时。根据服装史学家塞韦拉（Severa 1995：317）的说法，对时尚准则的遵循"甚至波及了最贫穷的农场，尽管有时这种理解过于天真"。农民们会在礼拜日身着日常西装［美国称之为普通西装（sack suits）］、条纹长裤，并搭配丝绸领带。

---

1 阿尔伯特亲王大衣指的是一种双排扣长礼服外套。塞韦拉（1995：283）指出："或许看起来不同寻常的是……几乎所有人都坚持穿外套和马甲、打领带、戴帽子，而这与城市的高雅相去甚远。这一习俗的盛行在这十年里的所有美国男性照片中都得到了证实［1860s］。"

图8　穿着黑色日常西装的中西部农民，与身着长裤、马甲和长袖衬衫的农场工人（1873年，美国）。中间的女性打扮入时，另外两人的着装则反映了19世纪60年代晚期的风格。由威斯康星州历史学会提供 [neg. WHi (D31) 395]

图9 1878—1879年，美国新墨西哥州的盗牛贼们身着"这个行当的着装——有图案的深色衬衫，马甲，休闲夹克以及羊毛裤……这些在乡下随处可见"(Severa 1995: 355)。由贝内特（Bennett）和伯劳尔（Burrall）拍摄。由新墨西哥艺术博物馆提供，圣达菲（neg.14264）

在农场、工厂或矿山工作的工人往往衣着较为朴素。农场工人的装束通常包括长袖棉布衬衫、马甲、牛仔裤和毡帽。尽管偶尔也会穿罩衫，但从19世纪下半叶开始，他们基本上都改穿牛仔裤了。农民所穿的马甲实际上是顺应时代风尚的体现。塞韦拉（1995：314）指出："即便是最休闲的服饰，也要配上马甲。"农民在工作中有时会穿类似的衣服，有时也会穿破旧的黑色礼拜日服饰。

69　　阶级分化可能不如东海岸城市那么明显，甚至在非农民职业中也是如此。在勒普莱档案涉及的美国的两个案例 [no. 22（1859）：153]，其中一名作者曾在1895年对某位加州矿工的着装发表了评论："不可能为这个人确定任何等级。在社会等级分明的法国，他只是一名工人，仅此而已。但在加州，情况则完全不同。"

第三个地区主要由东海岸的工业城市所组成。在19世纪下半叶，这些城市的特点是存在大量的社会流动机会（Archer and Blau 1993：30），但同时也存在着普遍的工业冲突（Ehrenreich 1989：133；Vanneman and Cannon 1987：13），而且几十年来的实际工资水平一直低于欧洲工人（Vanneman and Cannon 1987：274）。[1] 在这里，工人阶级的社会阶层往往与其移民身份有关，来自非英语国家的移民收入远低于美国本土工人以及来自英语国家的移民（Williamson 1967：108）。在东部城市，下层工人阶级家庭正艰难度日（Shergold 1982：204）。特别是在这一地区，贫困仍然是大多数工人阶级家庭的生活现实（Shergold 1982：7）。

正如在法国一样，不同阶层的人对不同款式西装的选择揭示了阶级差异。上流社会和中产阶级的男性通常会选择深色及膝礼服外套，搭配颜色相近或较浅的裤子。商人们则身着深色西装，外加胸前扣子很高的夹克，软领或硬领的衬衫，以及软呢帽（Lee Hall 1992：133）或黑色圆顶硬礼帽，这在美国被称为德比礼帽（derbies，参见 Byrde 1979：185）。在礼拜日以及需要穿正装的场合，工人、店员和其他城市工人都穿着非定制的休闲西装。根据布鲁（1945：44）的说法，到了19世纪70年代，某种

1　1860—1913年间，美国工人的实际工资涨幅低于瑞典、德国、英国或法国工人（Vanneman and Cannon 1987：274）。

图10 旧金山灶具厂的工人们在工作时只穿衬衫和背带裤，不打领带。他们戴着包括圆顶礼帽在内的各式帽子。他们中间的老板穿着三件套西装，打着丝质领带，戴着圆顶礼帽（1892年，美国）。由加州历史资料室提供，加州州立图书馆，萨克拉门托

程度的民主化是显而易见的："居住在城市的男性即使身处收入最低的阶层，也都有一套西装。"工作中的阶级差异则比较明显。工人们身着衬衫、马甲、长裤或工装连衣裤，而老板们则穿着西装配马甲、领带、表链，戴着圆顶礼帽（Lee Hall 1992：53；Severa 1995：493；见图10）。

19世纪中叶，由于缝纫机扩大了服装工厂的产量，美国男性由此受益于成衣供应（Severa 1995：2,19,85—86）。[1]然而，这种优势在20世纪

---

1 缝纫机直到19世纪60年代才在法国成衣工业中得到广泛应用，直到1870年才在法国得到生产。

初消失了。舍戈尔德（Shergold 1982：225）比较了1900—1910年间匹兹堡（美国）与伯明翰和谢菲尔德（英国）工人阶级男性的着装，发现同等质量的服装在美国要贵得多。工人阶级在服装质量上的差异通常根据民族和种族界线予以划分，这在匹兹堡比在伯明翰或谢菲尔德要明显得多。只有相当少的一部分美国熟练工人赚得远远超过英国同行，但大部分工人的收入与英国非熟练工人差不多。熟练工人往往是在美国本土出生的白人，而非熟练工人则要么是非裔美国人，要么是新移民。舍戈尔德（1982：225）总结道："匹兹堡的体力劳动者通常只有两种选择：一种是十美元一套的切斯特菲尔德西装（Chesterfield suits）和五美元一件的埃尔顿夹克（Elton jackets）、红十字会鞋和刺绣罩布；一种是无领衬衫和带补丁的工装连衣裤，伪造的法兰绒和珠宝首饰。"

与法国工人的情况一样，配饰提供了与美国工人阶级愿景相关的重要线索。1900年，由缅因州当地医生拍摄的一张照片展现了保守的中上阶级着装及主要配饰：高顶礼帽、双排扣长礼服、马甲、领带、手套、表链和手杖（Toner 1994）。熟练工人和那些效仿中产阶级的人都打着领带；而大多数非熟练工人却无法做到这一点（Lee Hall 1992：55，63，141）。根据布鲁（1945：293）的说法："手套具有社会价值，中产阶级和富裕阶层通常将其用于街头着装和配饰。"对于应该戴什么类型的手套，以及相关手套应该从事什么类型的工作，这些都已经形成了固定的风俗习惯。和法国一样，美国也很少有工人戴手套，无论是在19世纪70年代，还是在20世纪的头十年，都是如此（Brew 1945：518，520）。由于工人阶级主妇一般也都不戴手套（见下文），所以造成这种现象的原因似乎是缺钱，而并非认为手套"缺乏男性气概"。手杖在工人阶级中也并未得以普及。但带金链的表非常普遍。从塞韦拉（1995）复制的照片中可以看出，在美国，带金链的表是渴望获得更高社会地位的工人最常购买的配饰。它的重要性体现出这样一种事实：表链有时会被当作拍照的道具，用以增强其持有者的气派感（Heinze 1990：89）。

尽管19世纪美国的男装风格已经实现了一定程度的民主化，但这种民主化效应被抵消了（尤其对某些地区而言），这主要是因为特定着装成

70

图11 身着廉价成品绉纹夹克的年轻人,这种穿法在当时极为普遍(1885—1892年,美国)。他还添置了一个中产阶级配饰——带链的表。由J.C.伯格(J. C. Burge)拍摄。由新墨西哥艺术博物馆提供,圣达菲(neg.76778)

了某个阶层的特权,以及底层工人阶级服装的稀缺和质量低劣(Shergold 1982)。图11显示的是一名身着廉价成品泡泡纱衣物的年轻人,这种衣服在19世纪80年代的美国随处都可买到(Severa 1995:441)。舍戈尔德(1982:205—206)指出,由于衣着的多样和华丽,美国工人往往穿得比欧洲同行要好看,服装质量却相对较差。布鲁(1945:276)在评论19世纪最后二十五年的美国时指出:"所有的证据都表明男性的着装并不像今天那么民主。"阶级差异在风格和配饰的微妙搭配中显现出来,并由此再现了社会结构。

美国的着装行为与工人阶级主妇

一些作家声称美国女性着装在19世纪得到民主化(Kidwell and Christman 1974;Severa 1995)。另一些作者(Jensen 1984:8)却认为此时的着装民主化只是因为美国中产阶级女性比工人阶级女性更容易买到时装。史密斯（1994）认为，在20世纪而非19世纪，"作为个性或地位标志"的着装变得不再那么重要。为了促成这一变化，服装本身必须更为简洁、更容易生产，而这也正是20世纪的发展趋势。19世纪的时装仍然很复杂，但逐渐变得更容易生产出来了。

美国女性和其丈夫一样也参与了不同的时装界，其中一些已实现了民主化，而另一些则不然。19世纪美国女性的服饰通常来自三个渠道（Walsh 1979：300—301）。最时尚的服装都是由熟练的裁缝参照最新的欧洲风格复制而来，以供给东海岸几个主要城市的富有客户。在19世纪下半叶的大部分时间里，贵妇们的时装都极具装饰性和奢华感，需要大量的织物和配饰（Brew 1945：161）。一位观察家在1870年写道（Brew 1945：432），纽约社会中的女性通常会身着全套装束（包括首饰），且常常要花费30 000—50 000美元，这在当时并不稀奇。[1]

第二档时装以其他城镇女装裁缝的作品为代表，其生产主要参照女性杂志上的款式。但大多数美国女性根本买不到这些服装，所以不得不自己做衣服（Walsh 1979）。照片显示（Severa 1995）这些女性能够将时尚的细节融入服饰之中，比如袖子的形状或衬裙的使用，但有时整体效果会显得有些业余。沃尔什（Walsh 1979：300）指出："通常的自制连衣裙并非从优质的变为一般的，而是从贫穷的变为劣质的。"正如塞韦拉的照片所示，美国工人阶级女性经常用旧衣服做新衣服，比如给旧衣服缝上新的袖子，或者在旧裙子上添加新的抹胸上衣。女性会花费大量时间翻新过时的衣服以适应新的风格，这表明她们对时尚的造型很感兴趣（Severa 1995：374）。工人阶级女性特别依赖廉价的面料（尤其是棉布），而并非丝绸和其他昂贵的时髦面料（Brew 1945：180；Severa 1995）。不过，当她们摆好姿势拍照时，即使在非常偏僻的地区，也往往能呈现出非常时尚的外表（见图12）。

1　以1989年的美元计算，大约是897 000美元到1 495 000美元。以1867年美元的价值为基准，按照德尔克（Derko 1994）的估算，1867年的1美元在1879年价值为0.94美元，在1989年则为30.84美元。隔着如此大的时间间隔比较价格必然是不精准的。

图12 贝克斯菲尔德附近的罗斯代尔牧场：偏远地区的农民妻子穿着时装（1892年，美国）。由克恩县博物馆提供，经许可后使用

在上层工人阶级，由于缝纫机效用的日益增长，女装的款式和质量在19世纪下半叶均得到改善，这无疑促进了家庭和工厂的时装生产。布鲁（1945：180）得出的结论是，1879年的"整体廓形虽然不是浅色和华丽的面料，但仍为农村主妇和经济地位较低的女性所采用。辛勤的家庭主妇省去了裙裾，可能还精简了腰背部的面料和裙子的饱满程度"。

巧妙地利用发型和配饰（如带链子的表、胸针和浮雕别针）可以改善整体面貌。工人阶级女性的特定服装数量较少（Brew 1945：180,419），这不足为奇。尽管贵妇们的衣服很多（大约五六十件，参见Brew 1945：431—432），但根据1875年卡罗尔·赖特在马萨诸塞州所进行的调查（Massachusetts Bureau of Labor Statistics 1875），工人阶级女性每年在服装上的合理支出是购买四件衣服——三件印花棉布衣服和一件礼拜日穿的衣服。尽管在20世纪初也有过类似的估算（Brew 1945：438），但同法国一样，这必然存在着实质性的差异。在20世纪初参与调研的北方和南方棉纺厂工人的妻子中，四分之三以上的人都没达到这些标准（Worcester and Worcester 1911），不过很多这些家庭中的大女儿反而达到了。[1]事实上，这些女性几乎没人买过束身衣（被认为是打造时髦身材的必备之物），但家中的女儿同样都买过。

与中产阶级女性相比，工人阶级女性的帽子、手套和披肩的数量也存在着类似的差异。在1879—1909年间，适合贵妇们戴的帽子数量大幅73 提升，从每年的两项增加到三项乃至十几项。工人阶级女性可能只有一两项帽子，尽管在20世纪早期，一些较为年长的外裔女性仍然会选择围披肩而不是戴帽子。在1879—1909年间，工人阶级女性被认为至少有一件披肩，通常还会有一件外套或披风。相比之下，贵妇们可能会拥有多达二十五件夹克、披肩、短斗篷和披风（Brew 1945：429，437，508，510—511）。

手套是有钱人会大量购买的另一种单品，在20世纪早期尤为如此。所有社交场合都需要戴手套，即使是吃饭或跳舞时也不能摘下。布鲁估计时尚女性一般来说会为她们的每件衣服搭配一副手套。赖特认为工人阶级女性着装的最低标准是至少要有一副手套（引自Brew 1945：518），但伍斯特夫妇（Worcester and Worcester 1911：235）在他们对北方和南方工厂工人的研究中并未将手套纳入主妇每年的必要支出。在这项研究中，超过90%的主妇都没买过手套，尽管她们中很多人的大女儿都买过。[2]作为时尚单品的手套具有极高的符号价值。一位年轻的犹太移民在日记中写道，她收藏了几周的第一双丝绸手套是"我生命中真正的财富"（Schreier 1994：134）。贵妇们会在冬天戴小山羊皮或羔皮手套，在夏天戴丝绸或羊绒手套，而手头拮据的女性则只能戴棉质手套。

然而有迹象表明，与法国或英国相比，想要穿着得体的愿望在美国工人阶级女性中更为普遍。农村和小城镇的美国人照片（Severa 1995）以及那个时期的日记和信件都表明，即使在偏远地区，美国人也在担忧

1　1909年，伍斯特夫妇（1911：10）研究了北方和南方棉纺厂工人的家庭预算。这些工人的生活水平都很低（133）。在马萨诸塞州的福尔里弗市，有14个家庭接受了调研，在佐治亚州（亚特兰大）和北卡罗来纳州（格林斯博罗和伯灵顿）有3个地区、21个家庭接受了调研。调查包括这些家庭所拥有的服装数量以及成本的详细信息。在接受调研的这一年中，在北方和南方仅有21%的母亲购买了4件或4件以上的衣服，而在南方9岁以上的女儿中，有77%的人达到了这一标准。但北方女儿达到这一标准的比例只有25%。

2　在南方，有5%的母亲买过手套，在北方则有7%的母亲买过手套。而对于女儿来说，这一比例分别为19%和50%。

自己能否达到中产阶级的标准（见图8和图12）。他们对衣着的痴迷表明了着装对他们来说可能代表着一种流行文化的形式，特别是与城市文化的某种联系，而这种联系是他们在偏远地区所无法实现的。这些女性中的很多人都是从东部迁移而来，她们抛弃了过去的生活方式以及相关文化资源，这种生活方式在中西部的小城镇和村庄是很难或几乎不可能复制的。缝制和穿着时装成为走出家门参与文化生活的一种方式。由于手头没有传统服装（移民在刚到新地方的时候往往会将以前的衣服扔掉），再加上20世纪初越发提升的文化水平，这些都可能让这些美国女性比类似地区的欧洲女性更容易遭受确立社会地位的压力。

　　美国女性从手工制衣走向机器制衣的转变要略早于欧洲。这一转变的主要因素是缝纫机、特定服饰的样板，以及精确的人体测量系统的发展。这些进展极大地简化了家庭和工厂中复杂服装的生产。缝纫机发明于欧洲和美国的时间差不多，但就其成功推向市场而言，美国比欧洲要早。从19世纪60年代开始，缝纫机就已经被美国公司大量生产，并广泛用于商业和家庭。由于比例测量系统以及随后的比例尺寸的完善，缝纫机的商业用途得到加强，并实现了对成衣的大规模生产。分期付款制度则让购买家用机器变得更容易了（Baron and Klepp 1984：30, 35）。1875年，卡罗尔·赖特对马萨诸塞州熟练工人和非熟练工人的家庭调查显示，三分之一的家庭拥有缝纫机（Massachusetts Bureau of Labor Statistics 1875：436）。而到19世纪末，缝纫机已在全国范围内得到普及（Jensen 1984）。

　　19世纪60年代，一家美国公司开始大规模销售服装样板（Walsh 1979）。样板是缝纫机必不可少的附属品，这让女性在家里就能做出更为上乘的时装。到了19世纪70年代，该公司每年销售600万种样板（1870年美国人口为3 850万）。甚至在全国各地的小城镇都能买到这些样板（Jensen 1984：12）。机器制造的服装产量在美国内战期间有所提升。随后，制衣业大量生产了广泛适用的女装（Baron and Klepp 1984：28）。有关成衣的资料也开始通过邮购目录被分发。[1]成衣规模的扩大催生了更简单

74

1　这些发展的消极方面是，它们降低了服装工业中女性的工资，特别是在家从事计件工作的女性工资（Baron and Klepp 1984）。

的款式以及更便捷也更低廉的生产，这也为20世纪的服装风格埋下了伏笔。与女性相关的例子还包括不合时宜的棉外套和"哈伯德大妈"（Mother Hubbard）连衣裙，这是一种非常宽大而松垮的、女性在家工作时穿的罩衫。

在法国也出现了类似的情况，但结果不尽相同。缝纫机是利用广告宣传活动向法国女性消费者营销的，并在女性杂志上得到介绍（Coffin 1996a：136），但其目的似乎是让工人阶级的家庭主妇省钱或赚钱，而并非为了让她们能自己缝制时装。科芬（同上：137）认为，工人阶级女性购买缝纫机主要是为了在家里做件工作赚钱。她声称，法国工人阶级女性很少自己做衣服，她们主要指望穿旧衣服，到了19世纪末则寄希望于穿廉价的成衣。法国成衣主要是针对工人阶级的，质量一般较差。中产阶级女性对此根本不屑一顾。然而，在勒普莱及其助手们所研究的家庭中，无论是否有缝纫机，大多数女性都至少有一部分衣服是在家里缝制的。1875年后，缝纫机出现在了家庭财产目录中。四分之一的家庭购买了缝纫机，而这些家庭中的主妇通常都是以缝纫为生的。

与美国工人阶级主妇相比，法国工人阶级主妇购买缝纫机的可能性更小，因为缝纫机在法国比在美国要更贵，而且在19世纪90年代以前的法国很难获得贷款。还有一个并未指出但似乎同样是缝纫机在美国风行的关键因素：特定尺寸服装样板的广泛供应。这些样板也刊印在法国的女性杂志上，但是与美国杂志上的类似样板一样，由于必须与消费者的尺码相匹配，因此很难被用于实践中。这些样板大多是供女裁缝而不是家庭主妇用的（Coffin 1996b：79，114；1994：180）。19世纪晚期，虽然美国制造商在欧洲销售了各种尺寸的样板（Walsh 1979：312—313），但法国工人阶级女性并未想要以此提升自己的着装品质。所有这些因素都加强而非减少了着装和外表方面的社会阶层差异。

服装支出、家庭预算和地位追求

比较不同国家着装行为最常用的方法之一，就是统计家庭收入花在服装上的支出所占的百分比。19世纪的经济学理论假设无论收入多少,这一比例都大致相同(Williamson 1967:107)。正如其他研究所表明的那样,无论是在特定时期内,还是一段时间后,情况都并非如此(参见More 1907:263)。事实上,对于家庭预算中分配给服装的收入比例而言,各国之间以及同一国家的不同社会阶层之间都存在差异。即使在同一个家庭之中,男人、女人和孩子从家庭服装预算中获益的程度也不尽相同。在过去的一百年里,家庭收入分配给服装的比例正稳步下降。 76

如何解释不同国家工人阶级家庭之间的这种差异?一种解释是,较高的百分比意味着"地位追求",即试图展示或赢得社会地位。较高的百分比也可能表明,人们更关心家庭以外的社交生活。从这个角度看,服装开支是实现社会整合的一种手段(Smith 1994):服装是确立个体作为社会群体成员之身份的一个重要因素。

对于美国人来说,服装的重要性体现在美国本地人、从欧洲国家来到美国的移民以及生活在同一欧洲国家的工人花费在服装上的支出所占收入比例的信息。[1]与生活在欧洲的工人相比,生活在美国的工人会把更多的收入分配到服装上。卡罗尔·赖特在1875年对马萨诸塞州397名熟练工人和非熟练工人(包括美国人和移民)的研究,可以与勒普莱对1850—1875年间法国工人家庭的研究进行比较。勒普莱案例研究中的熟练工人和非熟练工人家庭平均花费其收入的8.6%来购买服装。美国马萨诸塞州针对服装的家庭支出为14.8%,而英格兰和爱尔兰的移民则分别花费14.6%和11.7%(Williamson 1967:121)。

人们通过服装来提高社会地位的一个迹象是:在收入较高的工人中,分配给服装的收入比例也相应较高。换句话说,可支配收入往往都被用于购买服装,这表明了它在当时的重要性。在1875年的研究中,

---

1　预算信息来自1875年马萨诸塞州的美国工人、英格兰和爱尔兰移民的家庭(Massachusetts Bureau of Labor Statistics 1875),以及1889年和1890年美国、英国和西欧的家庭(U.S. Commissioner of Labor 1891)。第二项研究包括来自以下国家的移民:英格兰、法国、德国、爱尔兰、苏格兰和威尔士。它还包括居住在以下欧洲国家的工人样本:比利时、英格兰、法国、德国、苏格兰和威尔士。在早期和后期的研究中,研究人员都在特定的工作地点接洽工人。调研的回复率很低,可能是由于许多工人不愿意或无法提供相关资料。例如,在1875年的研究中,回复率低于40%(Massachusetts Bureau of Labor Statistics 1875:202;参见Williamson 1967;Modell 1978;以及Smith 1994)。

收入和服装支出之间存在着显著的关联性，这体现为最低收入人群仅有7%，而最高收入人群有19%（Massachusetts Bureau of Labor Statistics 1875：441）。在同一项研究中，非熟练工人将收入的12%花在了买衣服上，而熟练工人和监督员的这一比例则分别为14%和18%。[1]对赖特数据的重新分析显示，工人们花在服装上的钱比根据他们的收入所估算的更多（Williamson 1967：115—116），这同时也是服装重要性的另一个迹象。[2]

赖特1890年的研究（U.S. Commissioner of Labor 1891）使进一步的对比成为可能。[3]这项针对美国本地工人、美国移民工人和欧洲本地工人的研究表明，美国本地工人的收入要高于其他群体，他们每年花在自己衣服上的钱比收入最低的欧洲人多52%，而移民的收入则略低于美国工77 人，他们比欧洲人多花了61%。[4]

在勒普莱的研究中，收入较低的工人阶级家庭的服装支出占其收入的比例较大。由于服装的成本很高，所以它对预算较少的家庭而言负担更大。但在1875年之后，巴黎熟练工人的服装支出占其收入的比例要高于外省工人（收入相对较低），这表明前者将着装作为寻求地位的一种形式（见附录表1.2）。与此同时，收入最高的农民支出反而低于整个群体的中位数，这表明对他们来说争取地位并不重要。与巴黎工人相比，在农村生活的农民对中产阶级着装行为的接触较少。

与农民不同的是，富裕的法国中产阶级家庭的服装支出占收入的比

---

1 根据马萨诸塞州劳工统计局（1875：368，429）提供的信息计算。遗憾的是，监督员的数量非常少（N=4）。
2 这代表了收入弹性，它衡量的是人们在某一特定商品上的花费超出或低于他们基于收入预期的程度。
3 这些比较仅限于包含至少60名工人的移民群体。在1890年的研究中，美国出生的工人和美国移民在收入和服装支出之间存在微小的关系，而在欧洲样本中，这两个变量之间则略呈反比关系。两组之间的收入差异太小，可能无法揭示这些变量之间的差异。
4

	工人阶级年平均支出（美元）	超过欧洲人支出的百分比
美国本地工人	$35	52%
移民工人	$37	61%

注：欧洲人的年平均支出为23美元。数据来自美国劳工部（U.S. Commissioner of Labor 1891）。

例要高于不太富裕的家庭。佩罗特（1982：167，170）对1873—1913年法国中产阶级女性进行的预算分析表明，最下层中产阶级家庭在服装上的花费最少（占其收入的8.3%），而中层和上层中产阶级家庭的花费则分别为14%和15%。[1]当把这些支出参照家庭人数予以衡量时，资产阶级中下层家庭的支出占其收入的10%，上层家庭的支出占其收入的18%，这些数据都表明了服装被用于展示人们的社会地位（同上：171—175）。

与大多数欧洲工人相比，美国工人（无论本地人还是移民）对着装的重视程度更高。这可能反映了某些地区生活水平的提高让他们拥有了在服装上花费更多金钱的经济基础，并同时具备了鼓励这种花费的环境。[2]美国和法国的中产阶级显然都认为服装是他们争取社会地位的重要资产。

在欧洲和美国，利用着装来提高社会地位的做法似乎在19世纪末和20世纪初达到了顶峰，而在随后的几十年中，这种现象却逐渐式微。家庭收入中分配给服装的比例下降了，同时这些比例中的社会阶层差异也减少了。布朗（Brown 1994）研究了家庭支出数据，这些数据来自美国政府在1918年到1988年之间的五个时间节点所进行的消费者支出调查。[3]

1　佩罗特（1982：3）的研究基于一篇报纸文章中所征集的法国家庭预算。在收到的1 100份预算中，547份是有效的（同上：5）。这表明了法国家庭对预算的重视，且这些预算已被后人保留下来。它们产生于三个不同的时期：19世纪的最后25年，20世纪初的两次世界大战之间的时期，以及第二次世界大战之后的8年。

2　舍戈尔德（1982：204）认为，20世纪初，美国工人在服装上的花费比欧洲工人要多，因为同类服装在美国更贵。

3　布朗（1994）的研究涉及了三个职业类别：受薪阶层（经理和专业人员）、工薪阶层（熟练工人和半熟练工人）和劳工（非熟练工人），以及两个剩余类别，分别是穷人或下层阶级和老年人（户主超过64岁的家庭）。她关于美国服装支出占收入比例的调查结果可归纳如下：

年份	最低阶层	劳工	工薪阶层	受薪阶层
1918	13.3	14.5	15.9	18.7
1935	9.0	8.8	9.5	10.1
1950	11.9	9.2	9.7	10.4
1973	5.7	5.4	5.4	6.0
1988	4.2	4.6	4.7	4.8

资料来源：布朗（1994：43，106，188，270，367）。

她发现1918年，社会最低阶层将13.3%的收入用于购买服装，而社会最高阶层的这一比例则为18.7%。到了1935年，在分配给服装的收入比例中，社会阶层的差异几乎消失了；最低阶层的比例下降到9%，而最高阶层则下降到10%。布朗（1994：203）指出，到了1950年，"随着商店里的服装质量越来越高，也更容易买到，服装在受薪阶层和工人阶级之间的地位变得不再那么重要了"。到了1973年，综合比例下降了近50%，最低阶层和最高阶层的数据几乎持平（5.7%和6%）。1988年，这两个数据分别为4.2%和4.8%。

对法国服装预算的研究也显示了类似的下降，尽管后期分配的收入比例略高于美国数据（见表3.1）。[1]佩罗特（1982）对法国资产阶级家庭的研究也揭示了类似的变化。[2]佩罗特（1982：217）认为，早期的中产阶级家庭会用额外收入来买衣服，他由此推断近年来"一旦基本需求得到满足，法国人就不再像以前那样重视着装的优雅了"。

表3.1　1850—1984年法国各阶层分配给服装的平均年收入百分比

	农业劳动者	农场主	熟练工人和非熟练工人	中产阶级
1875年以前	10.3	8.1	8.6	—
1875年以后	—	6.6	9.8	8.3—15.1
1956	12.0	10.5	12.3	11.9
1972	10.4	9.7	9.8	10.1
1979	7.4	7.4	7.7	7.7
1984	6.3	8.0	6.8	9.0

注：19世纪工人阶级的数据基于勒普莱的案例研究。19世纪中产阶级的数据来自佩罗特（1982：167，170）。20世纪的数据源自埃尔潘（1986：73）

这些不同的研究表明，服装在19世纪有着特殊的意义，因为它既是第一批得到广泛应用的消费品之一，也是表达身份差异的一种极为显

---

1 埃尔潘（Herpin）的数据来自对家庭支出的几次调查，使用的是法国家庭的随机样本（1986：72）。
2 佩罗特（1982：216）指出，法国中产阶级家庭服装支出的收入弹性在1945—1953年间下降到了1.05（与之相比，1873—1913年间为1.24，1920—1939年间为1.36）。

明的方式。美国工人阶级家庭比欧洲工人阶级家庭花费在服装上的支出更大，这一事实表明美国人对着装的重视程度更高，但到了19世纪后期，美国家庭在服装上的支出比例开始低于法国家庭。这些数据并未表明法国家庭比美国家庭更重视着装，可能只是反映了美国服装的成本更低，以及更多地将其他类型的商品作为消费品。

工人阶级主妇与家庭服装预算

　　家庭服装预算既反映了美国工人阶级女性服装支出高于欧洲女性的趋势，也反映了工人阶级女性相对于其他工人阶级家庭成员的劣势地位。卡罗尔·赖特对美国工人（包括本土工人和移民）以及欧洲工人的研究表明，美国工人的妻子的服装支出占家庭收入的百分比要远高于欧洲工人的妻子（U.S. Commissioner of Labor 1891）。美国主妇每年要比欧洲主妇多花41%，而移民主妇也要多花47%。[1]

　　然而，同样的研究表明，与丈夫相比，美国和欧洲工人阶级主妇都处于相对贫困的状态。在实际支出中，美国男性比妻子要多支出46%，移民男性则要多支出47%。欧洲工人在这项研究中的平均花费要比妻子多27%（见表3.2）。

表3.2　1890年美国本土工人、美国移民工人和
　　　　欧洲工人分配给服装的收入百分比

	分配在服装上的家庭收入		丈夫与妻子的支出对比
	丈夫	妻子	
美国本土工人	6	4	+46%
美国移民工人	6	4	+47%
欧洲工人	5	4	+27%

注：根据美国劳工部（1891）的数据计算　　　　　　　　　　　　　80

1　根据美国劳工部（1891：1364，1370）的数据计算得出。

正如我们所看到的，在法国工人阶级家庭中，一家之主比妻子更有可能被描述成拥有中产阶级的着装风格。与丈夫相比，家庭预算中分配给妻子服饰的比例通常较小。相比之下，在同一时期（1873—1913年）的21个中产阶级家庭中，62%的家庭花在妻子衣服上的钱比花在丈夫身上的要多（Perrot 1982：88）。法国中产阶级女性会参与家庭之外的很多社交活动，她们需要根据每天不同的时段更换不同类型的着装（Delbourg-Delphis 1981）。

美国的研究表明，美国东海岸工人阶级主妇的状况与法国工人阶级主妇并没有太大的不同。在这两种情境中，工人阶级主妇不太可能参与家庭以外的活动，这些活动要求的穿着通常比她们在家的衣着更讲究。在贫穷的美国工人阶级家庭中，主妇花钱买衣服的可能性比她们处于青春期的女儿还要小。1908—1909年间，对于出生于美国南方的棉纺厂工人和作为北方移民的棉纺厂工人家庭的研究揭示了母亲和女儿在服装支出上的差异。[1]在南方的棉纺厂工人家庭中，与丈夫和超过17岁的女儿相比，妻子在衣服上的花费要少得多。相较于妻子的服装花费，丈夫要多花128%，大女儿多花436%，大儿子多花157%。据这项研究的作者（Worcester and Worcester 1911：26）所述："通常母亲买衣服的花费要比大女儿少。在某些案例中，她们可以用于买衣服的钱是远远不够的。在这些例子中，她们的衣服要么是用前些年留下来的衣服做补充，要么是以女儿们丢弃的衣服来替代。"

所有的北方棉纺厂工人家庭都是移民，他们大约一半来自英格兰、爱尔兰和魁北克，一半来自意大利、波兰和葡萄牙。同样，妻子的花费还是少于丈夫和年龄较大的孩子。丈夫比妻子多花了50%；北方家庭中的大女儿比母亲多花了105%，但来自其他地区家庭的大女儿则似乎相对封闭，只多花了5%。一般来说，这些研究中的主妇只购买必需品、鞋子和帽子，而女儿则经常购买束身衣、手套、丝带、首饰和手帕。

在勒普莱的案例研究中，只有大约25%的家庭有十几岁的女儿住在

1　有关这些研究的说明，请参见本书第80页注释1。

家里。与美国家庭中的女儿相比,这些家庭中的女儿在服装上的花费比 81
母亲要少。在1875年之前参与调研的家庭中,女儿的支出仅比母亲多
12%,但在1875年之后参与调研的家庭中,母亲的支出比女儿多5%。其
中一些家庭的这种态度在研究者的评论中可见一斑:女儿对高雅时装的
品味遭到了父母的严厉斥责。

到了20世纪,随着收入的增加和已婚女性在家中所受约束的减少,丈
夫和妻子在服装支出上的差异也发生了变化。布朗(1994: 51)基于美国
政府进行的消费者支出调查数据发现,1918年劳工妻子的支出要比丈夫少
20%,但在中产阶级家庭则几乎不存在差别。到了1950年,所有社会阶层的
美国女性在服饰上的家庭支出都远高于男性(同上: 200—201)。法国的这
种转变直到20世纪70年代初才得以发生(Herpin 1986: 67)。[1]1972年,法国
主妇的支出比男性多10%,到了1984年,她们的支出要比男性多30%。到
1988年,美国主妇买衣服的花费比丈夫多了66%(Brown 1994: 384)。

这些数字表明,服装是女性在家庭和社群地位方面的重要标志。19
世纪中产阶级主妇在社会中能够代表她的家庭,而工人阶级主妇则并没
有机会参与家庭之外的社交生活。这类家庭的微薄收入只能留给丈夫
和孩子买衣服用。哪怕女儿都比母亲更有资格支配这些费用,因为她们
更有可能正在外工作和找对象。

帽子的社会意义

20世纪60年代以前,帽子是彰显男性社会差异最重要的配饰。但
到了20世纪60年代,帽子就不再扮演这一角色了,这一事实表明在19世
纪,帽子(直至20世纪上半叶)与当时的社会情境特别相符。19世纪出
现的几款新式帽子迅速风行至不同的社会阶层。帽子究竟扮演了什么
角色?因为帽子比夹克和外套的价格要低得多,所以它们为"模糊和改
变……传统的阶级界限"提供了理想的契机(Robinson 1993: 39)。男帽

---

1 根据对家庭服装支出的全国性调查,埃尔潘(1986: 67)发现,1953年法国女性的支出比男
性少23%。布朗(1994)的研究则表明,1950年美国女性在服装上的花费比男性多28%。

82 还被用以宣称、维持而非混淆社会地位，从这一事实可以看出，特定类型的帽子与特定的社会阶层紧密相关。"脱帽（致敬）"是表达对上级尊重的一种方式，这种复杂的习俗反映了帽子在划分阶级界限方面的重要性（McCannell 1973）。由于男性在公共场所代表着自己的家庭，因此人们通常会用男帽而非女帽来表明家庭地位。在这一时期，女性头饰比男性更为多样和个性化（Wilcox 1945）。女帽主要体现了炫耀性消费，而并非再现与社会等级相关的编码符号。

在19和20世纪初，所有社会阶层（包括最底层）都戴上了帽子。在1900年拍摄于巴黎的一组拾荒者照片中，23人中有20人戴着礼帽或便帽（见图13）。同一时期关于工厂下班工人（Borgé and Viasnoff 1993：113）和波士顿示威工人（Robinson 1993：6）的照片均显示，几乎每个人都戴着礼帽或便帽。

当时的人们会在现在看来不合时宜的情况下穿戴头饰。不管一个人的社会地位如何，都不能不戴帽子上街（La Mémoire de Paris 1993：128；Guiral 1976：175；Brew 1945：507—508），不过，19世纪的人们经常在室内戴头饰。例如，英国人会整天都在办公室里戴帽子（Ginsburg 1990：104）。索恩舍（Sonenscher 1987：14—15）认为，在过去的几个世纪中，人们都会在公共领域戴帽子，但针对同时囊括了室内与室外活动的公共领域的定义则有所不同："拥有一顶帽子是对进入特定公共生活领域之准则的认可。"

19世纪初以来，美国和欧洲的男性头饰在很大程度上是一致的，这一事实展现了男性头饰的社会意义。任何时候帽子的种类都不到十来种，每种都可能在颜色、大小、帽檐形状和面料上有着细微的变化，但这些变化不足以让帽子进入主流类别（Wilcox 1945）。当一种新款的帽子首次风行时，通常各个社会阶层的人都会在某段时间集中地穿戴，但它最终会找到自己的"定位"并成为特定社会阶层的特权。

有几款帽子于19世纪早期和中期被引入英国，它们已经在其他国家大受青睐，这一流行历程也证实了这一原则。高顶礼帽源自19世纪初的英国，它最初是供中产阶级和上流社会的人戴的。高顶礼帽从19
83 世纪20年代开始向底层传播，其原因可能是当时的马车夫以及警察的

图13　拾荒者所戴的风格各异的帽子,有鸭舌帽,也有圆顶礼帽(约1900年,法国)。© 由Roger-Viollet收藏,巴黎

制服都开始接纳了这种帽子(de Marly 1986: 98,123)。1839年,伦敦的工人们身着礼拜日服饰,而来自斯塔福德郡的陶工(同年一幅绘画作品中的主角)则穿着带有罩衫的长袍(同上: 86)。19世纪40和50年代,有照片拍摄到了戴这种帽子的非熟练工人和渔民(Ginsburg 1988: 148,152)。到了19世纪中叶,它已普及至所有的社会阶层(Ewing 1984: 112)。[1]代表上层工人阶级的工头所戴的头饰展现了帽子何以表达了他

1　金斯伯格(1990: 86)指出,到了20世纪中叶,"作为这一时期新视觉记录的摄影,将普通人佩戴帽子的样子展现了出来[原文如此]"。

图14　头戴各式高顶礼帽的工头（1861年，英国）

们对社会地位的渴求（Ginsburg 1988：124）。在1861年拍摄的照片中，大多数男性都穿着最流行的休闲夹克，10人中有7人戴着高顶礼帽（见图14）。年长的男性戴着样式有点过时的高顶礼帽，但年轻男性则戴着最新款。照片中只有一个人戴着鸭舌帽。到了19世纪末，中上阶级又戴起了高顶礼帽。

圆顶礼帽源自1850年的英国，它本来是猎场看守人和猎人所戴的一种职业帽，但很快被上流社会用于体育运动（Robinson 1993：14，18）。它在不到十年内就已传播至城市，并在中层和下层中产阶级（Lister 1972：163），以及工人阶级（尤其在城市）中被广泛接纳（见图15）。鲁滨逊（Robinson 1993：46）指出："戴圆顶礼帽的有修路工、报刊小贩、送奶工、磨刀工、卖兔子的、卖果汁和水的——各种各样的工人，他们似乎都把圆顶礼帽当作城市街头的徽章。"

查理·卓别林的早期电影曾讽刺了工人阶级以圆顶礼帽模糊阶级界限的企图。最终，圆顶礼帽成了资产阶级的象征，正如马格利特（Magritte）的一幅著名画作中所描绘的那样——一位戴着圆顶礼帽的中

图 15　戴圆顶礼帽的道路修理工（1892 年，英国）

产阶级男子（Robinson 1993：66）。第二次世界大战后，戴这种帽子的主要是中产阶级商人。

　　像高顶礼帽一样，带有帽檐的鸭舌帽出现于 19 世纪初，它最初是由军官戴的（Wilcox 1945：212）。到了 19 世纪中叶，鸭舌帽开始被视为工人阶级的标志；它是"工人们最常戴的头饰"（Ginsburg 1988：124）。20 世纪初，没有帽檐的布帽主要是由工人阶级尤其是年轻工人戴的，而上流社会只在运动或在农村时才戴鸭舌帽或布帽（Wilcox 1945：212）。如果政客们戴着布帽，人们就会认为这代表着"激进的倾向"（Ginsburg 1988：138）。

　　平顶硬草帽的普及过程则与此不同。19 世纪的工人阶级通常都戴着草帽，但 1870 年缝草机被发明之后，一种新式的平顶硬草帽成功风行于近五十年内的所有社会阶层（Wilcox 1945：45；Berendt 1988：24；Cunnington and Cunnington 1959：341）。但到了后来，除了作为音乐娱

84

乐的着装形式，平顶硬草帽已经没人再戴了。

这类帽子的扩散模式在法国和美国也并不相同。在法国，每个社会阶层戴帽子的方式都不同。在19世纪中期，上流社会和中产阶级都戴高顶礼帽；在19世纪的最后25年里，他们会在正式场合戴高顶礼帽，在商务和非正式场合戴圆顶礼帽。到了19世纪末，他们仍然戴着高顶礼帽和圆顶礼帽，但会在夏天选择戴草帽、平顶硬草帽和巴拿马草帽（Delpierre 1990）。

勒普莱的案例研究让我们得以了解法国工人阶级是如何穿戴帽子的（见表3.3）。几乎每位工人都有帽子。在1875年之前，这些案例研究中的工人平均每人有2.2顶帽子；1875年后，平均每人有3.2顶帽子。在礼拜日和节假日，这些工人中约有四分之一佩戴了高顶礼帽（在法国也称为黑丝帽），他们主要是19世纪50和60年代的巴黎工人，而在1875年以后，非熟练工人和农民也会戴这种帽子。与英国工人不同，法国工人没人戴圆顶礼帽。只有3位工人有1顶圆顶礼帽（1875年以后）。

与法国中产阶级在工作日戴的帽子不同，城市里的法国工人戴的是鸭舌帽，在案例研究中，这种帽子几乎无一例外都是用来搭配工作服的。农村的农民和劳工在礼拜日戴毡帽，在工作日戴无帽檐的便帽和贝雷帽。在1875年以前，巴黎人戴的草帽很可能是时髦的平顶硬草帽，而并非早期的草帽。[1]帽子具有地域和阶级内涵。在20世纪后期，贝雷帽成了法国广告和电影的象征，但事实上，贝雷帽最初是与法国乡村生活联系在一起的。[2]

在接受勒普莱及其助手调查的工人中，大约四分之一有中产阶级的帽子（高顶礼帽或圆顶礼帽），但几乎所有人（97%）都有工人阶级的帽子。只有23%的人同时有这两种类型的帽子。而工人们如果连工人阶级的帽子都没有，也就更不会有中产阶级的帽子了。这些数字表明，对这些工人阶级而言，帽子的主要用途是彰显自身的社会地位，而不是通

---

[1] 清单并没有显示这些草帽是否是平顶硬草帽，因此无法追踪这种特殊类型帽子的使用情况。

[2] 直到最近，法国人从事农业的比例对于一个先进的工业国家来说还是非常高的。这也许可以解释为什么贝雷帽获得了"国帽"的地位。

表3.3　勒普莱案例研究中按时段和地区划分的帽子与社会阶层情况（百分比）

| | 1850—1874 | | | 1875—1909 | | |
| | | 外省 | | | 外省 | |
	巴黎	城市	乡村	巴黎	城市	乡村
中产阶级						
高顶礼帽	55	14	6	30	23	18
圆顶礼帽	0	0	0	10	8	0
工人阶级						
鸭舌帽	73	79	13	50	54	36
便帽,贝雷帽	9	7	38	0	8	45
毡帽	36	29	62	30	54	36
草帽	0	14	19	50	54	62
样本数	(11)	(14)	(16)	(10)[a]	(13)	(11)

注: 每栏的百分比不等于100,因为大多数工人的帽子不止一种
a 有两个无法获取帽子的详细信息的案例被排除在这一类别之外

过戴中产阶级的帽子来模糊社会阶级差别。

在美国城乡差异很大的服饰生活中,帽子有着同样的重要性(Brew 1945:507)。塞韦拉(1995:210)认为,19世纪60年代"没有帽子的人是不正常的";在19世纪90年代,帽子则被描述为"几乎总能适得其所,即使在天太热而无法穿大衣打领带的时候"。据布鲁(1945:508,511)估计,19世纪80年代的美国人平均每年都会买一顶帽子,而在20世纪的头十年,每人每年大概会买两顶帽子。

和法国一样,美国人所选择的帽子式样也存在地域和阶级差异。19世纪中叶,在城市通常需要戴高顶礼帽,工人有时也会将礼帽和工作服搭配在一起(Severa 1995:106,225)。此时"低顶宽边软毡帽"(帽檐又宽又硬的黑帽子)在西部各个州都非常流行(同上:106)。到了19世纪70年代,城市里的富商都戴着丝绸质地的高顶礼帽,但农村并不存在这一现象(Brew 1945:291),深受铁路工人和农民欢迎的是软毡帽(Severa 1995:210,472)。农民们在田地里一般戴草帽(Brew 1945:507)。圆顶

86 礼帽(德比礼帽)是商人(特别是去乡下时)和城市工人戴的,尽管便帽
更像是"劳动者的典型"(Brew 1945: 506)。

到了20世纪初,城市里的中产阶级主要在婚礼和教堂仪式等正式
场合上戴丝绸礼帽。中产阶级和工人阶级在夏天普遍戴草帽。宽边毡
帽仍然深受牧场主和农民的欢迎(Brew 1945: 311)。尽管工人们通常
在工作场所戴鸭舌帽,但圆顶礼帽在中产阶级和工人阶级中仍然很普遍
(Brew 1945: 311, 506—507, 510)。

工人在工作和休闲时的两张照片说明圆顶礼帽模糊了身份界限。
1890年工人闲暇时的一张照片(铁匠们的野餐)表明了大多数工人仍戴着
圆顶礼帽(见图16),而1892年的照片则表明工人们(旧金山灶具厂)戴着

图16 五金商人的野餐。身着中产阶级着装并搭配帽子(包括圆顶礼帽)的闲
暇中的工人(1890年,美国)。由加州历史学会提供(FN-28402)

鸭舌帽或毡帽（见图10）。只有两名工人和他们的老板戴着圆顶礼帽。

用帽子来模糊阶级界限的做法在英国最为常见，在美国则较少（尤其是在工作场所以外），而在法国则最少。然而，这种情形通常发生在特定款式的帽子风行的早期阶段。对于这三个国家而言，更常见的情形是利用特定样式的帽子来表明社会阶层地位与特定地区（城市或乡村）的隶属关系。

制服、职业装与阶级分化

到了19世纪中叶，以中产阶级和上流社会着装的某些方面为代表的身份界限开始消失。与18世纪相比，中产阶级和上流社会的服饰得到简化，但新式着装（如工人和仆人的制服）的数量在19世纪下半叶开始激增。这种着装使得工人阶级成员更具辨识度，并使之与其他社会阶层相区别。人们用制服和职业装来表达社会差别，但这种差别在普通着装中已不再显而易见。此时，三种主要的制服类型被确定下来：（1）公职人员，如警察、邮递员、消防队员和铁路工人的制服；（2）私人机构雇员，如商店、百货公司和工厂劳动者的职业装；（3）家仆的制服。[1]

87

工业革命之前，英国和法国的熟练工人有时会身着端庄的衣服（Cunnington and Lucas 1967：370—371）。这些服装通常用于礼仪场合而非工作本身，象征着能够胜任特定职业。就某些职业而言，19世纪的工人继续穿着自己的传统服装，其中一些制作精良。[2]与职业装不同的是，制服是为了满足组织对于区分雇员的不同级别的需求而专门设计的，它反映了组织管理层希望投射的雇员形象，例如仆人的制服或军装。基于19世纪风格的制服（比如仆人的制服）确保了雇员的外表不会过分时髦。19世纪中叶的纽约警察起初拒绝穿制服，因为他们认为这种类似仆人制服的衣着有辱人格（Joseph 1986：112）。

---

1 军装是另一类别，这里不予讨论。由于公职人员通常是中上阶级，因此这里也不讨论其制服。出于相同的原因，将不再讨论医生和护士等专业工作者的制服。

2 迪沃（Duveau 1946：364）引用了19世纪30年代被圣戈班（Saint-Gobain）公司雇用去制造镜子的工人的例子，他们戴着大毡帽，穿着白衬衫、蓝色马裤和白色绑腿。

在19世纪40年代的英国，铁路公司的主管们都身着黑色长礼服、戴着高顶礼帽，而车站的工作人员则穿着颜色各异的制服（de Marly 1986：125）。铁路员工的制服令人回想起18世纪仆人的精致制服，这暗示了其角色与仆人类似。[1] 例如，在一家公司中，行李员领班和城市车站的检票员身着绿色长礼服、带有银色纽扣的马甲和绿色裤子，但是制动员、警卫和普通行李员则身着款式简单、面料低廉的夹克和裤子（同上：126）。当邮递员制服于19世纪初在英国首次被设计出来时，它们的颜色也令人联想起18世纪的服装风格：带有蓝色镶边的红色外套和米黄色及膝短裤（同上：88）。

在19世纪的法国，警察、狱警、邮递员等职业的制服数量激增（Musée de la Mode et du Costume 1983）。在19和20世纪，制服的设计被不断调整，以反映这些工人的地位变化。例如，19世纪初的邮递员身着双排扣长礼服和西装马甲，戴圆帽。1830年，城市里的邮递员身穿宝蓝色外套，佩戴着盾形徽章和黄色金属纽扣，红色领口配有蓝色饰物，穿着灰色裤子，戴着光亮的毡帽；但农村地区的邮递员则穿着工人阶级的蓝色工作服，这表明他们的声望较低。1862年，城市邮递员的指定制服是带有黄色金属纽扣的束腰外衣和军帽；但农村邮递员仍然穿着蓝色工作服，冬天戴俄式便帽，夏天戴草帽。到了19世纪90年代初，城镇和乡村的邮递员都被规定要穿同一种工作服。

法国铁路员工的制服模仿了不同社会阶层的着装风格，高层员工穿的是双排扣长礼服、礼服夹克和大衣，而下层员工（如检票员和行李员）则穿着帆布罩衫（Musée de la Mode et du Costume 1983：75；见图17）。公共马车上的员工根据级别的不同穿着各式外套，检票员穿长礼服外套，司机穿齐臀夹克，售票员穿及腰夹克（同上：77）。

19世纪末，商业领域的标准化着装出现于最低阶层（包括熟练和非熟练的体力劳动者在内）。其他类型的员工（例如百货公司的销售人员）在此期间也形成了新的着装规范。19世纪70年代，英格兰率先采用了由白色长夹

88

---

1 约瑟夫（Joseph 1986：112）区分了旧时仆人或官员的制服（livery）和专属于某一群体的特种制服（uniforms）；前者是象征穿着者和另一个人之关系的一种服装，而后者则象征着非个人组织的成员资格。

图 17　穿制服的铁路工人（约1890年，法国）。在巴黎附近的叙雷讷车站，工作人员身着能够表明自己级别的制服。级别较高的穿着夹克和衬衫领。左边第二名和右边第二名男性穿着短款工作服。照片中最右边的男性似乎已经脱下了工作服（拿在手里），并换上了一件时髦的夹克。由法国国家图书馆提供，巴黎

克和裤子搭配而成的工装连衣裤，作为一种防护服它旨在满足政府立法的需求（de Marly 1986: 110）。最早穿这类工作服的工人是街道清洁工和送奶工，而其主管则身着"黑色职业套装"。19世纪末，牛仔连衣裤与美式围兜背带工装连衣裤（Williams-Mitchell 1982: 113）一同出现在英国（同上：144；见图18），但老式的白色工装连衣裤仍然继续风行（de Marly 1986: 162）。

到19世纪末，牛仔裤在美国的邮购目录中随处可见，农民和工厂工人都穿着牛仔裤（Lee Hall 1992：133）。这套装束是标准的大批量生产的流水线商品，因此形成了一种无差别的匿名性。到20世纪头十年末，它已在工厂中得到普及（Hall 1992：141）。海因（Hine 1977）在这一时期拍摄的工人照片显示，熟练和非熟练的各种职业工人都穿着工装连衣裤。然而，很多农民还是买不起这类衣服，只好像他们在整个19世纪那样穿着破旧的礼拜日服饰。法国的百货商店就有这类衣服（Debrosse 1994）以及宽松的蓝色罩衫售卖，后者已经成为许多工人的标准职业装。

89

图18　整体式烟囱清扫工（约1900年，英国）。由雷丁大学乡村历史研究中心提供，英国

工业社会发展出复杂的服装标识体系，以此取代了前工业社会同样繁复但与之不同的体系。其中，制服和标准化着装的作用与时装相反，具有自我强化的含义。高层员工所穿的制服通常隐含着敬重的意义，而低层员工所穿的制服则并没有这种含义，而是代表着某种形式的社会控制。鉴于需要以特定的方式着装，因此个体被视作组织的一部分，受其限制而只能按章办事。

到了20世纪末，工作场所的制服和其他类型的标准化服装以及着装规范仍然在被广泛使用（尤其在大公司里）。航空公司也许在监督员工（尤其是女性员工）外表方面最为勤勉尽责，但其他公司也将员工对着装规范的遵守视作对公司的承诺（Hochschild 1983, 1997）。酒店和餐厅利用着装规范来左右顾客的选择。其他类型的组织（如学校和教堂）则试图利用不同的制服和着装规范来影响个体的行为。在私人住宅中被应用的仆人制服代表了这一现象的另一面。

身为仆人：制服与符号边界

仆人的制服与其他种类的工人制服非常相似：它们显示了身份的界限。他们的着装表达了家庭环境中社会阶层之间的关系（身为一个仆人的感受），并且像其他制服一样，让雇主和雇员之间的社会差异变得越来越清晰可见了。由于他们的着装性质在很大程度上是由雇主决定的，所以仆人的衣着能够准确地显示出阶级制度中的等级划分。如果仆人穿得和雇主一样，阶级等级差异就会降至最低；而如果他们衣着不同，则表明产生了阶级分化。在19世纪，越来越多的中产阶级和上流社会家庭的仆人需要以有别于雇主的方式着装。在法国、英国和美国，仆人着装的标准化程度呈上升趋势，尤其是制服得到广泛普及之后。

　　家政服务在19世纪的欧洲和美国是极为重要的职业，因为它是解决就业问题的主要渠道，这对女性而言尤为如此（见表3.4）。受雇的工人阶级女性多半是女仆、保姆、厨师或管家。例如，家政服务在1870年（Katzman 1978：53）的美国占女性就业的50%，直到19世纪末它都仍是职业女性中最常见的工作（Dudden 1983：1）。在法国，男仆的比例远高于其他两个世纪（19世纪中期为31%，1901年为18%），但家政服务仍是 90 19世纪女性最普遍的非农职业。大约三分之一的女性会在她有生之年的某个时期被雇为佣工（McBride 1986：929）。在这三个国家中，仆人的数量在20世纪稳步下降。[1]

表3.4　1850—1901年英国、法国和美国的家庭佣工和劳动力情况

	英国	法国	美国
佣工占总劳动力的百分比			
19世纪中叶	11	6	7（1860）
1900	14	5（1901）	8
女性佣工的百分比			
1851	87	69	90
1901	92	82	90
佣工占女性劳动力的百分比			
19世纪中叶	32（1851）	29（1866）	50（1870）
1900	40	12（1901）	26

数据来源：英国，Burnett（1974: 48,136,140），McBride（1976: 36,45,118）；法国，Guiral and Thuillier（1978: 11），Martin-Fugier（1979: 36），Service Nationale de la Statistique（1906）；美国，Katzman（1978: 53），Sutherland（1981: 45），U.S. Census Office（1902）

1　在20世纪末，在私人住宅当仆人的劳动力比例在美国和英国不到1%，在法国不到2%（U.S. Department of Labor 1990；Statistical Office of the European Communities 1993）。

19世纪仆人着装的变化，与中产阶级和上流社会主妇同其仆人关系之性质的变化相对应，这种关系变得不再那么亲密，反而更加专制。在18和19世纪初，中产阶级家庭的女性承担了维系家庭所需的大量工作。19世纪下半叶，中产阶级和上流社会的家庭主妇很少做家务。理想的主妇（和她的女儿们）根本不用做家务，因此可以自由地投身于社交活动（Burnett 1974：144）。当中产阶级女性试图在自己和女仆之间建立明显的地位界限时，仆人的衣着也随之发生了变化。

这些变化的确切性质在每个国家都有所不同，但社会分化加剧的基本模式是显而易见的。在18世纪的英国，男管家、男仆、女服务员和侍女等家政服务佣工的着装有时与其雇主非常相似，以至于来访者很难区分房客和仆人（de Marly 1986：70—73）。在19世纪，有关衣着、头饰和外表的规定逐步得到完善，并用以维系雇主和仆人之间的地位界限。例如，在19世纪头几十年的英国，未婚女仆需要在家中围上头巾以区别于尚未出嫁的女儿，因为后者在家里通常是不戴头巾的（同上：104）。到了1860年，标准的制服得以形成："早上穿棉质印花连衣裙，下午穿黑色连衣裙、系白色围裙、戴帽子。"（Burnett 1974：171—172）在19世纪末，女仆仍然穿着黑色连衣裙、系着白色围裙并戴着帽子，有时还会配上发带（Cunnington 1974：126—127）。然而，那些最不起眼的人（比如洗碗女仆）往往还是和非熟练工人一样衣着寒酸（de Marly 1986：136）。需要与来访者接触的男仆通常穿着体面，甚至会精心打扮，但他们的衣服还是会略显过时，甚至有些不合时宜。[1]在庞大的上流社会家庭中，不同类型的仆人着装反映了他们彼此之间严格的地位等级，这从而也映射了英国社会的等级制度。1898年所拍摄的一幅英国伯爵夫人家仆的照片便体现了这一点（见图19）。照片展示了八名底层女仆，她们穿着印花连

---

1 在英国，贵族和新生中产阶级所雇的仆人大多会穿制服。在假发过时很久之后，英国上层阶级家庭的男仆仍被要求戴假发。对他们而言，戴高顶礼帽也是可以的，但必须佩戴一枚徽章以表示仆人的身份（de Marly 1986：103，104）。面部毛发是划分身份界限的另一种方式。在两次世界大战期间，法国资产阶级蓄着八字须、络腮胡和山羊胡，却要求他们的男仆把胡子刮干净（*La Mémoire de Paris* 1993：133）。约瑟夫（1986：42）认为，男仆时髦的外表可能会被认为是对男主人统治地位的威胁，而女仆的时髦制服则不然。

图19　沃里克伯爵夫人的仆人们，他们穿着能够反映家政工作中不同职位的制服（1898年，英国）

衣裙、戴着浆洗过的帽子、穿着高领上衣、系着围裙，两名起居室女仆戴着多褶边的高帽子，三名男仆系着白色领带、穿着铜扣燕尾服，厨师系着带兜的围裙，男管家系着黑色领结，女管家则穿着深色丝绸衣服且没系围裙。

　　典型的中产阶级家庭只有两三位仆人，但他们"旨在成为大庄园的缩影……享有诸多共同的态度、假设和信念"（Burnett 1974：146）。到了19世纪末，18世纪的男仆制服在英国逐渐消失了（Cunnington and Lucas 1967），但女仆的制服则变得越发精致（Levitt 1986：178）。在20世纪，英国家庭主妇和女仆之间的阶级差异被形容为"除了最表面的形式之外，任何东西都无法逾越……女性之间的社会差异让女主人和仆人之间不可能产生任何友好或非正式的关系"（Giles 1995：132）。

　　在美国，家庭主妇和仆人之间的关系也发生了类似的变化，这集中体现为词汇上的转换：从以"帮手"（help）到以"家佣"（domestic）来形容女仆（Dudden 1983：6）。在19世纪中叶之前，当地的年轻女孩受雇与家庭主妇一起工作，她们被当作同伴而非雇员来对待。因此这些女孩并不认为自己是仆人，也拒绝穿制服。就连戴帽子也被视作"对她们天赋　92

自由的侵犯"（Sutherland 1981：129），只有那些受雇于有钱人家的人才能接受。

随着19世纪中叶东部移民数量的增加，当地女孩被移民女孩和主妇所取代，后者成了新的家庭佣工并被视为雇员，这意味着更长的工作时间以及更多的家务活，而当地的家庭主妇们则回撤至"文雅的闲散"状态。女仆制服在美国的发展似乎要晚于英国。与这类着装相搭配的通常是深色棉布，以及类似三角披肩、帽子和南方头巾这样的单品（Severa 1995：218，509，536）。到了20世纪初，女仆们"在不同的场合、不同的时间穿着各式各样的制服"，这表明美国社会地位的分化程度越来越高（Sutherland 1981：130）。根据克拉克－刘易斯（Clark-Lewis 1994：113）的说法，在1900年以后的华盛顿特区，"穿制服的仆人成了白人社会地位最显著和最富有价值的标志之一"。半个世纪以来，制服始终是家政服务的规范。到了20世纪20年代，土生土长的白人和国外出生的白人已经摒弃了这一职业；大多数仆人都是非裔美国人（同上：147）。20世纪美国仆人制服的持续存在可以用人种和民族的差异以及社会阶层来解释。

迪罗塞勒（Duroselle 1972：80）声称法国仆人是"一个单独的阶级，我们无法将其归入工人、农民或中产阶级"。根据勒普莱的说法，19世纪的仆人基本都是法国社会的最低阶层，且普遍遭到了恶劣对待。与19世纪法国仆人日常生活相关的著作作者承认，他们对仆人着装的性质知之甚少（Guiral and Thuillier 1978：46）。他们在很大程度上依赖于关于礼仪的书籍，而这些书反过来又建议读者以英国人为例。吉拉尔和蒂利耶（同上：46）认为法国仆人的穿着不像英国仆人那样考究。吉拉尔（Guiral 1976：173）指出，1852—1879年间，在"大庄园"（les granded maisons）之外，仆人们经常穿着雇主的旧衣服。勒普莱研究中所涉及的家庭几乎没有仆人，因此其衣着也很难得到描述。一份1856年的研究报告（no. 3：451）的作者评论道："仆人是以家庭成员的身份寄宿、吃饭和穿衣的：这一处境显然是传统习俗的结果，与现在法国社会大多数阶层的仆人所处的情形构成了鲜明的对比。"

图20 仆人群像（约1890年，法国）。他们的着装表明了其在家政工作中的等级地位。正如在当时的照片中所经常看到的那样，他们总会展示其工作中的"工具"。园丁穿着长围裙和木鞋。由法国国家图书馆提供，巴黎

这一评论表明，与美国和英国一样，法国的主仆关系在早期的时候　93
也更为平等，但19世纪末的照片显示，与英国和美国相似的是，法国的仆人和保姆也都穿着制服（见图20）。

结　论

19世纪的时装主要为中产阶级和上流社会所拥有，主要用于提升个人的社会资本，而制服则充当了社会控制的工具，主要被施加于工人阶级雇员。即使是在阶级差异比法国或英国稍低的美国，时装也依然主要面向中层和上层社会阶级成员。对于工人阶级来说，买到时装的机会因地区、民族、种族和性别而有所差异。一般而言，工人阶级男性比女性更容易获得用于购买衣服的家庭资源，但在较为民主的中西部地区，工人阶级主妇似乎比东海岸的工人阶级主妇穿得要好。无论是在家里还是

在工厂，简化服装生产的技术都首先在美国得到广泛商业化，并最终促成了服装的民主化。

作为第一种得到广泛普及的消费品，服装的象征意义在20世纪末的消费经济中并不那么突出。随着收入的增长，美国工人倾向于提高其服装支出水平，与此同时，他们愿意为此支付的金额也具有很高的"弹性"，这些都表明了服装在这一时期的象征意义。

一些作家强调存在着美国人暗中遵循的美国着装规范，就连移民也会很快被这种着装规范所同化（Severa 1995：109）。美国人的着装标准似乎是基于这样的理念：衣着考究是体面的象征（同上：294）。着装风格的地区差异出奇地小，但阶级差异仍然存在。时尚会被选择性地对待；夸张的风格往往会被弱化或拒斥。美国不同地区的着装风格似乎存在相当大的一致性，但这些风格的不同形式也分别在各个阶层中持续存在（同上：283，507）。[1]在某些地区（如中西部）工人阶级似乎比其他地区更容易接受中产阶级的着装风格。当非裔美国人和移民有能力做到这一点时，他们就会花费大量的时间、精力和金钱来模仿主流的着装风格。[2]

随着工业社会人口规模的扩大，陌生人之间的接触也越来越多，但不同社会阶层之间的关联性变低了。制服能够更好地提醒人们，在穿着制服的情境下，人际交流的内容应仅限于与工作任务相关的信息，进而强化社会阶层甚至是主仆之间的区隔。着装规范可以充当一种更为微妙的手段，它意在提醒地位较高的员工必须遵守组织文化的规范和价值观。在这些高度关注阶级的工业社会中，帽子是一种非常重要的标志，它展现并维系了社会地位。无处不在的帽子说明了重视他人身份并迅速识别其社会地位是极为关键的。有时，帽子提供了一种模糊身份差异

1　例如，中产阶级男性的衣着规范包括外套、马甲、领带和帽子（Severa 1995：283）。工人阶级的典型装束包括"未经熨烫的棉衬衫、牛仔或羊毛裤、马甲、背带和毡帽"（同上：507）。

2　塞韦拉（1995）列举了大量穿着时髦的工人阶级非裔美国人的例子。施赖埃尔（Schreier 1994）记载了19世纪末年轻犹太移民女性的优雅着装。参阅怀特夫妇（White and White 1998）的论述，可以了解到非裔美国人和白人服饰风格的差异，以及南方白人对衣着考究的非裔美国人的负面反应。

的手段,但其主要功能似乎始终是宣称或表明社会地位。

19世纪的工业社会正在发生变化,这些变化又促成了霸权国家文化,在其中,地方和种族文化日渐消失,或在某些情况下正遭受压制(Schudson 1994)。国家教育体系的出现、识字水平的提高以及媒体的推动都促成了这一现象。从成为上流社会的专属特权到成为所有社会阶层的某种流行文化,时装的发展始终是文化统一过程的一部分。随着20世纪末其他形式的流行文化发展到前所未有的程度,以家庭支出为代表的服饰在国家文化中的重要性降低了。 95

第四章　作为非言语反抗的女性着装行为：
符号边界、另类着装与公共空间

> 女人的衣服是她最隐秘思想的持久表露，是一种语言，也是一种象征。
>
> ——巴尔扎克,《夏娃的女儿》

如果19世纪的社会科学家打算预测21世纪初的女性着装，那么只有考虑到欧美最边缘女性的着装才能获得准确的评估。今天的女性着装在某种程度上继承了中产阶级和工人阶级女性的服饰风格，该风格与理想的维多利亚时代女性并不相符。从马克思到福柯的社会理论家都倾向于强调有关诸如阶级和性别的主导话语影响行为与态度的方式。福柯（1978）认为，维多利亚时代关于性别的论述构成了一种对个人和家庭施加权力的"技术"。这些理论往往忽视的是边缘话语继续生存并不断与霸权话语一起施加影响的方式，它们最终可能会缓和或取代霸权话语。19世纪的服饰与着装选择是检验边缘话语和霸权话语之间关系的重要议题。尽管时装的历史给人一种广泛一致的印象，但关于时装的话题实际上涉及大量的讨论与争议。

在任何时期，这套服装话语都始终包括那些顺应主流社会角色观念的话语，以及那些表达社会张力的话语，这种张力关系推动着被广泛接受的社会角色观念向新的方向发展（Smith 1988）。后者也包括了边缘群体的观点，即根据地位或性别角色的主导观念寻求对越轨或边缘化着装行为的接受。每种话语都受到不同社会群体的支持。它有自身的支持者、领导者和追随者，以及在着装行为中得到表达的视觉语言。表达主流文化规范和价值观的话语受到更具影响力的群体支持，而那些表达亚文化或边缘规范的话语则受到小众群体和以不同方式处于社会边缘的群体（如知识分子、艺术家和演艺人员）的支持。随着时间的推移，每一种话语的社会影响都会随着社会和经济的变革而发生变化，并或多或少地为其创造有利环境。这些话语的影响力通常取决于支持者无法控制的因素，例如社会流动程度的变化、女性的就业机会以及工作的相对重要性（与休闲活动相比）。

　　作为符号传播的方式之一，着装在19世纪变得非常重要，因为它是传达穿戴者社会角色、社会地位和个性的一种手段。上流社会的女性会花大量的时间和金钱来打造精致的行头，以便在社会语境中进行恰当的自我展示（Smith 1981）。其他形式权力的匮乏致使她们得以利用非言语符号作为自我表达的手段。时装体现了经由其他社会机构支持的领域分离原则。它迎合了人们期望女性扮演的从属和被动的社会角色。工业化使欧美大多数的中产阶级和上流社会已婚女性不再积极参与经济活动。贵族式的闲散被认为是与上流社会主妇相适宜的活动方式。除了极为有限地投身公共领域，女性实际上被剥夺了所有的权利，因此她们经常以着装来确定身份。政治漫画、讽刺作品和评论都倾向于把女性称为"衬裙"（Rolley 1990a: 48）。[1]

　　起源于巴黎的时尚风格被欧美其他地区的女性所接纳。时装是由几件单独的衣服和大量织物组合而成的（Brew 1945: 160—161）。饰物是精细而复杂的。这些衣服束缚了身体，让任何形式的运动都变得困难。每

1　例如，女性参政示威是"衬裙游行"，支持女性投票的内阁是"衬裙选举产生的内阁"（Rolley 1990a: 48）。

个场合都需要特定类型的衣着，因此需要不断地更换装束。[1]这些风格象
100 征着女性被男性职业排斥在外，同时对丈夫和男性亲属形成了经济依赖。

本章的主题是个难题：实际上，19世纪下半叶存在着两种截然不同
的女装风格。照片显示，与时尚风格并存的是另一种风格，我将其称为
"另类风格"（alternative style）。尽管它广为流行，却很少得到讨论。这
种风格融合了男装的元素，如领带、男帽、西装外套、马甲和男士衬衫，
有时单独使用，有时则互为搭配，但始终与时尚女装相关联。裤装并不
是这种另类风格的一部分，这可能是因为女性在穿着裤装时，会对大多
数中产阶级女性构成更大的象征性挑战。讽刺作家和漫画家有时会将
那些违抗社会秩序的女性描绘成身着裤装的样子（Moses 1984：123—
126；Rolley 1900a）。

另类风格的重要性很难评估。与服装改革者主张的风格不同，这种
风格经常出现在当时的照片中，但在时尚史上则往往会被忽略，大概是
因为这种风格主要（虽然不是唯一地）由边缘化的职业女性所展现。我
认为这类服饰构成了一种非言语交流的形式，并吸引了那些角色冲突或
受限的女性。与此同时，尽管这种风格中的一些元素被广泛采纳，但并
没有因此取代时尚的风格。时尚风格仍占主导地位。在这一章中，我将
首先对着装的另类风格展开更为详细的描述，然后对其起源和影响提出
一些初步的解释。作为一种非言语交流的形式，这类服饰是如何支持那
些在19世纪挑战了女性角色主导观念的话语的？在不同国家和不同类
型的公共场所中，这些服饰的着装方式有何不同？为什么在某类公共语
境和机构情境下，适用于服饰的传统规范经常被打破？

另类服饰的组成部分

虽然时尚风格起源于法国，但英国对另类风格的影响是毋庸置疑
的（特别是在运动装和定制西装夹克的设计上），这表明了英国文化对

1　布鲁（1945：162）列出了以下类型的装束：旅行装、晨装、马车装、歌剧装、舞会装、临时装、
　家政装、家庭装、茶会礼服和夏装。另请参见Flamant-Paparatti（1984：105）。

另类女性形象的接受度。这可能受到了英国女性统治者传统的影响，并在19世纪的维多利亚女王身上得到体现。1837年（她在位的第一年），维多利亚头戴男性军帽，身穿蓝色军装，在温莎检阅了她的军队（Ewing 1975：62）。

　　另类风格可以理解为承袭于男装的一组符号，它由单独或共同沿用的单品构成，并巧妙地改变了女装的整体效果。男士领带是最常见的另类服饰之一。领带在另类风格中的重要性与其在男性装束中的作用相关。吉宾斯（Gibbings 1990：64）指出，在维多利亚社会："每个人的领带都宣告了自己当下的社会地位……和抱负。"由于19世纪的男装变得越发暗淡和刻板，领带因此被用以编码着装者的出身，即所属"军团、俱乐部、运动或教育背景"（同上：81）。尽管女性戴领带是一种普遍意义上的独立表达，但也会关涉不同的另类生活方式。伊丽莎白·盖斯凯尔（Elizabeth Gaskell）的小说《克兰福德》（Cranford）以19世纪40年代的英国小镇为背景，将其中的未婚女性角色（代表着真正的礼仪）描述为戴着"领带以及像骑师帽一样的小帽子"（Gaskell 1994：17）。1851年，服装改革家阿梅莉亚·布卢默（Amelia Bloomer）的女儿据说戴着深红色的真丝领带，搭配淡紫色的束腰上衣和白色长裤（Gibbings 1990：71）。此时开始频繁出现的中产阶级和上流社会女性照片可以表明领带所传达的不同含义。1855年，一位匿名摄影师曾拍摄了一名年轻女子的照片，她佩戴了四种不同款式的领带作为当时的时髦配饰："蕾丝衣领、蝴蝶胸针固定的项圈，以及……有设计感的男士蝶形领结"，此外，还戴了一条项链（Gibbings 1990：67）。坎宁顿夫妇（1959：475）提到，女性的领结和领带"在1861年很显眼"。1864年，一位英国女性以海边为背景拍下了照片，她戴着领带，穿着很宽松的裙子以及一件与当时男士夹克风格相呼应的外套，同时还戴着水手草帽（见图21）。值得注意的是，1876年威斯康星大学的一张照片（照片上的女性和男性几乎一样多）显示，所有年轻女性都戴着某种款式的领带（见图22）。

　　从19世纪70年代开始，许多年轻女性都会穿戴黑色天鹅绒颈带（Severa 1995：305，495）。颈带的宽度从0.25英寸到0.5英寸不等，与这

图21　身着"另类"服饰的中产阶级女性（1864年，英国）。包括仿男士廓形夹克、草帽和领带。由国家肖像画廊提供，伦敦

一时期男性所戴的黑色领带（1英寸宽）非常相似（Severa 1995：388，396；Gibbings 1990：88；Duroselle 1972：109）。19世纪末，所有社会阶层的成员（包括上流社会女性）都佩戴缎带领带，尽管法国时尚史几乎从未提及缎带领带的存在（Delpierre 1990）。中产阶级女性将其与商务服、校服（Ewing 1975）和护士制服（Juin 1994：168）进行搭配；工人阶级女性则将其与仆人和保姆的制服（Lister 1972），以及工厂的工作服一起穿戴（见图23）。各式领带通常是运动装的一部分，尤其是在19世纪最后十年流行起来的自行车运动（Gibbings 1990：88—89；Delpierre 1990：43）。到了19世纪末，上述三个国家女性戴领带的照片越来越多。戴领带的女性也开始出现在绘画作品中（Hollander 1994：130），这是社会认可度提高的标志，因为肖像画比摄影要正式得多。

　　金斯伯格（1988：114）认为领带是19世纪90年代"女权制服"的核

102

图 22　打着领带的女大学生 (1876年, 美国)。由威斯康星州历史学会提供
[neg. WHi (D31) 590]

图 23　戴丝质领带的棉纺厂工人（1879—1880年，美国）。由美国历史国家博物
馆的摄影史藏品提供，史密森学会，华盛顿

心，并这样描述过一位年轻女性的穿着："高耸、硬挺、系扣的领子以及用小珍珠别针系着的普通领带，是对男女平等的坚定主张，标志着对男性特权的抨击。"与此同时，金斯伯格指出，这位年轻女性用宽腰带来突出自己的细腰，并在长发上扎了一个大蝴蝶结，以此来"委婉地兼顾自己的选择"。她穿着宽袖衬衫和修身短裙，以顺应当时的时尚潮流。戴领带是一种社会声明，这在法国小说家科莱特（Colette）的例子中也可看到。1900年科莱特与丈夫合影时，她身着中产阶级女性的传统服饰——戴着镶有雏菊的大礼帽、穿着蕾丝衬衫并搭配着项链。几年后，她与丈夫分居时则被拍到系着长领带，没戴帽子。

帽子也是男性身份的有力象征，并在这一时期受到了女性的青睐。从19世纪30年代开始，人们就有戴高顶礼帽骑马的习惯，这一习惯一直持续了整个世纪；到19世纪末，人们骑马时则开始戴圆顶礼帽（Wilcox 1945；Schreier 1989）。女性在其他活动中戴男帽的做法始于19世纪中叶。水手草帽最初是一种时髦的童帽，而在随后的19世纪60年代却逐渐成为女性时尚（Lambert 1991：55）。根据布鲁（1945：209—210）的说法，19世纪70年代流行的是德比帽（圆顶礼帽），"几乎和男士礼帽一模一样"。当时的威尔士王妃亚历山德拉（Alexandra）被拍到身穿午后礼服，头戴一顶窄边圆布帽，这不禁令人想起男性的圆顶礼帽。19世纪80年代出现了和男性一样的软呢帽（Severa 1995：417）。在这一时期，女性在运动时都戴着男性的骑师帽、狩猎帽和游艇帽（Wilcox 1945）。

在19世纪80年代，硬草帽（或称平顶硬草帽）作为男帽（Wilcox 1945：254）变得极为流行，在接下来的三十年里，女性也都普遍戴着这种帽子（Severa 1995：470，510）。它在男性和女性中都非常受欢迎，可以说是一种"中性"配饰（Gibbings 1988：94）。这种有着精确的几何线条且设计简洁的帽子，与此时女帽的典型款式形成了鲜明对比，当时的女性通常戴着面纱，并在帽子上堆满鲜花、缎带、蕾丝、羽毛、小鸟式样的装饰，有时还有爬行动物、贝类和昆虫的装饰（Brew 1945：210；Cunnington and Cunnington 1959：564）。搭配着领带和西装外套的平顶硬草帽表达了年轻女性在诸如办公室工作等新职业中的独立性。在女

103

仆装之上穿着男式夹克并打着蝴蝶结，这在当时构成了一种表示反抗的姿态（Juin 1994：89）。

西装外套被称为"19世纪女性解放的象征"（Chaumette 1995：9）。随着时代的发展，女性西装外套的简洁与时装的日益繁复形成了鲜明对比。在17世纪，上流社会的女性会穿着夹克在乡村骑马和散步（Ewing 1984：82）。19世纪上半叶，裙装主导了时尚，但到了19世纪中叶，夹克又在乡村或海边再度流行起来。宽松夹克和仿男士夹克与带有男性化衬衫领的短上衣、蝶形领结和草帽相搭配（Byrde 1992：162）。这些风格起源于英国，而当时的英国已经是男装风格的引领者。19世纪60年代，尽管"男士双排扣定制夹克"很流行，但完全没有受到人们的推崇（Gibbings 1988：129）。1874年，亚历山德拉王妃被拍到身着女性版的海军军官制服（Newton 1974）。1877年，男士诺福克夹克（Norfolk jacket）的仿制版在英国流行起来（Cunnington and Cunnington 1959：488）。在美国，女性参与内战推动了男性化套装的发展，包括"深色夹克、短裙和素色衬衫"（Banner 1984：98）。她们在随后的几十年里也一直穿着这类套装。

19世纪70年代，英国时装设计师雷德芬（Redfern）用男装面料制作了女装夹克，其中还保留了男装的翻领和袖扣等细节。女性穿着时必须搭配相应的裙子、衬衫和领带（Chaumette 1995：45）。图24展示了二十年后的类似装束。英国公主（维多利亚女王的孙女）的嫁妆中就曾包含这样的服饰，因此其风格得到广泛宣传，并促成了它的大范围流行（Davray-Piekolek 1990：45）。

法国服装史学家称这套西装是"唯一一件未能在法国推出的女104 装"。[1]"量身定制的礼服在裁剪和起源上都被视为真正的英国服饰"，它最好是出自男装裁缝而非女装裁缝之手（Byrde 1992：81）。对法国人来说，这标志着一种新的女性行为方式：行动自由的女性被称为"英国风"（l'anglaise，参见Chaumette 1995：46）。尽管如此，法国女性还是接纳了

1　英国人则持不同观点。19世纪末，英国期刊《伦敦裁缝》（*The London Tailor*）声称："在过去半个世纪中，唯一真正新颖的服饰发展就是定制礼服的演变。"

图24　中产阶级女性身着"另类"服装，包括草帽、领带、西装外套和配套的马甲（1893年，英国）。由曼彻斯特城市美术馆提供，英国

定制西装（tailleur），这些女性包括从事体育或旅游业的中产阶级女性，以及在办公室和商店工作的工人阶级女性（同上：51）。

在美国，成衣套装于19世纪80年代问世，在19世纪90年代则更为流行，主要包括夹克、裙子和马甲。它们由厚重的面料制成，还包含一些与男装相关的细节（如衣领，参见Kidwell and Christman 1974：143）。根据布鲁（1945：226）的说法："1909年，西装（尤其是定制西装）是女性装束中极为重要的一件单品。"像领带和平顶硬草帽一样，它已普及至社会各个阶层的女性。这种西装影响了当时的着装风格，尤其是在男装面料的选择上。金斯伯格（1988：82）描述了一位被拍摄于19世纪80年代中期的女性，她穿着"修身的格子羊毛上衣和裙子。她的裙撑……是女性化的，就像她整洁、硬挺、紧扣的袖口是男性化的一样"。带有明显男性色彩的女装马甲出现于1846年，流行了大约十年（Byrde 1992：55）。1880—1895年间，随着西装的广泛流行，它们又再度风行起来。

独立女装的最后一个元素出现在19世纪70年代的美国，其形式是仿男式女衬衫（适合女性穿着的男式衬衫），带有立领或翻领，通常饰以黑色小领结或蝶形领结（Brew 1945：165；Lee Hall 1992：55）。19世纪80年代，一种类似的服装（也被视作衬衫）在英国极为流行（Byrde 1992：85）。它在19世纪90年代实际上是美国中产阶级和工人阶级女性的制服。正如查尔斯·达纳·吉布森（Charles Dana Gibson）的绘画作品中所展现的那样，吉布森女孩衬衫成了代表赢得解放的年轻女性的标志（Banner 1984）。

在19世纪的进程中，着装的另类风格融入了越来越多的单品，而单品本身也在不断发展，尤其是西装外套。但即使在19世纪末，女性也在有选择地效仿这种风格。戴领结和草帽意味着一种不够强势的表态。而打着活结领带，穿着访男式女衬衫、马甲以及裁剪得体的夹克和水手服，抑或戴着男帽，这些则都是强有力的宣言（Byrde 1992：68）。在社会的各个阶层，包括社会上的女性和工人阶级（Bradfield 1981：291），都可105 以看到这种风格。[1]着装的另类和主流风格在照片中形成了明显的对比（Bradfield 1981：383；Gibbings 1988：94；见图25）。

两位法国业余女摄影师的肖像照（Condé 1992：115）说明了着装与自我形象之间的关联。第一位女性将自己的照片命名为"业余摄影师"，

1　勒普莱对工人阶级家庭的研究表明，接纳这种另类服装风格的是那些有工作的工人阶级女性，而不是工人阶级家庭主妇。在1875年之后的法国家庭研究中，略超过一半的工人阶级女性至少有一件另类服装。值得注意的是，在受雇女性中，9人中有7人（77%）拥有这类服饰，而未受雇的女性中只有14人（45%）有这类服饰。有工作的女性比其他人更有可能拥有两件及以上的另类服饰。其中33%的女性有西装夹克或定制夹克。7人（18%）有马甲，但只有2人有领带。一位寡妇，受雇从事于瓷器画家工作，她在自己的工作室里穿着一件蓝色工作服。她还有一套西装、一件夹克和一件马甲。在这一群体中，有4名受雇女性的女儿年龄超过16岁，她们的着装行为表明，年轻的工人阶级女性也在效仿这种时尚。这位瓷器画家有3个女儿，她们都从事同样的职业。每个女儿都有一条花呢裙、一件夹克和一条领带。一位寡妇为自己的2个女儿做了束身衣，她们各有一件夹克和一套西装。

图 25　打扮入时的上流社会女性与身着"另类"服装的朋友们（1897年，英国）。
经许可复制于伯明翰图书馆服务，英国

图26 女时装摄影师的自拍（1895年，法国）。由阿梅莉·加吕（Amélie Galup）拍摄。©法国文化部

她穿着19世纪90年代主流风格的女装（见图26）。第二位女性则拍摄于十五年后，她身着另类风格：仿男式女衬衫配蝶形领结（见图27）。值得注意的是，她拿着一本专业摄影杂志摆了个姿势，大概是为了表明她对自己职业技能的认同。作为一名职业女性，她是一所私立寄宿学校的校长。

重要的是，这些男装始终与女装结合在一起，而且这种着装方式并未遭到社会的排斥（Brew 1945：161）。直到20世纪初（尤其是20世纪20年代），女性所穿的西装外套才开始具有女同性恋的内涵（Chaumette 1995：68）。相比之下，作为联邦军队第一位女性助理外科医生，玛丽·爱德华兹·沃克医生（Dr. Mary Edwards Walker）选择了男式长裤和长礼服，但这样的着装风格令她遭遇了相当大的敌意。国会为此专门通过了一项

特别法令，授予沃克穿裤子的权利
（Lee Hall 1992：238）。[1]

　　19世纪的女性是如何理解这
些男性服饰的呢？这些单品是否如
佩罗特（1981：343）所说的那样"失
去了原有的意义"？[2]女性将男装元
素融入女装的频率、所沿袭的单品
并未抹杀男性气概的事实，以及这
种着装行为跨越社会阶层界限的方
式均表明，这些单品构成了关于女
性地位的象征性声明，以及贯穿整
个19世纪的关于女性地位的争论。

　　第一次世界大战后，领带、
男帽、男士夹克和马甲等另类风
格不再与主流风格形成鲜明对
比。19世纪占主导地位的女性理

图27　女摄影师身着"另类"服装的自
拍（约1911年，法国）。由阿加特·库
特莫因（Agathe Coutemoine）拍摄。由
拉英收藏中心提供（F-39300）

想（性感的女性）已被独立而率真的年轻女性所取代（法国人称之为"la
garçsonne"，意指男孩子气的女性），这类年轻女性有着男孩般的形象，并
融合了上世纪主流女性和另类女性形象的一些特质，具体来说，前者代
表着柔弱无助的女性气质，后者则代表着自信和运动精神。另类风格不
再是对立风格（Gibbings 1990：109）。其中的单品（尤其是西装外套）现
在已是主流风格的一部分。第一次世界大战后，一种新的另类风格出现
了，它与纽约、伦敦和巴黎的女同性恋亚文化有关，但这一风格在这些圈
子之外并未得到广泛效仿（Rolley 1990b；Weiss 1995）。这种风格更接

106

1　沃克博士还用束腰外衣搭配裤子，让人想起最初的灯笼裤（Gernsheim 1963：11）。
2　佩罗特（1981：343）指出："软领、翻领、运动夹克、帽子，近来流行的马甲、全套服装和靴子
　　都是资产阶级从水手、工人或农民的装束中借来的元素。但是……已失去了原来的含义。"
　　佩罗特的观点是，"挪用的"单品会因颜色、款式或面料的变化而发生变化，这些变化会令复
　　制品成为对原始版本的拙劣模仿或讽刺。然而，我们在此讨论的服饰并未经历这些变化，
　　只是貌似忠实地沿袭了男装服饰。

近于"穿异性服装"，而并非将某些男装与女装关联起来。

着装风格和女性角色：法国、英国和美国

在20世纪初，法国时装设计师对中产阶级和上流社会女性生活方式的变化反应迟缓。他们的着装风格表达了法国人对资产阶级女性行为举止的看法。巴黎最主要的时尚风格是身材匀称、轮廓分明的气质类型，这通常适合于胸部丰满的主妇，而并非年轻的运动女性（Steele 1985：224）。成熟的女性仍然是时尚的引领者，因为时尚是为她们而创造的（同上：222）。当时巴黎的时尚偶像是交际花，她们的奢华服饰实际上是对时装的拙劣模仿。据当时的著名时装设计师的儿子所说（Worth 1928：102）："在那个时代，既时髦又对时尚反应迅速的才是真正的女王。"相比之下，在19世纪90年代的美国，穿着短裙或运动套装的年轻又健美的女性，与穿着衬衣、领带和长裙的吉布森女孩一同构成了流行的标志。

尽管法国、美国和英国的中产阶级女性有着惊人相似的家庭生活观念（Rendall 1985：206—207），但英国和美国对女性行为理想的共识远低于法国。法国大革命的立法使法国女性遭受了巨大的挫折。革命期间掀起了一场声势浩大的女权运动，但女性并未占上风。革命强化了男性的权利，却排斥了女性："革命及其理想是男人的。"（Ribeiro 1988：141）1804年拿破仑政权颁布的民法典包含了对女性的态度，并体现了革命的遗产（Nye 1993：54—55）。该法典几乎剥夺了女性所有的公民权利。

理想中的法国资产阶级女性在家里是掌控权势的人物，但在家外往往无能为力，在针对财产和儿童的问题上，女性直到19世纪末都几乎没有任何法律权利（Flamant-Paparatti 1984：27），而且在20世纪中期之前也没有任何政治权利。[1] 女性在外工作的能力受到最低教育水

1　法国女性于1944年获得选举权，比分别于1918年和1920年获得选举权的英美女性晚了大约二十五年。美国主妇在1860年获得了对工资和财产的控制权，英国主妇在1882年获得了该项权利，而法国主妇则在1907年才获得该项权利。

平的限制，而且只有少数职业对其开放，工资水平仅相当于19世纪男性工资水平的50%（Goulène 1974）。[1]当时法国的主要知识分子，如蒲鲁东（P. J. Proudhon）、儒勒·米什莱（Jules Michelet）和孔德（Auguste Comte）都坚信女性（在身体、道德和智力上）逊色于男性，只适合结婚（Rendall 1985：296—297）。[2]美国女权主义者所宣称的"独立领域的意识形态"对中产阶级女性来说是理所当然的。人们期望女性完全献身于自己的家庭角色。由于过分关注"美德"的维系，法国年轻的未婚中产阶级女性不能在没有女性亲属陪同的情况下外出，甚至不得与女性同伴交往。那些因为没有嫁妆而结不了婚的女性，经济状况捉襟见肘，仅靠微薄的收入或薪水和微不足道的社会交往勉强度日（Moses 1984：33；McMillan 1980：12，19）。

源自巴黎的时尚风格实际上损害了女性的身体健康，因此并不适合育龄女性，这一事实似乎令人惊讶。一种解释是，产妇在法国女性活动中的重要性没有其他北欧国家那么高。到了19世纪60年代，法国的生育率是欧洲最低的。1851—1901年间，英格兰和威尔士的人口几乎翻了一番，但同期法国的人口仅增长了9.5%（Offen 1984：651）。

在英国和美国，女性（尤其是单身女性）在家庭之外有了更多的自由和选择。20世纪中叶，美国的单身女性比法国的单身女性更为独立。班纳（Banner 1984：78—85）描述了美国年轻女性在公共场合"大胆而挑逗"的行为，以及年轻女性与男性朋友外出时不需要他人陪伴的情况。英国的一些中产阶级女性在与男性相处时并不害羞，也不腼腆，而且选择了像吸烟和打台球这样的男性消遣方式（Crowe 1971：331—332）。美国女性的婚姻并不依赖于嫁妆，她们可以自由恋爱，参与自己感兴趣的活动。相比之下，法国历史学家（参见Moses 1984：36）将这一时期的法国女性描述为："被抚养成适婚女性，被禁锢在家庭中，不允许承担公民生活甚至职业生涯的集体责任，因此大多数女性的视野极为有限。"

1　直到1880年，法国女孩才开始接受中学教育（Flamant-Paparatti 1984：30）。

2　英国女性的优势在于至少有一位重要的男性学者约翰·斯图亚特·密尔（John Stuart Mill）积极支持并撰写了有关女性权利的著作。

英美未婚女性的过剩影响了这些国家对女性的看法。在英国，这一
事实在19世纪中叶成了极具争议的话题，并在1851年的人口普查中得
到体现。由于男性比女性更倾向于移居国外，因此19世纪下半叶未婚
女性的过剩有所加剧，相较于工人阶级，这一现象在中产阶级更为明显。
因为通常是男性而非女性在西部定居，所以美国东部和南部的十六个
州也出现了类似的问题（Massey 1994：350）。在美国内战期间，男性既
不在家，也没有工作，因而也产生了类似的影响。女性在许多职业中都
取代了男性。人们普遍认为美国内战为女性解放加速了五十年（同上：
339）。

中产阶级女性工作必要性的提升改变了她们自身的形象。值得注
意的是，在19世纪50年代英国第一次有组织的女权运动中，多数参与
者都是未婚女性（Rendall 1985：314）。19世纪中叶，英国中产阶级女
性的职业选择主要是家庭教师、护工和裁缝（Vicinus 1985：3）。到19
世纪末，中产阶级女性开始从事教师、护士、公务员、售货员和文员等工
作（Holcombe 1973：197）。在美国有相当多的女医生和女律师在实习
（Crowe 1978：138）。弗里曼和克劳斯（Freeman and Klaus 1984：394）认
为："两国改善女性教育和就业的运动，在很大程度上都是为了应对贫穷
淑女的困境而展开的。"

在法国，教师、文员和售货员是19世纪末仅有的可供女性就任的
中产阶级职位（她们未能取得法律上的执业许可，并且在医疗行业遭受
了极大的歧视，参见Shaffer 1978：66）。尽管未婚女性的就业比例与英
国持平（54%），但法国已婚女性（主要是工薪阶层）的就业比例要高得
多（38%，英国为10%，参见Holcombe 1973：217）。然而，法国女工总体
上的被动地位表现在整个19世纪其工资相对于男性始终保持在同一水
平（Reberioux 1980；Rendall 1985），而此时英国女工的工资却随着男性
工资的增长而提升，其速度更快也更稳定（Wood 1903：282—284，308）。
法国女性工资被有意识地维持在最低水平。担心出生率下降的法国知
识分子认为，女性不应该工作，而是应该致力于养育家庭，但这忽略了
许多女性都无法得到丈夫供养的事实。所有这些因素都意味着法国女

性的劳动参与实则未能促进自身的解放。谢弗（Shaffer 1978：75）总结
道："女性有限的职业机会、性别角色的刻板印象、捉襟见肘的资金状况，
甚至受教育情况，这些都让女性的工作在根本上充当了补充家庭收入
（无论是父母的还是自己的收入）的手段。"

　　高等教育对于提高女性的政治和社会权利以及为之奋斗所必需的
技能认知都至关重要。直到19世纪中叶，这三个国家的女性几乎没接受
过任何形式的教育（参见 Graham 1978；Holcombe 1973；Massey 1994；
以及 Moses 1984）。中等教育直到1870年才在这些国家得到普及。在
19世纪早期，已有一些大学对美国的女性开放，女子学院的数量在19世
纪70和80年代激增，其中包括两所女子医学院和二十二所护理学院。[1]
到1880年，美国大学生中有三分之一是女性，尽管大学生在女性和总体
人口中的占比都很小。19世纪中叶以前，有两所女子大学在英国成立，
但英国女性在大学体系中的发展并不如美国女性。19世纪60年代，尽
管法国的大学开始招收女性，但19世纪接受大学教育的女性数量仍然很
少。根据摩西（Moses 1984：32）的说法："对于19世纪的法国女性来说，
即使教育真的存在，水平也很一般。"对于中产阶级和工人阶级的女性来
说，都是如此。

　　女性在这三个国家中的地位和作用还受到参与宗教和慈善活动的
影响，这些活动为英国女性和（尤其是）美国女性提供了经营组织以及
与公众沟通的重要技能。美国女性借助女性机构对社会福利的实践产
生了重要影响（Ryan 1994：279）。在19世纪末，她们发动了一场成果
显著的全国社会改革运动（Fuchs 1995：183）。但法国女性仍然是最受
限的；她们"在制定公共政策方面的自主权和作用极为有限"（同上：
185）。[2] 从女性组织的活动中可以看出，大多数法国中产阶级女性都默
许了这种在家庭之外只赋予她们极为有限的从属地位的制度。具有讽

1　美国第一所女子大学特洛伊女子学院（Troy Female Seminary）成立于1821年。欧柏林学院
　　（Oberlin College）于1833年开始招收女生。蒙特霍利约克学院（Mount Holyoke College）于
　　1837年成立（Warner 1993：147）。
2　参与天主教会慈善活动的法国女性在管理这些活动方面几乎没有自由，因为这些活动是由
　　教会的男性领导者所控制的（Moses 1984：38；Rendall 1985：323）。

刺意味的是，随着法国出生率在整个19世纪的持续下降，公共政策和公共文化越来越多地将法国的女性角色定义为母亲。女权运动被视作对国家福利的潜在威胁，因为它似乎让女性摆脱了婚姻和生育。法国女权主义者对此进行了反击，她们要求在政治变革的同时加入改善母亲状况的措施，而并非单纯强调女性在公共领域发挥更大作用的重要性（Offen 1984）。

在19世纪末的英国和美国，"坚强而独立的女性"变成了"新女性"，她们"在教育、体育、改革和劳动力市场中都是有目共睹的"（Banner 1984：175）。在法国，中产阶级女性的合法权利和就业机会在19世纪90年代发生了重大变化；但很少有女性能够有效利用（Silverman 1991：148）。

鉴于维多利亚时代的家庭生活和母职理想，中产阶级未婚中年女性的角色是边缘化的。然而，美国的一些女性（特别是受过教育的城市女性）故意选择独身来作为反叛的方式，以逃避中产阶级婚姻的要求和限制（Freeman and Klaus 1984：395）。1885—1910年间，美国女性大学毕业生的结婚率明显低于该时期之前或之后的女性。19世纪90年代，这些大学毕业生中只有约半数是已婚的，而美国本土出生的白人女性的已婚比例却达到了90%（Cookingham 1984：350—351）。在这十年中，白人女性的总体劳动力中有75%是单身（Goldin 1980：81）。戈尔丁（同上：88）总结道："1870—1920年间，在劳动力市场上面向女性的工作通常只限于未婚者。"同时，人们将这种"新式的"未婚中年女性视为对婚姻和母职制度的威胁。到了19世纪90年代，即便是受过良好教育的在职未婚中年女性也仍被视作叛逆者，但他们在物质和独立性方面展现出了明显的优势（Freeman and Klaus 1984：409）。

由于这些外出工作的中产阶级女性代表了与维多利亚时代理想截然相反的价值观，因此，她们的着装行为在各个方面都与已婚女性不同也就不足为奇了。与服装改革相比，女性着装的争议较小，但反倒得以被广泛效仿。受雇的单身中产阶级女性微妙的男性化着装行为标志着对主流文化的另一种抵抗。

另类服饰与服装改革

处于19世纪女装争议之中心的是女权运动的成员，她们试图让服装改革朝着实用、健康和舒适的方向发展。她们谴责穿束身衣和过于沉重的衣服。与不被其他任何特定群体所接受的另类风格不同，服装改革者的建议集中在对裤装的采纳上。

111

裤装在19世纪颇具争议，因为19世纪的意识形态规定了固定的性别身份，以及两性在生理、心理和智力上的巨大差异。主流观点不允许对性别认同产生歧义，也不允许每种性别成员的规定行为和态度向前推进或变更。在整个19世纪后半叶，女权运动所主张的服装改革与此并不一致，因此无法赢得身处这些群体之外的众多女性的支持。

关于服装改革的第一个最著名也最让人诟病的建议（19世纪50年代由阿梅莉亚·布卢默夫人所提出的改革服装）颠覆了性别差异。[1]这套服装包括短裙和土耳其长裤。布卢默是一名女权主义活动家，她和她的一些活动家同伴之所以穿这种服装，是因为它"舒适、方便、安全、整洁——根本没有想过要引入一种时尚"（Russell 1892：326—327）。该着装引起的巨大关注和争议都表明了性别差异的显著性（Fatout 1952：365）。1851年，布卢默出版了一本女性禁酒杂志，她在一篇文章中描述了自己的新着装（Russell 1892），这篇文章被纽约一家重要的报纸转载，随后又见诸全国和国外的各类报端。许多文章都描述了这种着装在各个城市和各种社会活动中的现身。据说它"像野火一样"在全国蔓延，无论在哪里看到都会引起"强烈的兴奋"（Lauer and Lauer 1981：252）。穿这种服装的女性吸引了大批人群（主要是男性），不过他们往往并不友善。公众骚动的程度如此严重，以至于大多数女性在几个月后就不在公共场合穿它了，但这种着装得到了女权主义活动家和其他一些人的支持，理由是这种服饰很健康，它通过增强女性的身体运动能力促进了其

---

1 阿梅莉亚·布卢默的服装并非原创，而是从一个朋友那里抄袭来的（Russell 1892）。19世纪初，美国的宗教团体也穿类似的服装（Lauer and Lauer 1981）。

的独立性，代表着她们摆脱了时尚的影响，这也很符合美国社会的价值观——经济、实用和舒适（Lauer and Lauer 1981）。然而，大多数人都对此持否定态度。这种着装被人们视作对各种意识形态的威胁，因为它将消除性别之间的所有差别（Lauer and Lauer 1981：257）。而维多利亚时代的着装是一种有助于维持女性从属地位的社会控制形式。

112

根据布卢默自己的描述（转载于 Russell 1892：326），她本人"受到了赞扬和谴责，直面了荣耀和嘲笑"。由于这种着装引起的嘲笑和指责越来越多，几年后她和她的朋友们就都不再穿它了。然而，在家庭私人领域（尤其在边远地区）仍然有人穿着这种百搭的服装（Foote 1980；Severa 1995：88, 239）。到了 19 世纪 60 年代，一些女性已经开始用男性长裤取代土耳其长裤，这样形成的穿着预示着 20 世纪后期的西裤套装（Severa 1995：257, 275；见图 28 和图 29）。在 20 世纪后期，人们逐渐可以买到改良后的服装款式，因为商店里已经开始出售这种改良风格了（Banner 1984：148）。

整个 20 世纪，美国女权运动的成员都在持续地为服装改革进行游说，她们成立协会、举行会议、撰写书籍和文章，并寻求推广更为简洁健康的服饰风格（Riegel 1963）。在 1892 年和 1893 年，服装改革者组织了一次"服装专题讨论会"，会议上他们提出了三种设计，其中包括裤裙或长裤（Sims 1991：139）。与四十年前相比，当研讨会的成员们再次穿着这种服装上街时，人们的反应要好得多，但女性群体终究没有就此接纳。对于许多中产阶级女性而言，这些服装改革仍然过于激进，因而她们倾向于疏远女权运动（这种运动正是服装改革者的主要兴趣所在）的潜在支持者（同上：141）。

服装改革运动在英国和法国的开展并不那么显著。1881 年，英国成立了"理性着装协会"（Rational Dress Society），旨在推广及膝的裤裙（McCrone 1988：220—221；Gernsheim 1963：72）。服装改革直到 1887 年才开始在法国出现，当时，一个旨在废除束身衣的协会成立了（Déslandres and Müller 1986：18）。法国自 19 世纪初开始就禁止穿短裤（pants）；因此穿短裤需要得到警察的特别许可（Toussaint-Samat 1990：

图28　服装改革：裤裙（1862—1867年，美国）。自制的裤裙——用织锦丝绸做的裙子和裤子。由德博拉·丰塔纳·库尼（Deborah Fontana Cooney）收藏

图29 服装改革者在对衣着的改良中预见了一个世纪以后的裤装
（1866—1870年，美国）。由德博拉·丰塔纳·库尼收藏

376）。立法禁止女性穿短裤是对法国大革命期间女权主义者穿裤子骑马的回应。她们的衣着和政治观点令掌权者无法接受。革命的领导者认为着装是"自由的宣言和个性的表达"，但这并不包括女性（Ribeiro 1988：141）。

在19世纪末，法国立法机构（众议院）收到了几份要求修改法律的请愿书。但它们都遭到了否决。19世纪为数不多的法国中产阶级女性（或过着中产阶级生活的女性）穿短裤仅仅是出于个人喜好，而并非为了推进服装改革议程。这些女性以各种不同的方式展现出了她们小众的或边缘化的特点。[1]

113

运动、另类服饰和边缘公共空间

19世纪的欧洲和美国要求女性在街头以及在别人家中都要按照主流时尚着装，但在某些公共场所，女性还是能够通过另类服饰来模糊符号边界。在19世纪的最后三十年里，越来越多的场所（比如学校和度假胜地）可供女性逃避主流的着装规范，以衣着获取另类身份。当街头的美国服装改革者在裤子外面穿裙子并提议将其作为普通服饰时，他们遭到了严重的批评，但用于学校、大学和疗养院的运动制服与之非常相似，人们能够接受后者显然是因为它并不会出现在城市街头（Warner 1993：144—147）。公共场所着装行为的规则因地点、阶级和性别的不同而呈现出细微的差异。例如，女性在海里游泳时可以穿裤装，但在海滩上散步时则不能这么穿。19世纪下半叶，新运动（尤其是自行车运动）的引入重新定义了在公共空间中表达符号边界的方式。从某种意

1　这些女性都是艺术家、作家和交际花，比如19世纪早期小说家乔治·桑（George Sand）、中世纪的罗莎·博纳尔（Rosa Bonheur），以及法兰西第二帝国期间的几位交际花，包括皇帝的情妇（Richardson 1967）、小说家科莱特、女演员莎拉·伯恩哈特（Sarah Bernhardt）以及激进的女权主义者和医生玛德琳·佩尔蒂埃（Madeline Pelletier），参见McMillan 1980：91。这些女性都是单身或离异。一些边缘化的女性试图摆脱传统的生活方式，用男性化的服饰取代将她们与特定社会阶层背景联系在一起的着装。20世纪初，设计师香奈儿更喜欢参加赛马会，这是当时高级时装的展示场所，她穿着情人的衣服（领带和男式外套，虽然对她来说太大了），而不是一般交际花会穿的夸张浮华的服饰（Evans and Thornton 1999：122）。

义上说，在公共场所穿另类服饰是存在于更隐蔽空间中的更激进变革的一种表现。

在20世纪以前，女性休闲活动中的体育运动几乎只为上流社会而保留（McCrone 1987：119, 121；Bulger 1982：10）。女性参加这些运动时的着装在很大程度上取决于所处公共场所的性质。如果在家附近或社交俱乐部进行体育活动，那么通常需要符合中产阶级的女性着装标准。网球、槌球、滑冰和高尔夫被视作社交而非体育活动（Bulger 1982：6）。因此，19世纪70年代，人们希望女性参加这些运动时的着装与其他社交场合一样：长裙、束身衣、裙撑和大礼帽（McCrone 1988：219, 232）。当她们在机构内部或乡间运动时，其运动着装还可能包括男性化的服饰。女子学院提供了这样的环境：女性可以在不为人所见的情况下开展男性运动（如棒球）。体育运动被视作"男性的领地"，是其证明男性气概的一种方式（Mrozek 1987：283）。人们由此认为在公共场合参与男性运动的女性是粗俗乃至不道德的（Bulger 1982：4）。

骑马是上流社会女性最早参与的娱乐活动之一。17世纪中期，女性在乡村骑马、散步和旅行时所穿的骑马服包括（Ewing 1984：82）"当时男性穿的带裙摆的外套大衣，脖子系有类似的领结，头上戴假发和三角帽"。值得注意的是，这些男性化的衣服通常会搭配长裙和各种衬裙。19世纪，女性继续穿着源自男性化着装的骑马服，但主要还是为了骑马。1850年女性的"侧鞍骑乘"（sidesaddle ridding，一种欧洲淑女的特殊骑马方式）风格着装是由男装裁缝而非女装裁缝师制作的，它在腰部以上效仿了男士正装，但在下摆融入了长裙设计（Schreier 1989：107）。到了19世纪80年代，大多数女性都在裙子下面搭配修长的深色直筒裤（Byrde 1992：164；Albrecht, Farrell-Beck, and Winakor 1988：59）。她们还戴着类似男式的丝绸高帽、骑师帽和草帽（同上：59）。到了1890年，女性腰部以上的着装与男性风格更为接近（Schreier 1989）："带有开领和翻领的齐臀夹克衫，同时露出狩猎衬衫和扎在里面的领结……戴着圆顶礼帽或直筒礼帽，'像男士一样，再搭配面纱'。"这套装束还包括一条宽大的裙子。而一种起源于伦敦的新式着装则包括搭配在马裤外面的齐踝长礼服外套。这套装束颇受争议，因为它暗示了骑手的角色是跨骑而非侧骑。直到第一次世界大战后，人们才认为跨骑更合适。马裤由专业裁缝按照男士马裤的风格制作（Albrecht，Farrell-Beck，and Winakor 1988：63），直到 1900 年以后才开始有更多的女性穿马裤。骑马服的演变揭示了上流社会女性接受男性化着装的程度，这甚至还包括了在其他情况下完全不合时宜的各式裤装。

　　泳衣属于另一个领域，上流社会女性可以在此展开不太适当的着装行为。伦切克和博斯克（Lencek and Bosker 1989：27）将避暑胜地描述为"时尚实验室，有钱人在那里可以尝试新的着装和行为方式"。早在 19 世纪 60 年代，女式泳衣就选用了不能在其他公共场所穿着的短裤或灯笼裤（Byrde 1992：163，170；Cunnington and Cunnington 1959：474；Brew 1945：350），并与束腰夹克一起搭配。比尔德（Byrde）引用了当时杂志的说法，认为年轻的女性穿这种衣服就像"漂亮的男孩"。在美国，人们通常会在裤子外面穿及膝或及踝的裙子。长袜是可以随意搭配的。到了 1909 年，女性的泳衣几乎没有什么变化。虽然束身衣的种类通常比室外着装少很多，但它依旧备受推崇（Brew 1945：364；Lencek and Bosker 1989：27）。

　　此时，人们希望女性在沙滩上像平常一样穿戴（长袖衬衫、拖地长裙、束身衣、宽大的帽子和手套），而照片显示她们中的大多数的确如此（Lencek and Bosker 1989：26—27；Severa 1995：415）。海洋本身被定义为一个阈限空间，一般的服装（和道德）标准对此并不适用。海边木屋的运用强化了地上和水里的明显分离，女性在那里换上泳衣，并由此下到海里（Adburgham 1987：127）。从照片上可以看出，盛装打扮的女性在海边或河边涉水时，光着腿并不稀奇，这与裙子应该始终盖住脚踝的规范形成了鲜明对比（Severa 1995：415，538；Roberts 1984：162；见图 30）。

　　年轻女性在中学或大学而非街头所穿的校服提供了一种另类服饰话语，它往往比服装改革家的话语更为有效，因为可能这才是大多数女性的着装。19 世纪中叶，美国女子大学的开设与流行的健康

115

图30　年轻的女性在旧金山海滩上蹚水，她们光着腿，上身却全副武装（包括裙撑和帽子）（1886年，美国）。画面前景中的女性身体完全被罩在深色的定制西服中，这种西服还配以带裙撑的长裙。由加州历史资料室提供

和锻炼运动不谋而合。大学采纳了学生必须参与的运动计划及其相应的着装，这些衣服可能正是为她们而设计的（Warner 1993）。这些学校通用的服装是运动服、及膝裤裙，并搭配黑色棉质长袜（Brew 1945：349）。值得注意的是，这类运动服仅限于运动，不能在公共场合穿。如果学生们有可能现身于公众视野，那么就必须穿裙子（Warner 1993：157）。无论如何，当时的主流时尚杂志都撰写了有关运动服的文章，并说明了制作流程。运动服的式样在19世纪末得到普及（Warner 1993：153—154）。

　　主要用于体育活动的校服在向英国引介非限制性着装方面发挥了重要作用（Ewing 1975：68）。女校的校长非常清楚自己作为服装改革者的角色。1877年，苏格兰的一所学校（"未来英国许多女子学校的典范"）推出了一套校服，包括"蓝色及膝束腰外衣，下面搭配灯笼裤［及膝灯笼裤］或长裤"（同上：71—72），这种服装是20世纪20年代时装的先驱（见图31）。

116

图31 身穿运动服的女学生：20世纪晚期流行的及膝束腰外衣（1888年，苏格兰）。经许可复制于圣里昂纳多学校，圣安德鲁斯，苏格兰

与英国或美国相比，法国女性从事体育运动的争议更大。流行杂志认为女性如果穿着优雅时尚且不失女性气质，那么参与体育活动就不会招致太多批评（Flamant-Paparatti 1984：182）。1880年通过的一项法律要求公立男校开设体操课，但这在女子学校则变成了选修课。巴黎一家百货公司的商品目录上刊登了青春期女孩身着及膝长裤击剑和体操的广告，而在19世纪末，巴黎一所教师培训学校的女教师在健身课上却被拍到穿着遮住脚踝的黑色长裙（见图32）。

自行车对19世纪90年代着装行为的影响源于它是一项全新的运动，因此并未被视作男性活动。这也是一项很难在私下进行的活动；因为它需要空间和公共道路，尽管早期上流社会的女性骑行者试图在公园里单独活动。英国最早的女性骑行者是上流社会女性，她们坐马车到伦敦公园去骑自行车（Rubinstein 1977：49）。自行车骑行与以前的娱乐活

图32 在一所教师培训学校的健身课上穿及踝裙的年轻女性（约1900年，法国）。由国立教育博物馆提供，I.N.R.P.，鲁昂

图33 自行车骑行装（及膝的灯笼裤或短裤），如广告中的形象所示（1897年，英国）

动有所不同，因为穿着当时的时装几乎没法骑自行车。

最合适的骑行装束是裤裙，它看起来像裙子，但实际上是及膝短裤和灯笼裤（见图33）。随着自行车在美国的普及，灯笼裤大概流行了两年（1895—1897年），但很快就消失了。在大多数情况下，灯笼裤是和裙子搭配的。如果女性不穿裙子，她们就会遭到"嘲笑和蔑视"（Sims 1991：134）。到了19世纪末，人们能够接受的解决办法就是穿更短的裙子。19世纪90年代，女性已经开始在夏季度假胜地穿短裙了，但19世纪

90年代中期，第一批穿及踝长裙的女性还是遭遇了充满敌意的尖叫人群（Banner 1983：149）。英国的一些女性穿着灯笼裤；其他人则穿着款式特殊的裙子，这种裙子在骑车时可以在腿上把裙子扣成裤子的形状（Gernsheim 1963：80—81）。在城市公园和乡村以外，人们对这种装束相当抵触，尤其是在工人阶级中："'理性着装协会'中的女性骑行者无论到哪里都会遇到嘲弄的人群，有时还会遭受暴力（尤其在城市地区）……越是贫穷的地方人们对此越是愤怒"（Rubinstein 1977：64—65）。

117

　　奇怪的是，在法国，运动服在自行车出现之前还不为人所知，女性也很少参与体育活动，因此女性骑行者所穿的裤裙很快就被接受了。1892年，在发明了广泛普及、性能安全的自行车仅四年之后，内政部长就颁布了禁止女性穿裤装的法令，这一禁令只有在骑自行车时才能解除（Davray-Piekolek 1990：46）。早在1893年，法国的一家百货商店就开始销售裤裙或用短裙遮住裤子的骑行服了（Falluel 1990：85—86）。大多数女性都在灯笼裤外面穿裙子，或者直接穿裤裙（Déslandres and Müller 1986：72—73；见图34）。不过，关于这类着装的争议远没有在美国那么激烈。其原因似乎是这项活动主要是为数不多的上层社会女性在进行（自行车对其他女性来说太贵了，参见Chaumette 1995：53），她们在公园里练习，比如巴黎边缘的布洛涅森林（Bois de Boulogne），或在海边而非城市街道上骑行（Davray-

图34　一位骑自行车的法国女性在摄影师的工作室中拍摄了她的自行车和骑行装，包括及膝的裤裙、草帽和时髦的宽袖衬衫（约1895年，法国）。由法国国家图书馆提供，巴黎

Piekolek 1990：46；Delpierre 1990：43—44）。[1]

根据法国服装史学家的说法（Monier 1990：121,125），自行车成了"解放的象征之一"，它彻底改变了人们对女性运动服的态度。[2]她声称（同上：127）："事实上，这种名噪一时的自行车以这样的形式出现：它决定了能够唤起人们对于着装、女式短裤、女性解放和身体自由的现代观念的时刻……"然而，法国设计师在1911年提出的在日常活动中穿长裤裙的建议，仍引发了争议。在比赛中穿这种裤裙会引发极为负面的反应（Gernsheim 1963：92；Steele 1985：232）。人们也无法接受普通女性在大街上穿裤装。[3]

工人阶级女性与公共空间

工人阶级女性几乎无法参与体育和运动项目，但她们仍然打破了维多利亚时代所规定的公共场所着装惯例。她们工作或受雇的公共场所对中产阶级来说通常是相对"隐形"的，比如煤矿、偏远的农村或海边，因而这些地方允许她们穿裤子以及其他男性化服饰。[4]同时，工人阶级女性也不无例外地需要符合与中产阶级女性相同的礼仪标准。

118　　服装史学家记录了几个世纪以来英国工人阶级女性穿长裤、及膝马裤、夹克和戴男帽的情况。16世纪，在煤矿工作的英国女性开始穿及膝马裤。17世纪，在海边采集贝壳的女性会把她们的裙子"系成马裤"来效仿裤装。19世纪，这一做法得以延续，因为其他人会"在短裙下穿及膝短裤，再配上水手夹克以及系过下巴的头巾"。在同一时期，工人阶

1　1897年的一张照片展现了穿着骑行灯笼裤的女性站在布洛涅的码头上（Gernsheim, 1963：illus 175）。

2　自行车作为解放工具的重要性并未消失。最近一段时期，女性骑自行车引发了争议，除了在警察监视的特定地点外，德黑兰禁止女性骑自行车（MacFarquhar 1996）。

3　根据贝林和迪基（Behling and Dickey 1980）的说法，这种服装在巴黎只有少数先锋派女性才会穿。

4　"异装"（穿着完全由异性衣服搭配而成的着装）似乎已经成为一种应对性别职业歧视的手段。德马利（1986：120）列举了英国的几个例子，包括19世纪女性装扮成蔬菜商贩和建筑工人。一些女扮男装的案例被告上了法庭（Hiley 1979：41—42）。

级女性在煤矿、钢铁厂和砖厂都穿着及膝马裤、长裤和工装连衣裤（de Marly 1986：15，67，100，126—127）。除了在英国煤矿工作的女性外，大多数此类案例都几乎未能引起人们的注意。

1841年，英国大约有5 000—6 000名女性在矿井工作（John 1980：25）。一些地区的女性穿着极具特色的服饰，包括长裤、系在腰间的条纹棉质围裙或衬裙、开领衬衫、马甲和木鞋。天寒地冻的时候，她们要么穿着传统农村妇女的夹克，也就是人们所熟知的"睡袍"，要么穿着从男性亲戚那里借来的短外套（同上：181；见图35）。她们戴着棉帽或围巾，遵从着维多利亚时代的头饰规范。通常还会配以耳环、项链、鲜花和羽

图35　1873年的维根煤矿女孩（英国），她戴着棉兜帽，穿着打补丁的男裤和铜头木鞋，卷起来的衬裙被看作"性的象征"（Ginsburg 1988：150）。由英国剑桥大学三一学院提供

毛（同上：182—183）。然而，大多数女性在礼拜日仍然穿着那个时代的典型礼服。由于靠近矿山，矿区的环境与英国其他工人阶级社会相互隔绝，非传统的工作服因此得以发展。此处的男性和女性既不与其他英国工人结婚也不与之互动，因此被视为"弃儿"和"野蛮人"，但这对矿主来说是一种潜在的威胁（同上：26—27）。

这些女性的着装引起了新闻界的注意，因为她们的男同事试图禁止雇用女性，以保住自己的工作岗位。1842年，一份耸人听闻的政府报告记录了女性工作的性质、工作条件以及着装特点，进而形成了这样的规定：严禁女性在矿井下工作，不过在矿井上工作仍然是可以的。在1865和1887年，男性矿工曾煽动并竭力禁止女性在矿井入口处工作，但此举未能成功。

一些报纸将这些女性描绘成维多利亚时代理想的对立面:她们的衣着(尤其是裤子)被视为"无性别"的。如果穿着不当,她们便不再是女人,而是会沦为不雅、不道德、令人厌恶的"生物"(John 1980:180)。报纸上的大多数文章都旨在呼吁彻底禁止她们的工作。与此同时,这些女性的照片却仍有相当大的市场,通常是以当时流行的"小照片"(cartes de visite)形式出现。几位专门制作和销售此类照片的摄影师表示,公众对这些照片不置可否。

19世纪80年代,中产阶级的服装改革者开始为煤矿女工的着装辩护。此时,体育运动正在改变上流社会的着装,这让他们的着装不再那么离经叛道。在19世纪80年代末的某个地区,这样的着装是为煤矿女工量身定制的:"深蓝色法兰绒夹克、哔叽长裤和长围裙。"(John 1980:181,182)

第一次世界大战期间,一些其他类型的公共场所提供了这样的环境:工人阶级女性不必遵循有关着装行为的惯例。英国女性在军队服役时身穿男士制服(包括夹克、领带、帽子和长裙)。在退役后的平民生活中,她们接管了男性的各种工作,因此通常身着与工作相关的制服。在军火厂工作的大批女性也身穿工作服:帆布裤和罩衫(Ewing 1975:94—95;见图36)。英国的农场女性则穿着工装连衣裤、长裤,或裙子,里面穿紧身马裤(de Marly 1986:141)。德马利(同上:151)评论道:"官员们并不希望女性穿长裤,所以就帽子和夹克而言,铁路上的女巡视员看起来很男性化,但她们通常会在下面穿裙子。"

图36 第一次世界大战中穿裤装的军工厂女工(1916年,英国)。由帝国战争博物馆提供,英国

美国的边远地区与公共空间

在美国，工人阶级女性非常规的着装行为通常出现于"隐蔽"的空间（边境）。在偏远地区工作时，人们经常穿灯笼裤装（Severa 1995：88）。尽管大多数中产阶级女性迫于社会压力已经放弃了这种装束，但工人阶级女性仍然在农场延续了这种着装。该装束通常由标准的连衣裙改制而成，包括及膝裙和用同样面料做成的管状裤腿（同上：205；见图37）。

图37 边疆农场对着装的改良（1867年，美国）。由威斯康星州历史学会提供 [neg. WHi（X3）37029]

更加远离"文明"的公共空间是阿拉斯加的荒野。19世纪末拍摄的照片显示，在该地区徒步跋涉的女性身穿男式长裤，戴着男帽，同时搭配女性上衣和束身衣（Severa 1995：519；见图38）。这些女性可能是妓女，其外表与现代风格惊人地相似。相比之下，第一次世界大战期间，当美国的工人阶级女性从事繁重的工业劳作时，她们需要穿"特殊的'女性化'裤装制服"（Steele 1989a：80；见图39），或在布卢默服装的基础上做成的又长又松垮的灯笼裤（Lee Hall 1992：242）。[1]

图38　女演员们身着男裤、背带裤、靴子，戴着男帽，前往克朗代克，她们有时也会穿紧身胸衣和宽袖的衣服（1897年，美国）。背景中的女性所穿的裙摆，其长度是无法被当时的美国城市所接受的。由华盛顿大学图书馆特别收藏部提供，西雅图（neg. LaR 2049）

1　在两次世界大战期间，美国工厂里的工人阶级女性恢复了穿裙子的习惯，但在第二次世界大战期间，她们又穿起了男装。

图39　身着宽大工作服的军工厂工人（1916年，美国）。由美国历史国家博物馆的工程与工业史藏品提供，史密森学会

"隐形"空间：法国的非法着装行为

尽管法律不允许19世纪的法国女性穿长裤，但这并未阻碍工人阶级女性。相反，禁令反而让这类行为几乎不为人知。[1]法国女性也在多大程度上从事了与男装相对应的工作？1810年，法律禁止女性从事煤矿地下的工作，不过该法律并未得以执行（Riot-Sarcey and Zylberberg-Hocquard 1987）。[2]法国女性也在法国北部的矿井入口处从事运输工作，但她们所代表的雇员比例很小，并且这一数字在1860年以后稳步下降。女性似乎一直在采矿和其他重工业领域工作，但较之英国，她们并未留

1　唯一的例外是一群工人阶级女性，她们穿裤子以示反叛。她们同时被称为活跃于1830—1850年间的"首屈一指的新闻工作者"（Adler 1979；Riot-Sarcey and Zylberberg-Hocquard 1987）。这些身着男装的女性通过写作和出版报纸，为争取女性的选举权以及赢得与男性的平等而运动。

2　例如，1867年，有七十六名年轻女孩在加莱海峡地区的地下矿井工作（Riot-Sarcey and Zylberberg-Hocquard 1987）。

下相关的图像记录。[1]一些身着裤装的女性照片暗示了这一点，照片上的女性穿着类似的长裤在邻近的比利时煤矿运煤（Hiley 1979：101—102）。值得注意的是，深谙小说创作的左拉在《萌芽》（*Germinal*）中将女主人公描述为身着男装（包括长裤）的形象，这本以法国煤矿为背景的小说于1885年出版。

工人阶级女性迈入了非常引人注目的职业（比如邮局职员和客车司机），她们采用女性化的方式（即不穿长裤）穿着男性同伴的制服，这一情形经常被拍摄下来。[2]1907年，巴黎第一批女长途汽车司机成了明信片的主题，她们戴着男帽，穿着男式外套（Papayanis 1993）。相比之下，在第一次世界大战期间，将近五十万法国女性在国防工业领域工作，她们中的许多人都会在宽腿裤或工装连衣裤外面穿工作服（Thébaud 1986：172；Déslandres and Müller 1986：110），但她们仍然是"隐形"的。根据罗伯特（Robert 1988：265）的说法，"在战争期间，没有一张与'国防工业'相关的插图出现在大众媒体中"。德朗德尔和米勒（同上：110）指出，这种装束"在资产阶级中并不成功；因此穿长裤仍然是一种局限在工厂内部的现象"。

20世纪的性别、着装与公共空间

总的来说，这三个国家的中产阶级和上流社会女性在着装和外表上相较于工人阶级而言更符合与性别表达相关的文化规范。裤子在19世纪女装中的作用体现了中产阶级和工人阶级女性对着装的不同态度。维多利亚时代的文化将裤子与男性权威联系在一起。服装改革者试图说服上流社会的女性穿长裤，但总的来说并未奏效，可能是因为人们认为穿长裤的女性企图篡夺男性权威（McCrone 1988：221）。19世纪，即使在"僻静"的公共场所，上流社会的女性也只有在裙子盖得住的情况

1　1901年有关采掘业、制造业和建筑业的统计数据表明，在法国和英国，从事这些行业的女性人数非常相似（Mitchell 1981：163，171）。早年的数字无法比较，因为英国低估了从事这类职业的女性人数，而法国则将其他类别的工人包括在内。

2　法国也有对应于英国短裙渔妇的布洛涅（Boulogne）渔家姑娘（Hiley 1979：37）。

下才会穿裤子。而工人阶级女性则更容易接受裤装。

　　从19世纪中叶到19世纪末，越来越多的女性开始接受男士上装，但直到20世纪，女性不能穿裤装的禁忌才被克服。这种着装规范的转变最早出现在与休闲相关的隐蔽公共场所中，也体现在身处工作场所的工人阶级女性群体中。第一次世界大战结束时，在蒙帕纳斯和蒙马特地区成为艺术家和摄影师模特的工人阶级女性已经开始穿裤装了，尽管在巴黎的街头和咖啡馆，这种装束显然还并未出现。这些女性都隶属于一种都市的波希米亚亚文化，其中一些人还扮演着"时尚领袖"的角色（Klüver and Martin 1989：78，145，158）。20世纪的法国设计师香奈儿试图在中产阶级和上流社会的女性中普及裤装，但并未成功（Delbourg-Delphis 1981：121）。法国女性并没有朝着将男装纳入女装的方向发展，而是更倾向于将女性身体"男性化"：压抑胸线和腰围，并剪短头发。女性会去男士理发店剪非常短的、带有男性气概的发型，比如波波头（bob）、超短发（shingle）和伊顿头（Eton crop，参见 Sichel 1978：56）。公众对这些变化的反应非常消极（Roberts 1994）。鉴于其他类型的变化发生得非常缓慢，短发因此成了法国女性在性别和个体认同上激烈争论的焦点。

　　在20世纪30年代的法国，有钱的女性会在度假胜地穿裤装（Déslandres and Müller 1986：165），但在城市里则很少这么穿。对于在城市街头穿着得体的规范是极为严格的。一些口述历史（参见 *La Memoire de Paris* 1993：23，128）表明，即使在夏天，没戴帽子、手套或不穿长袜出门也是不得体的。街上没有穿裤装的女人。[1]第二次世界大战期间，由于各式新款服装的稀缺，人们经常穿裤装，但直到20世纪50年代中期（Déslandres and Müller 1986：41），裤装才开始融入城市生活中。122

　　在英国，第二次世界大战在工作和休闲方面都加快了休闲裤的普及。陆军女兵的制服包括领带、及膝马裤或牛仔工装裤（de Marly 1986：147）。德马利（155）引用了伊夫林·沃（Evelyn Waugh）在1943年对伦敦的描述："梳着电影明星发型、穿着休闲裤并搭配高跟鞋的女孩与士兵

1　《巴黎回忆录》[*La Memoire de Paris*（1993：75），一组普通人从事各种日常活动的照片]中只有一个女性穿裤子的案例：医院手术室里的护士。

一起外出。"在战争期间，裤装开始为工人阶级女性所接受，但直到20世纪60年代，裤装开始纳入法国设计师的时装系列之后，中产阶级女性才逐渐予以接纳（Wilson 1987：164—165）。[1]

在美国，中产阶级和上流社会女性在战争期间主要在僻静的公共场所（比如牧场和度假胜地）穿裤子。20世纪30年代，几种看似矛盾的潮流汇聚在一起，促使人们在休闲活动中更为频繁地穿裤装。度假牧场成了最受中产阶级欢迎的旅游胜地，这反过来又导致了女性工装连衣裤的出现。与此同时，当时对服装时尚产生了重要影响的好莱坞电影，描绘了许多既强势又"男性化"的女主人公（Banner 1984：282）。玛琳·黛德丽（Marlene Dietrich）笔下的女主人公们都在"异装"，她们可能是这类形象中最具影响力的代表。费舍尔（Fisher 1987：4）认为，20世纪30年代的大萧条既是社会危机也是经济危机，它引发了人们对身份认同（尤其是性别认同）的深切焦虑。她声称，这一时期关于男性气概和女性气质的主流观念正处于不断变化之中。

然而，工人阶级女性逐渐将裤装融入了她们的日常生活。从20世纪40年代西尔斯（Sears）公司的产品目录和照片中可以看出，美国对裤子的普遍接受始于西部（尤其是加利福尼亚的工人阶级女性），并在50年代逐渐传播到东部和中产阶级，以此扭转了惯常的从东部到西部的时尚变化趋势。[2]奥利安（Olian 1992：2）指出："越来越多的运动装以休闲裤为特色。它们起源于加利福尼亚州，因为与西海岸不拘礼节的生活方式相符，所以无论是在工作还是在娱乐中都很受欢迎。"第二次世界大战以重工业的工人阶级女性形象为代表，并在早期阶段就强化了这一趋势。从事工业的女性比以往任何时候都多，通常她们的制服包括"宽松的裤子、衬衫和以相应面料制成的遮阳帽"（Steele 1989a：82）。其他人则穿着牛仔裤和工作服（Gorguet-Ballesteros 1994：65）。

123

---

1 威尔逊（1987：164）引用了英国作家南希·米特福德（Nancy Mitford）小说中的一段话，其中提到在1945年，中产阶级认为穿裤子很大胆，但"每个郊区的女店员"都穿着裤子。
2 霍斯温德（Hochswender 1993：13）指出，20世纪30年代，男性时尚惯常的流行趋向为从东部到西部："从伦敦到纽约，从纽约到棕榈滩再往前。"

　　与19世纪一样，20世纪60年代末和70年代的女权主义者坚决反对时装。法国女权主义者西蒙娜·德·波伏瓦在塑造女性主义时尚观念方面发挥了重要作用。与其前辈不同，她们对服装风格背后关于女性气质的"操纵性话语"的批评要多于服装本身。在美国，第一次大规模的女性解放示威活动所针对的是1968年美国小姐选美比赛，尤其旨在反对该比赛所代表的以女性身体为性别对象的刻板印象（Evans and Thornton 1989：3）。

　　再次与19世纪的前辈们一样，20世纪70年代的女权主义者同样主张以另类风格的着装取代时尚风格，特别是各式裤装，并搭配其他简约而休闲的服饰（如T恤和低跟鞋）。在美国，女权主义者中的女同性恋者最为坚决地反对任何与个体着装或身体展示相关的尝试。她们穿着宽松的牛仔裤和肥大的工装连衣裤，搭配男士T恤或工作衬衫以及男士工作靴或运动鞋，拒绝化妆品、珠宝和传统发型（Cassell 1974：87）。这类服饰不那么极端的搭配方式是合身的牛仔裤和相应的配饰，并以此形成了更为"得体"的造型。女权主义者中的许多非女同性恋者则会穿连衣裙和长裙，或者在度假胜地穿紧身裤和短裙；其外表与中产阶级女性中的非女权主义者非常相似。尽管在20世纪70年代早期，人们对女同女权主义者的着装抱以极大的敌意和嘲笑（Cassell 1974：90），但仅在十年内，对这一"风格"的态度就从不满转变为迎合，甚至将其作为年轻中产阶级女性的典型休闲装。中产阶级女性对裤装的广泛接受似乎是由其中的边缘群体（特别是女同女权主义者）发起的。

　　20世纪后期，人们并不允许中产阶级职业女性和商务女性穿完全男性化的装束，而是仍然期望她们能在办公室着装中保留女性化元素。20世纪20年代短裙式西装出现了，但在随后的几十年里几乎没什么变化（Steele 1989a）。在中产阶级公司的工作场所，尽管女性主管会在休闲活动中穿牛仔裤和各式长裤，但穿裤装的禁忌仍然存在。根据可能尚未得到明确定义的公司着装规范，她们也许会穿上19世纪现代风格的另类服饰，包括西装外套和裙子、男式衬衫或丝绸衬衫，且服装整体上都是中性而保守的颜色（McDowell 1997：146；Hochschild 1997：74）。然而现在

124

人们认为这类服饰是保守的而非反叛的（Kimle and Damhorst 1997）。同时还会认为时髦且富有女人味或性感的外表是有失体面的。

这与工人阶级的女员工形成了鲜明的对比。她们经常穿着几乎和男性一样的制服（Ewing 1975；Steele 1989a：70—71）。在战后时期，女性的男性化制服逐渐出现在她们所从事的与男性相似的工作职业中。20世纪40年代，英国运输女工都身着男性制服（见图40）。美国国会在1972年修订了《民权法案》，禁止各州和地方政府的性别歧视，随后美国警察部门采纳了男性化的女性制服。从1973年开始，美国各地的警察部门都会给女性和男性授以同样的任务，并配以得体的着装。长裤取代了裙子，从而形成了与男性极为相似的制服（包括领带、遮阳帽和裤子）。[1]随后，铁路乘务员、护士和空姐等职业均被配以男女通用的制服。[2]法国也发生了类似的变化，过去针对女性穿裤子的限制已经消失了。但在这些职业的较高阶层中，人们发现如果在中产阶级公司的工作场所中穿裤子的话，还是会存在矛盾心理。在工作中，女性适应男性文化的程度因其被允许或要求"同化"的程度而各不相同。

图40　身着"男性"制服的铁路搬运女工（1954年，英国）。国家铁路博物馆/科学与社会图库，伦敦

1　在英国，警察对禁止性别歧视立法的反应更加矛盾。尽管从20世纪20年代起女性就开始穿男性制服（仅限上半身），但在20世纪80年代，女警官穿长裤仍然备受争议（Young 1992：273，276）。

2　争议并未完全消失。美国的一个州在1986年颁布了禁奢法令，以强制禁止女性穿裤子。南卡罗来纳州立法议会通过了一项规定，要求男职员穿夹克打领带，女职员穿裙子（Steele 1989a：63）。根据斯蒂尔的说法："只有少数立法者认为应该允许女性穿长裤。"

领带曾是19世纪女性解放和挑战男性社会地位的象征，在20世纪末则因佩戴场合和佩戴者的不同而产生了相异的含义。在广告、时尚杂志和电影中，它始终是女性独立的象征。在面向上流社会女性的由设计师专门设计的奢华服饰中，领带偶尔会被用以彰显或模仿女性权威。在拉夫·劳伦（Ralph Lauren）的一则广告中（见图41），女性歪戴着领带，与她的两个男性同伴形成了对比。但这并未得到有效施行。20世纪80年代初，领结在女性高管中非常流行（Kiechel 1983），想必是充当了较为平和的女权的一种体现。相比之下，经常出现在工人阶级女性制服中的领带，无论是公共的（军队）还是私人的（航空、铁路公司）都失去了这些内涵，这似乎反映了女性在某些官僚机构和公司等级制度中的常规同化。

125

图41 对领带的戏仿，并以此作为女性独立的声明，歪打着领带的女模特与她的男性同行形成了鲜明对比。拉夫·劳伦广告（1995年）

结论：作为符号颠覆的另类服饰

维多利亚时代的文化通常以文学和女性杂志的形式强调家庭意识形态，奇怪的是，服饰却与之相悖（Ballaster et al. 1991）。与书面文化相反的是，着装之所以能够表达张力关系，原因之一在于言语文化和非言语文化之间的差异。非言语文化比言语文化更易受到各种阐释的影响。那些不想接收信息的人可以拒绝接受它。而那些以非言语文化传递颠覆性信息的人可能会否认其颠覆性意图，或者在某些情况下并未完全意识到自己的意图（Goffman 1966；Cassell 1974）。这种将男性化和女性化着装相联系的另类服饰风格，有意或无意地表现了对主流服装式样的一种反抗。这种着装风格与异装（异装的动机似乎部分来自严重的经济歧视）截然不同，它与男性化着装相关联的方式，象征着对女性化着装所表达的主流信息的一种符号反转。与男性化服饰相关的单品借由符号反转的过程而被赋予了新的含义（特别是女性独立性），进而挑战了性别界限。19世纪出现的风格对立的着装打破了现有的边界并创造了新的格局。占主导地位的风格旨在维持现有的社会阶级界限，这对于下层中产阶级和工人阶级来说是相对难以接近的。同时，它在划分性别界限方面也非常有效，相对便宜且容易效仿的另类风格因此跨越了阶级界限。

服饰的另类风格表明了引领社会变革并与之相伴随的过程，在这一过程中，符号的意义逐渐适应了社会角色与结构定义的变化（Cassell 1974）。非言语符号是最不稳定的，因此对这些符号的操纵很可能先于对语言符号的操纵。非言语行为是传达社会地位的有力手段，这很大程度上是因为它通常基于习惯而非有意识的决策来运作。

许多与女权运动毫无关系的女性都会穿这种另类服饰。在此期间，有充分的迹象表明中产阶级女性对这类服饰存在着疏离感，她们无法完全放弃这样的愿景，即确认自己作为一个新的社会类别（中产阶级职业女性）成员的身份。另一方面，她们在公共场所遭遇到的以敌对和嘲讽

126

形式呈现的社会控制水平致使其选择了温和的符号反转方式，因此穿夹克系领带搭配裙子要比穿裤子更好。

穿另类服饰的女性在多大程度上意识到了自身的象征意义？卡塞尔（Cassell 1974：92）对战后美国女权运动中的早期女权主义者进行了采访，发现她们相对而言并不了解自己非传统着装的象征意义。她认为个人形象是一种强势的力量，因为"它在语言的层面下运作"。

然而，激进的英国女性参政权运动[女性社会和政治联盟（Women's Social and Political Union），简称为WSPU]尖锐地反对另类的着装风格，这一事实表明了它的象征力量。为了追求自身的事业，这些女权主义者被迫"侵犯"公共场所，她们展开游行示威，扰乱政治会议，有时甚至会破坏财物。这些对男性公共空间的对抗性侵犯"对于何谓女性以及女性可以做什么的主流定义提出了根本性的挑战"（Rolley 1990a：50）。由于主流文化将女性与着装联系在一起，并希望女性气质"写在身体上"，因此着装问题对女权主义者的公众形象至关重要。反对者和新闻界使用的策略是把女权主义者描绘成已经丧失了女性气质的女性（如男性化的着装所示），并认为鉴于其自身的非女性化行为她们已不再是女性了。反对者试图把女权主义者描绘成非女性化的怪人进而抹黑这场运动，因为她们并不能代表"英国的女性和母亲们"（Rolley 1990a：63；Tickner 1988）。为了抵制这些竭力将她们及其活动边缘化的企图，WSPU的领导者为其成员制定了行之有效的着装规范，在突出女性化着装的同时避免穿戴定制的西装、衬衫和领带。根据该组织一名成员的说法（引自Rolley 1990a：47）："在WSPU中……所有关于男性化的暗示都要谨慎避免，一名准备砸碎窗户的好战分子的行头中很可能有阔边帽。"女权主义者对带有男性内涵着装的排斥，以及反对者对此进行的诋毁，都表明了男性化着装在适应女性衣着的过程中并未失去其象征意义。它们代表了一种另类的女性形象，并挑战了主流的女性主义理想。

19世纪的着装和外表变化与性别取向和身份认同所表达的主流文化规范相一致，并遵循了经典的时尚变化模型（Simmel 1957）：它们由时装设计师提出，并同时受到知名艺人的欢迎，进而率先被上流社会女性 127

或渴望进入这一阶层的女性所接纳。起源于法国的时装反映了该国传统女性角色的主导地位。

相比之下，代表中上阶层标准的着装与外表变化很可能源自僻静公共场所的边缘化女性（包括中产阶级和工人阶级）。中产阶级和工人阶级女性都利用这些公共空间来效仿男性化的着装，这并非为了表达她们对主流文化的反叛，而是为了促进某类活动（工作或娱乐）。英国和美国为发展另类女性角色以及与之相适应的另类着装行为提供了比法国更为有利的发展环境。具有讽刺意味的是，在19世纪相对或完全过时的服饰类型却在20世纪成了主流风格。

19世纪另类着装的历史表明，关于性别的边缘话语并不完全借助语言交流来维持；包含符号反转在内的非言语交际发挥着重要的作用，并有意无意地影响着人们的行为。19世纪，另类着装风格是引发立场变化的一个重要因素，因为它添加了新的单品以形成完整的装束，并吸引了越来越多的女性，而立场的改变是体系变革的基本先决条件。

第五章 时尚界与全球市场：
从"阶级"时尚到"消费"时尚

巴黎统而不治。

——贝奈姆（Benaïm 1997）

高级时装已脱离了时尚。

——克里斯汀·拉克鲁瓦（Christian Lacroix，
引自 1998 年的电视访谈）

到了20世纪末，时尚不再仅仅源自巴黎或伦敦，甚至不再局限于时尚产业。许多国家的数千个组织已为消费者提供了各式各样的选择。具有庞大受众渗透能力和后现代意象的强大电子媒介的发展，改变了时尚的扩散方式，并重新定义了民主化问题。后工业社会所产生的社会和经济变化已在总体上改变了时装和消费品的重要性。

在前几章中，我研究了19世纪时尚和另类风格的接受情况。在本章中，我将主要介绍20世纪的时尚生产。[1]时尚组织的性质如何影响了消

---

1 有关本章所依据数据的说明，请参阅第一章。有关其他数据，请参阅克兰（Crane 1997b）。

费者的观念，而特定类型的消费者又如何影响了时尚的定义？直到20世纪60年代，时装风格的创造始终是一个高度集中的过程，在这一过程中，除了少数例外，源自巴黎的风格均占主导地位。其他时尚中心的影响力远不及巴黎，且通常会亦步亦趋。尽管如今的时装功能已截然不同，但关于时尚如何运作的潮流固定印象始于这一时期，并一直延续至今。

132

　　自20世纪60年代以来，时尚流派的多样化提升了其他国家奢侈品时尚设计师的数量和知名度，其结果是巴黎时尚不再占据主导地位，而其他时尚中心的重要性日益提升。[1]为了提供讨论这些变化的背景，我将首先描述面向精英的时尚体系，该体系于19世纪末和20世纪初开始生产时装。

　　从那时起，时尚组织的性质就开始有了变化，而参与这些市场的组织数量急剧增加，这导致了越来越动荡的状况，并影响了时尚创新和变革的性质。文化产品（包括消费品）的特征是由文化创造者在其中开展工作的组织环境以及组织销售其商品的市场之性质所决定的。

　　对其他文化组织的研究表明，时尚组织的规模会影响其产品的创新水平（Peterson 1994）。大型时装公司很可能由管理者所控制，而他们主要关心的是利润，而非审美品质和创新。小型时尚组织倾向于由创造者而非管理者控制，因此更有可能在生产和分销创新产品方面承担风险。另一方面，组织的规模与其生存能力息息相关（尤其在全球市场中）。对时尚组织的标准解释是，由于产品的迅速变化（Brittain and Freeman 1980: 313），时尚组织是寿命短、雇员少，且几乎不需要资本投资的公司，这并不适用于依靠稳定管理和大量投资才在许多国家得以经营的奢侈品时尚组织。

　　时装组织运作环境的变化导致设计师们开发出新的策略来设计产品以呈现给消费者。过去经常使用的两种框架是"作为工艺的时尚"和"作为艺术的时尚"。根据贝克尔（Becker 1982）的说法，工匠（craftsmen）在其创作中重视实用性，而艺术工匠（artist-craftsmen）则强调美感和审美品质。大多数高档时装设计师都是艺术工匠。艺术家发

1　时尚中心或"时尚界"包括设计师、客户、店主、杂志编辑和百货公司采购员。

挥工匠的技能，但其制作的物品往往既不实用也不美观。相反，他们刻意如此创作以颠覆这些价值。他们的目标是要创作一件独一无二的作品——完全不同于其他物品。这些角色都是理想中的类型；真正的设计师很少会完全专注于其中一种设计，更为典型的是，他们会在职业生涯中从一种设计转向另一种，甚至还会将其与业务的不同面向相结合。

继布迪厄（1993）之后，麦克罗比（McRobbie 1998：64—65）认为将时装设计与艺术相联系是赋予时装产品意义并为该行业获取文化资本的一种方式。设计师试图通过展示其与艺术界成员的审美或社会联系来获取声望。我认为，设计师是否以及如何参与这些活动反映了他们在市场中的地位。时尚市场的变化也使得设计师将作品视为艺术的方式发生了改变。为了在竞争激烈的市场中站稳脚跟，他们有时会推出前卫的或后现代的形象，但这些策略的效果因环境而异。在最后一部分，我将研究这些变化如何影响了奢侈品时尚的传播和接受。

133

从"阶级"时尚到"消费"时尚

19世纪和20世纪初的时尚体系形成了这样的服饰风格，它们表达了以这些风格着装的女性所处的社会地位或她们渴望实现的地位。这与当时既存的体系有诸多不同：设计师之间的共识水平，风格变化的本质，新风格的传播过程，对一致性的强调，从消费者身上激发出的动机类型，以及对典范的选择。"阶级"时尚需要一个集中的时装创作和生产体系，让身处其中的设计师得以保持高度的共识。少数设计师会对每年都在不断演变的特定风格进行定义。上流社会的时尚体现在对某些服饰穿戴方式的严格规定上，比如鞋子和手套["每个场合，每种服饰，都只能有一副与之相搭配的手套"（Melinkoff: 31）]。规则还明确了可以与之搭配的颜色和季节。裙摆的长度由巴黎规定，公众普遍对此毫无疑问地予以接受。这些规则中隐含着人们普遍承认的与性别认同、女性气质和行为相关的规范（Melinkoff 1984）。时尚表达了女性态度和行为的社会理想（Barber and Lobel 1952）。对时尚的潜在接受是害怕因不合群而遭到排斥,这意味着女性并没有意识到什么才是恰当的行为模式。

在取代了阶级时尚的"消费"时尚中,风格多样性得到了大幅提升,因此人们对于什么是特定时期的"时尚"的共识相对不足。消费时尚不再以社会精英的品味为导向,而是融合了社会各阶层的品味与关注。单一的时尚流派(高级定制)已经被三大类的风格所取代:奢侈品时尚设计、工业时尚和街头风格。源自奢侈品设计师的时尚由多个国家的设计师创作,本章将对此予以讨论。工业时尚源自制造商,这些制造商向许多不同国家的同类社会群体出售相似的产品,也有一些小公司将自己局限于某个特定的国家或欧洲大陆。这些公司在媒体、精心制作的商品目录,甚至在服装上都投放了大量的广告。其卖点不是风格本身,而是在构成媒介文化的大众传播图像世界中拥有竞争力的形象。从某种意义上说,工业时尚是媒介文化的一种形式,其价值以及对消费者的吸引力主要是通过广告实现的。街头时尚由城市亚文化所创造,并为潮流和趋势提供了许多创意(参见本书第六章)。不同的风格面向不同的受众;并不存在关于着装的确切规则,也没有能够代表当代文化时尚理念的共识。

在这三个类别中,风格变化和传播过程各不相同。设计师和服装公司为此提供了广泛的选择,消费者可以从中挑选与自己身份相符的"造型"。人们在任一特定的时间节点都可以实现各种多变和对立的造型,而这些造型通常会直接或间地受到街头风格的影响。选择某种风格的动机通常基于消费品所传达出的社群认同,而并不是因为担心不符合规范会遭受非议。时尚典范通常来自媒介文化,特别是电视、流行音乐、电影和体育节目中的演艺人员。

根据20世纪50年代末对巴黎时装设计师的观察,布鲁默(Blumer 1969:280)得出的结论是,这些设计师"独立创作出……非常相似的设计",因为他们的观念来自对类似材料的仔细研究(如旧的时尚插图、当前和最近的艺术作品以及媒介)。到了20世纪60年代末,时尚体系日益分散和复杂,这使得时尚预测的发展成为必然。时装机构在预测未来趋势以及决定销售何种服装方面起着重要作用。在与面料设计师协商后,流行预测员会在某一季的款式推出的前两年就对颜色和面料进行预测。在创作某一季风格的前几个月，预测员会收集来自全世界的信息，包括发达国家和发展中国家，以及某个特定国家的不同平台和不同社会阶层 (Pujol 1989)。

　　如今，主流时尚界的产品在某种意义上会对其他地区和国家的风格产生影响，这在诸如巴黎、纽约、伦敦、东京和米兰等一些主要城市中已经得到了体现。由于人们将这类服饰的客户定义为国际奢侈品市场，因此它在世界各地的主要城市都有销售，但其销售对象在每个城市中所占的人口比例都非常小。面向每位客户的高级定制服装的成本如此之高，以至于据说在全世界范围内，能买到它的女性不超过一千名。奢侈品成衣市场相当大，但由于面料成本和劳动密集型的生产，除了少数特权阶层之外，绝大多数人都可望而不可即。

阶级时尚与法国时尚界的主导地位

　　在时尚界，巴黎的地位是独一无二的，这反映了法国数百年来对装饰艺术的高度重视。19世纪和20世纪初，时装设计师实现了高度的自主性和时尚领导力。19世纪中叶，英国人查尔斯·弗雷德里克·沃斯（Charles Frederick Worth）的活动大大提高了服装设计师的地位。法国设计师为精英客户所设计的高级时装影响了整个西方世界的风格长达一百年之久（de Marly 1980，1990b）。沃斯的地位要高于女装裁缝或男装裁缝，因为人们并不希望他模仿别人的设计。他会聘请工匠和助手以协助其风格的创作和实现。而他所出售的设计则代表了当时的时尚风格。他发明了包含其最新设计想法的当季时装系列，并由模特们在时装屋（couture house）中进行展示。他在艺术和经济上都非常成功，并为欧洲许多皇室和贵族、法国上流社会，以及风月场所中的交际花、女演员们提供服装，这些人反过来又会成为时尚的领导者。他也有很多美国客户。

　　作为高级定制的时装设计强调样式和工艺：诸如主打版型之类的风格为此提供了统一的主题，而工艺细节则为此创造了多样性。为精英们设计的服装必须完美无缺，因为顾客们知道，他们的着装会在社交聚会上受到朋友和熟人们的仔细审视。时髦女性每天要换好几次衣服，并投身于

广泛的社交活动之中。1887年公布的统计数字显示了巴黎对服装的巨大

136 需求：200名一流或二流女装设计师、1 800名女装裁缝、500家服装店和6家大型百货公司（Delbourg-Delphis 1981：45，60）。百货商店吸引了大批顾客，但对于中产阶级和上流社会的女性来说，成衣还不够时髦或优雅，因为如果她们买不起原创时装的话，其女装裁缝就会参照模仿各国的服饰风格为其打造一套。时尚迅速被上层阶级以及参与上层阶级社交生活的工人阶级女性（比如女演员和交际花）所接受，随后这样的时尚才逐渐普及至中产阶级（同上：63）。在众多时尚杂志的宣传下，巴黎设计师（尤其是沃斯）的影响力逐渐扩展到了其他国家（包括美国），即使在美国内战期间，有关法国时尚的信息仍得以继续传播（Severa 1995：189，293；Barbera 1990）。

在此期间，法国时尚也影响了英国和美国的服饰风格，因为这些国家几乎没有能赢得国际甚至国家声誉的时装设计师。唯一的例外是英国设计师雷德芬，他发展出了一种服饰风格（用料简单且没有任何装饰的套装）以适用于受雇的中产阶级女性，该风格并未出现在巴黎设计师的作品中（参见本书第四章）。更为普遍的情况是，那些在英国或美国自称为宫廷女装裁缝（court dressmaker）的女性（其名声仅限于当地）通常会根据巴黎风格为客户设计服装（Adburgham 1987；Jerde 1980）。一项针对19世纪末在明尼阿波利斯工作的成功裁缝的案例研究表明，这些工匠在很大程度上依赖巴黎所提供的时尚理念和面料（Trautmann and DeLong 1997）。这位特别的设计师以"博伊德夫人"（Madame Boyd）为名［真名为罗莎娜·克雷利（Rosanna Crelley），爱尔兰血统］，每年两度赴欧洲，前往著名的时装公司获取设计稿，同时购买面料。和那时的法国设计师一样，她利用黑玉串珠、亮片、羽毛、蕾丝和刺绣等装饰，创作出了独具一格的主流风格服饰。博伊德夫人领导的企业大约有一百名员工，其中包括女裁缝、裁剪师和钳工。[1]大多数女装裁缝只是遵循客户的

---

1 同一时期伦敦的一位设计师是这样描述的（Hardy Amies，转引自 Adburgham 1987：252）："格雷小姐（Miss Gray）并没有把自己定位为服装设计师。她在巴黎买了一些样版，并按照自己的设计创作，她从不掩饰这些都是根据巴黎样版改编而成的，它们要么能在现实中窥见，要么可以见诸报端。"

要求制作，且有时只做客户成衣中较为繁复的部分。更多的是成千上万的低薪女裁缝，她们承担了生产这些服装的大部分工作。

在英国和美国，女装成衣业的发展比法国更快，而且接受度更高（Green 1997）。这些行业始于披风和其他宽松服饰的生产，以及部分由客户在家中自制的成品服装。在英国，成衣在19世纪60年代末就已经出现了（Adburgham 1987：125—126）。美国的女性成衣生产在19世纪70年代已形成了相当规模的产业（Severa 1995：297）。虽然这两个国家的有钱人继续让顶级裁缝为其定制服装，但中产阶级逐渐转向成衣以及由成衣元素和缝制单品相结合的衣服，这种衣服往往在家中缝制或由裁缝代为完成。[1]尽管成衣的规模在持续扩张，但巴黎风格的影响仍然非常关键（尤其在美国；同上：375）。19世纪90年代，更为实用的英国风格开始与法国风格相结合，但最富有的女性仍然继续在巴黎买衣服（Coleman 1990）。

大多数法国设计师都是在知名设计师的时装屋中接受学徒培训的。19至20世纪末，由法国设计师创建的时装屋构成了一个庞大的师徒网络，它们将大多数大型时装屋以及众多小型时装屋关联在一起。年轻设计师的职业生涯通常起步于知名设计师的时装屋。其结果是形成了一个相对有凝聚力的群体，该群体享有共同的准则和价值观，且有助于新风尚的传播和接受。[2]法国设计师所接受的社会化性质促进了20世纪女装设计师职业的成功与声望的提升。

与法国设计师不同，英国和美国时装设计师的威望在20世纪初并未得到大幅提升。很少有英国设计师能像巴黎最成功的设计师那样，拥有艺术天才的魅力光环。英国设计师继续被视为工匠而非艺术家，而且通常是雇员而非自由职业者。在英国，高级服装的客户主要是皇室成员和

137

---

1 在1900年之前，美国女裁缝的数量每年都在增加。在20世纪的头20年里，从事这一职业的女性数量迅速下降（Trautman 1979：84）。1910年以后，伦敦的女裁缝数量也出现了类似的下降（Phizacklea 1990：28）。

2 在第二次世界大战后的几十年里，有22名设计师创办了自己的时装公司，其中65%的人在职业生涯开始时至少为一位女装设计师工作过，30%的人曾为两位或更多的女装设计师工作过。25%的人曾单独为迪奥（Dior）公司工作过。

英国上流社会成员，他们的品味非常保守。设计师在设计服装时不得不考虑其在正式场合的使用及亮相问题，因此表达自己艺术性的自由度并不高。直到1960年代，小型设计师公司才大量出现，此时他们设计的服装不再那么传统，反而更具原创性（de la Haye 1997）。这些设计师中最早也是最知名的是玛丽·官（Mary Quant），她从年轻女性的"街头"穿着中寻找灵感，并以此重新定义了当时的时尚风格（Quant 1965）。

138　　在美国，成衣几乎完全取代了定制服装。大多数美国设计师都以匿名的方式为大型服装制造商工作（Walz and Morris 1978；Diamonstein 1985：47）。他们几乎没有自主权，也没有工作保障，尽管其收入按当时的标准来看还是很可观的。设计师通过创作获取报酬，但雇主还是会按照他们自身对市场的看法而毫不犹豫地在未经设计师同意的情况下变更他们的作品。

美国设计师的另一份职业是为好莱坞电影业设计服装。在生于1920年以前的那一代美国顶尖设计师中，有四分之一都投身于电影行业。好莱坞电影设计师创作的服装在质量、价格和魅力方面都可以与法国媲美，且对公众颇有影响。这些服装式样在一定程度上受到了巴黎风格的影响；反之，好莱坞对巴黎设计师的影响也在逐渐增加（Delbourg-Delphis 1981：167）。

很多时候，效力于服装制造商的美国设计师需要为了美国市场而调整在巴黎被创造出来的设计。他们生产的衣服与巴黎风格非常相似，尽管所用的面料并不那么昂贵。可能是因为法国时尚对美国服装业的影响在第二次世界大战期间被中断，所以效力于大众市场制造商的女性设计师们［如克莱尔·麦卡德尔（Claire McCardell）和邦妮·卡辛（Bonnie Cashin）］才得以避开法国时装的支配，尽管她们曾在那里接受训练（Martin 1998）。她们挑战了当时服装业的许多公认做法，并为普通女性创造了一种更为随性的着装风格——运动装。这些衣服是为大众市场而设计的（如售价为6.95美元的家居服），并由牛仔布、灯芯绒、泡泡纱和印花棉布等廉价面料制成（Milbank 1985：352）。

这些女设计师创造的风格与当时法国流行的着装风格完全相反。

她们的设计并没有将塑形的要求强加于女性身体之上，而是允许着装者发挥自己的能动性，进而既可以部分地调整衣着，也可以具体地选择着装方式。她们的衣服通常会包裹或束紧身体，从而让着装者得以自由掌控衣服合身的方式。这样一来，腰围便可调节了。衣领和蝴蝶结也可以变换各种方式系紧或叠放，这再次为穿戴者提供了多样化选择。数年后，另一位美国设计师哈尔森（Halson）表达了这种着装背后的哲学。他断言制造服装的是女性而非设计师，这意味着个人表达比风格更重要（Martin 1998：23，87）。

然而，法国时装的影响在战后得到恢复。从20世纪40年代末到60年代，许多美国制造商都在以"线对线、点对点"的方式效仿法国设计（Ziegert 1991）。巴黎创造的新风格被完全照搬，起初是高价小批量的复制，在随后的几周或几个月内便开始以更低的价格大量复制。

起源于法国时尚风格的影响力在20世纪60年代日渐式微，其原因在于媒体曝光率的提升以及各种流行风潮涌现于街头而非仅仅出自一流设计师之手。例如，嬉皮士风格为美国和欧洲的时尚界提供了强大的竞争对手，并拓展了公众的想象力。这种风格的普遍风行表明了截然不同的着装风格是可以共存的，严格的着装规则由此不再适用。人们可以从多重可能性中自由选择自己喜欢的着装类型。这样一来，他们将以某种特定的外表传达对亚群体或生活方式而非整个中产阶级的认同。电视受众的数量在20世纪50年代迅速膨胀，这在态度和行为（文化阶层）而非社会经济群体的基础上强化了人们对社群的认同，并为这一转变铺平了道路（Meyrowitz 1985）。

法国时装市场的全球化：从时装屋到企业子公司

第二次世界大战前，法国时装设计师的业务规模较小，且组织稳定，主要运作于当地的城市市场。第二次世界大战后（尤其在过去的三十年中），有两个因素在时装界变得愈发重要：（1）企业集团对文化组织的所有权，其主要活动是买卖其他公司，以及（2）产品的市场全球化。大企业集团的存在与寡头垄断的出现有关，在寡头垄断中，少数大公司控制着特定文化产品的市场（Bagdikian 1997）。尤其在全球市场上，一些大公司可能会占据主导地位，进而损害小公司的利益。寡头成员的目标是实现利润而非创新。大公司通常会尽量避免与风格创新相关的风险，并更愿意利用小公司开发的风格创新（Peterson 1994; Crane 1997b）。全球化加剧了小企业与大企业共享市场的不利后果，因为其大大提高了新企业进入文化产品市场的成本，并降低了它们的生存机会。关于这些变化如何影响时尚组织及其产品，将通过对两种法国奢侈品时尚组织的分析加以展示：高级时装和奢侈成衣。

通常法国时装公司在第二次世界大战前至少有一部分归设计师所有。启动这些公司的投资额通常很小；主要业务是为客户生产定制服装。两次世界大战期间的服装设计师手下有大批员工从事服装的制作和销售工作，而服装设计师则会为一年两次的时装系列设计大量式样，且拥有众多客户。例如，巴杜（Patou）和勒隆（Lelong）在20世纪20年代均拥有1 200名员工；香奈儿在1935年拥有4 000名员工（Grumbach 1993：36, 168）。第二次世界大战以前，公司会为相对稳定和同质化的客户群服务，这些人主要是法国人，且通常来自保守的上流社会、贵族阶层以及富有的波希米亚群体（例如女演员、成功的艺术家和作家）。

最负盛名的公司隶属于法国高级时装公会（Chambre Syndicale de la Haute Couture），并且必须遵守有关员工人数、当季系列中的模特数量以及展示次数的规定（Henin 1990; Crane 1997b）。许多其他公司私下里自称为高级定制时装屋，但其实没什么影响力。

1945年之前，服装是高级时装屋的主要产品。第一次世界大战之前，波烈（Poiret）首先采用了辅助产品线的方式来抵消时装市场的不确定性（Grumbach 1993：23）。这些设计师开发的主要附属产品是香水。两次世界大战期间，近三分之一的高级时装公司开发了香水系列，这带来了可观的额外收入。香奈儿还设计了服饰珠宝来搭配她的衣服（Mackrell 1992）。

第二次世界大战以前的大多数公司（包括高级时装公司和其他公

司）都在战争结束后逐渐消失了。它们既无法与设计公司的新风格竞争，也无法适应这种新模式。战后的法国高级时装公司代表了另一种类型的时装组织，它们依赖于金融专业知识、大量的金融投资，以及作为主要收入来源的许多额外类型的产品授权。战后首例新型公司是由法国纺织业大亨迪奥（Dior）在1946年创建的（de Marly 1990a）。迪奥的业务在当时是独一无二的，因为他找到了一个靠谱的财务合伙人，后者向他提供了用以开展业务的1 000万法郎（约合275万，1 998法郎），并与一名业务经理保持着联系（de Marly 1990a：17—18）。[1]尽管迪奥分得了一部分利润，但他只是经理而并非所有者（Grumbach 1993：46）。

141

　　迪奥公司引入的最重要的商业战略创新就是产品授权。[2]第二次世界大战前幸存下来的公司和第二次世界大战后进入市场的新公司的主要收入来源是从服装到家庭用品等各类产品许可带来的特许权使用费。到了20世纪70年代，产品许可和香水成为这些公司的主要利润来源。包括成衣在内的服装款式旨在为公司树立声望，从而提高其他产品（尤其是香水）的可销售性。法国顶尖设计师开始成为全球名人，并在许多其他市场出售自己的服装。由于许可和出口的世界性结构，设计师无法再兼顾业务运营和设计创作。战后发展起来的时装屋都是企业高管经营的，他们通常是设计师的密友或亲戚。

　　1970年以后，定制服装的成本不断上升，使得这些衣服主要面向常年旅居法国境外的年长且富有的客户。越来越多的女装设计师开始为自己无法再投身其中的社会背景设计服装。1955年，迪奥公司拥有超过25 000名客户（Grumbach 1993：44）。1989年，据说迪奥公司和伊夫圣罗兰（Yves Saint Laurent）公司拥有的高级时装客户比任何其他高级时装屋都要多——约200个（Menkes 1989；Samet 1989）。大多数客户都是外国人（Menkes 1992），主要是美国人和阿拉伯人。到了20世纪80年代，大多数服装公司的员工不到100人。

1　以1998年的美元计算，约为525 000美元。

2　夏帕瑞丽（Schiaparelli）是首位授权服装的女装设计师（1940年），但迪奥（Dior）是第一个广泛推广这一做法的设计师。

创建高级时装公司的巨额成本意味着在1970—1995年间仅有四家新的高级时装屋成功开设。[1]进入行业的成本不断上升，其部分原因在于时尚行业的全球化程度不断提高。这些成本包括创立公司的初始投资，创建一个时装系列、在巴黎的时尚大街上开精品店、每年在著名场所两度展出时装系列以及开发和宣传一款香水的成本。与此同时，还需要在其他几个国家开设店铺。到20世纪80年代末，在巴黎成立高级定制时装公司所需的资金只有大企业集团才能负担得起。20世纪90年代中期，一家企业集团可以同时拥有三家高级时装屋。年轻的设计师几乎不

142 可能筹集足够的资金进入高级时装业，除非他们是大公司的雇员，但这些公司又通常为大企业集团所有。

为了应对这种情况，1997年高级时装公会放宽了规定，允许新的设计公司推出小型时装系列，并允许少数高级成衣设计师参与其中（Sepulchre 1997：3—4）。这些进展提高了媒体对高级定制时装的兴趣，也使拥有传统系列的老牌时装设计师大为受益（Menkes 1999）。因此，一些未能得到法国高级时装公会认可的法国年轻设计师和外国设计师推出了小型时装系列，反映了极为个人化有时也极具实验性的服饰理念（Quilleriet 1999）。然而，这些变化还是没能解决围绕着新时装公司的长期经济增长以及生存的问题。

到了20世纪80年代末，在整个女装设计师群体中出现了两种类型的设计师。其中一组包括一些年长的设计师，他们为那些已经经营了几十年的公司工作，其设计的时装系列通常包括对设计师时装史的理念和主题的重述。这些服饰年复一年，变化并不大。20世纪80年代末，这一群体的典型代表是由上了年纪的设计师所经营的几家大型高级时装屋。通过对其他类型组织的研究可以发现，企业集团所有权可以保护子公司避免可能致其破产的财务压力（Freeman 1990：74）。这一领域的情况似

---

1 1891—1944年（间隔53年），有33家公司进入了高级时装行业。到1945年，在第二次世界大战之前成立的公司中，三分之一已经破产。到1965年，三分之二的企业都失败了。到1995年，只有9家幸存下来。这些公司中有几家已经取消了高级定制，但仍保留了业务的其他部分。1945—1995年（间隔50年的时间），只有22家公司进入了这个行业。1995年有18家这样的公司存在。相关详细信息请参阅克兰（1997b：402）。

乎正是如此。1992年，75%的服装设计师年龄超过了50岁；有4人超过70岁。记者们称，许多女装设计师都很少冒险，其服装款式的变化只是为了跟上时代的步伐，但还不足以让保守的中年客户感到不适 (Benaïm 1994)。[1] 即使在法国，他们对时尚的影响也大为削弱。

效力于这些公司的第二组设计师则更为年轻；其工作也不那么保守。就像其他领域的文化生产组织会从别的公司吸纳创新人才一样 (Lopes 1992)，时装公司的大企业所有者 (其设计师已去世或退休) 也会从小型成衣公司聘请设计师，其聘用主要是出于对设计创意或娱乐价值的考虑。法国的大型时装公司通常靠销售配套产品来获取利润，并有赖于通过服装设计来塑造公司在全球市场上的形象，因此对于在此工作的设计师而言，他们能够专注于拥有设计美观的服饰或颠覆传统价值的服装。起初以这种方式招募的设计师就已站稳脚跟。20世纪90年代末，他们得到招募是因为有能力吸引媒体的关注。

143

全球化、创新和法国高级成衣公司

20世纪60年代，另一组被称为新锐设计师 (créateurs) 的群体开始销售低成本的原创成衣。但在20世纪70年代涉足奢侈服饰业以来，他们实际上在为各式社交圈子的客户设计服装，而并非仅仅面向时装公司的客户 (Bourdieu and Delsaut 1975)。20世纪60—70年代，新锐设计师开始利用个人资金进行小额投资创业，并在盈利的基础上予以扩张。在此期间，进入行业的成本相对较低，这也让拥有新型小公司的设计师得以树立创新者的声誉。[2] 20世纪80年代，其中一些公司的规模和盈利能力都有所提升。

然而，到了20世纪80年代中期，由于在全球市场上创立公司的成本

---

1 在过去二十年里，时装公司缺乏创新的另一个迹象是，在时尚专家 (买手和编辑) 的时装创新排名中，任何时候都只有四家时装公司出现，该排名会以每年两次的形式在巴黎服装业的一家重要商业报纸上发表 (参见下文；以及 Crane 1997b)。1978—1995年间，只有三家时装公司进入了这些榜单的前十名，而在20世纪80年代初，另一家公司进入了第十一至第二十名。

2 在这群早期的新锐设计师中仅有四人在两年一度的时装系列排名中出现十次以上。

不断上升，进入奢侈成衣行业的新兴设计师很难找到风险投资。通常，新锐设计师公司会通过与工业服装公司签订许可协议或寻找愿意对其进行投资的赞助商来扩大规模（Pasquet 1990）。在大多数情况下，增长是通过获取财务资助的形式实现的，其赞助商通常是日本人，但偶尔也有意大利人。因为法国服装制造商并不愿意投资年轻的法国设计师。金融赞助存在着风险，即一旦企业开始盈利，设计师就有可能失去对它的控制。

年轻的新锐设计师常常找不到赞助商，因而不得不自己筹资（Piganeau 1998）。许多公司刚开始时的投资额都很小，远低于专家的估计，即在20世纪90年代创立这类企业需要25万美元（Lecompte-Boinet 1991）。这通常意味着他们缺乏扩大业务的资金。但相应的成本的确很高，因为必须使用昂贵的面料才能在奢侈品市场上展开竞争，而且他们对服装生产方面的认知往往是有限的。一位设计师解释说（Godard 1993）："我几乎没有加价，但我生产的数量很少。媒体跟踪我的工作，买家来了，他们订一件6号、一件8号的衬衫，然后又订了同款的另一种颜色。我几乎每件衣服都亏本。我目前的工作是为一家制造商做造型设计师。"

在20世纪90年代早期，大多数设计师公司的规模都很小，员工也相对较少，年销售额不足1 000万美元。在年销售额方面最成功的3家设计师公司中，有2家是由大企业集团所有的，并且在性质上与同样属于企业集团的大型服装公司非常相似。即使是新公司，其80%的商品也都会销往法国以外（Guyot 1993）。一家名牌服装公司的总裁说道："如今人们只谈论全球市场。但谁能承担在欧洲、东南亚和美国同时引进一家设计公司所需要的巨额投资费用呢？创办新公司所需的投资与短期利润也不成比例。"（Pujol 1995：46）

那些幸存下来的时装公司通常都会设计其他公司而非自己的时装系列，其中还包括那些相对平庸的工业成衣公司。一位设计师在一次采访中说："当你是别人的造型师时，你就必须顺从。你必须尊重他们的产品和形象。每次我想做些新东西，我的客户就会自动拒绝。"其他设计师在采访中承认，他们自己的公司为其提供的是艺术满足感，而非利润。在某些情况

144

下,当一家小公司因突然成功的系列时装而陷入对其他公司应接不暇的局面时,它就无法再履行其经济义务,至少暂时进入了破产管理程序。

在这样的金融环境下,在小公司工作的年轻设计师很难尝试非传统的设计,而这种设计在20世纪70—80年代早期奠定了主流新锐设计师的职业生涯。最小的公司往往被推向"耐用性"的发展诉求,这实际上意味着要生产相对同质化的产品。设计师公司的年龄和这些公司的创新程度之间的关系,是通过对时装记者和时装店经理所做的关于设计师公司的排名的分析来检验的。这些排名源自巴黎服装业的商业报纸《纺织报》。

在这18年(1978—1995年)的时间里,有些公司相较于其他公司而言更频繁地出现在这些排名中。在总数为128的法国新锐设计师公司中,只有22家(17%)在1978年(榜单开始时)至1995年期间进入过前十名(见表5.1)。第一阶段(1978—1983年)出现的公司代表了曾经上榜公司的大多数(见表5.2)。在前6年的时间里,22家法国公司中有17家(77%)进入过榜单前十名。有4家公司(创立于1978—1983年)上榜次数超过11次。其中一家公司在精品店经理的排名中连续十二年位居第一。20世纪80—90年代出现的新公司在获得时尚专家的认可方面面临着越来越大的困难(见表5.1)。时尚专家会认为1984年之后才入行的小公司也许没什么创新精神,事实上,它们的创新能力可能确实不那么强,因为不稳定的财务状况使之无法开展实验。

表5.1 认可度与公司年龄的关联:按成立时间划分的法国新锐设计师公司在每两年一次的二十强公司排名中取得的成绩

	公司成立日期						
	1960—1969	1970—1974	1975—1979	1980—1984	1985—1989	1990—1995	总计
前十名	3	2	11	3	2	1	22
前二十名	2	0	4	6	3	0	15
未进入	4	1	15	32	20	19	91
总计	9	3	30	41	25	20	128

注:根据《纺织报》1978—1995年统计的信息计算

表5.2　认可度与公司年龄关联：按首次出现日期划分的法国新锐设计师公司在每两年一次的十大公司名单上出现的次数

排名前十的次数	首次出现在前十名列表中的日期			
	1978—1983	1984—1989	1990—1995	总计
1—2	6	1	3	10
3—5	3	0	0	3
6—10	4	1	0	5
超过10	4	0	0	4
总计	17	2	3	22

注：包括所有在1978—1995年间进入过前十的法国设计师公司。根据《纺织报》1978—1995年统计的信息计算

在20世纪80—90年代，女装设计师和新锐设计师的工作环境变得越来越动荡。巴黎已经成为许多来自不同国家的设计师每两年一次展示其系列时装的主要中心，年轻的设计师必须在这里展示自己的作品，以获得认可，并在全球市场站稳脚跟（Cabasset 1989）。由于现在高档时装设计的目标是吸引宣传，进而有利于其他产品的销售（而并非只卖衣服），所以时装表演成了有媒体报道和大量公众参与的公共活动。1976年以前，时装屋一般都会展出自己的时装系列。传统的时装秀（defilé）是一项严肃的活动，模特在静默中列队展示，人们期望模特应该像百货公司橱窗里的人体模型一样面无表情，但同时又要体现出上流社会的优雅与得体。1976年，设计师们开始在巴黎更显眼的地方（如博物馆、剧院和豪华酒店）展示其系列时装，这表明他们不再依赖当地客户，而是需要借助宣传以接触其他国家的客户。在20世纪80年代，时装表演变成了戏剧表演，范围从模仿音乐喜剧到表演艺术，以古怪或前卫的服装、音乐（有时是专门为活动而创作的）和高薪酬的模特为特色，这些模特通常被认为是表演者，也被视作女装模特（clotheshorse）。最负盛名的演出地点在20世纪90年代的使用费超过了100万美元（Vettraino-Soulard 1998）。

146　　　　法国设计师不再主导这个竞争日益激烈的市场。在巴黎，外国设计师（包括日本人、意大利人、西班牙人、英国人和比利时人）在展示时装系

列的高档时装设计师中约占三分之一。大型的法国时装公司在聘用设计师以取代内部员工时，往往更为青睐外国人。根据一位时尚记者的说法，巴黎"统而不治"（Benaïm 1997）。

纽约的高档时装设计：大公司与小公司的差异

虽然法国奢侈时尚界持续为社会精英打造服饰风格，但许多20世纪60年代之后的美国设计师所设计的款式是面向更大部分群体的：这些人在其生活方式上领会到了自己的身份。20世纪50年代末，美国时装设计师可利用的机会逐渐增多。服装公司开始在销售设计师产品的同时将其名字印在标签上。一些设计师甚至买下了他们工作过的公司。其他人则开始自己创业，其中一些非常成功。到了20世纪70年代，设计师声望的提高意味着设计师的名字可以授权给其他生产各类消费品的公司。一些设计师领导着由其公司和授权许可所构成的时尚集团，后者价值数亿美元。由于具备购买广告的能力，一些富有而成功的公司得以在美国时尚媒体上占据主导地位，进而引导内容报道。

这些公司的成功并非因为其试图定义一种面向大众的单一年度风格，而是因为它们在为虚构的生活方式设计服装，以此满足中产阶级和上流社会部分群体的愿景，使之从茫茫大众中脱颖而出。作为最成功的公司之一，拉夫·劳伦（Ralph Lauren）将一种极为保守而传统的英美上流社会生活方式推广给了大众（Brubach 1987）。在较低的价格水平上，这种方法渗透到了数以百计的邮购目录中，这些目录将服饰描述和拍摄为极其特殊的生活方式，它们通常是美国和（尤其是）英国传统、流行文化以及设计师时装的虚构组合（Brubach 1993）。一位时尚记者（Brubach 1987：72）指出了这些销售策略背后的基本原理："个人身份的关键，即作为个体的体验——在于派头，而并非个体本身……**一个人似乎可以成为任何他想成为的人。**"（着重标记为作者所加）

"生活方式专家"的定位意味着美国设计师强调的是美国乃至全世界数百万人所穿的休闲服饰，而并非占据欧洲同行注意力的相对正式的

147

上流社会女装。然而，有一小群美国设计师虽然不按订单生产服装，但他们试图创作出面料上乘或设计出众或二者兼得的服装。有时候，这些衣服会作为收藏家的藏品在当代手工艺品博物馆中展出。还有一些则充当了回顾展的主题。[1]

只有将市场的成员定义为有特定生活方式的群体而并非引领大众潮流的精英时，这类市场才有可能出现。成功领导小型公司的设计师擅长与不同城市的客户建立和维持关系，并了解其生活方式和社会背景。他们的客户包括全国各大城市的社会名流、电影明星、政治人物的妻子和成功的商界女性。为了吸引这些群体，这些设计师及其员工将他们的时装系列带至美国财富最集中的地区的百货公司：纽约、达拉斯、休斯敦、旧金山和芝加哥（Diamonstein 1985：83）。[2]正如一位设计师所说（Diamonstein 1985：190）："前往服装销售的地方很重要，因为只有这样才能接触到公众，与之交流并了解其生活方式和社会结构。"这种接触是极为宝贵的，因为富人都在美国乡村庄园和私人俱乐部里过着相对隐蔽的生活。正如成功的设计师候司顿（Halston）在20世纪70年代的评论（Walz and Morris 1978：95）中所暗示的那样："在私人住宅、游艇或度假胜地中，人们仍然想要精心打扮。在某种程度上，这是一个**隐蔽的社会，因为你很难在公开场合目睹。**"（着重标记为原作者所加）其中一位设计师的公关总监在一次采访中说："他认识美国各地的客户。他去过他们家，还在他们的乡村俱乐部接受过款待……全美各地的女顾客都很类似。他非常了解她们的生活方式。"

据描述，他们中的一些人与自己的很多客户拥有着相同的生活方式。其中的成员之一，波利娜·特里该里（Pauline Trigère）"和她那个时代最有成就的人在一起"（Walz and Morris 1978：209）。另一位女设计师在接受采访时表示："我按照顾客的生活方式生活……我是我自己理

---

1 如杰弗里·比尼、阿诺德·斯嘉锡和詹姆斯·加拉诺斯（McDowell 1987）。

2 以精英为目标的美国设计师通常会利用"新装发布会"（trunk show）模式，其中，设计师、职员和服装都在主要城市的商店中巡回展出。邀请熟悉门店人员的客户在近距离参观时装系列并为其推销特定的样式。

想的顾客。"

因为他们的目标客户非常特殊,所以这些设计师通常并不为大众所熟知。试图在20世纪80—90年代创建这类小型公司的年轻设计师面临着与欧洲同行相似的生存问题,其数量在90年代后期持续减少(King 1998;White 1998)。其中一些设计师幸存下来的原因是,他们为日益主导美国时装业的几家大公司和法国的大公司提供设计创意。

作为市场策略的艺术:作为艺术赞助人的设计师

为了吸引那些具备购买力和购买意愿的客户来买他们设计的衣服,设计师们发现有必要利用对这些群体来说既富有意义又明白易懂的类别来展开自己的设计。合适的设定可以提升设计师的文化资本,帮助其融入客户的社交活动,并扩大服饰以及授权产品的销售。要想赢得精英社交圈的认可,策略之一就是以赞助人和收藏家的身份为艺术界做贡献。在这些圈子里赢得地位的另一种方式则是强调设计的美学价值,并声称自己是艺术家或艺术工匠。

19世纪和20世纪初,人们将设计师视作工匠或商人(White 1986:91)。沃斯并非艺术收藏家,也从未参与其客户的社交活动,尽管他经常在自己的店里见到那些客户。然而,到了19世纪末,像雅克·杜塞(Jacques Doucet)这样的设计师会因其鉴赏力而被公认为杰出的艺术品收藏家,而且设计师们也渴望享有更为高贵的生活方式(McDowell 1987:133)。

第一次世界大战后,法国设计师的社会地位稳步提升。法国时尚策展人指出:"在1919—1930年间,女装设计师取得了令人瞩目的社会进步,并逐渐成为某种品味上的贵族,同时竭力稳固了可观的美学权威、知识底蕴和经济地位。"在此期间,香奈儿是在赞助人角色方面投入最大的设计师之一。

与大多数同行不同,香奈儿并未在时装屋中受过多年的学徒训练,后来还因技术知识的匮乏而遭到批评。也许是由于她缺乏制衣技术经

149

验，因此她的设计并没有多余的细节和装饰。她让廉价面料得到了普及，如以前被用来作为工装的运动衫（Mackrell 1992：23）。由于她的衣服很容易仿制，因此其设计很快就传播到了各式客户手中。她的风格能够适应所有社会阶层的女性，尽管只有富人才能买得起她实际出售的衣服。一方面，她试图塑造一种非精英主义的形象，并声称自己之所以能成为一名成功的设计师，是因为有能力理解她那一代女性的经历："我引领时尚是因为我走出去了，因为我是第一位在她的时代完整生活过的女性。"（Mackrell 1992：9）她介绍说自己的衣服适合第一次世界大战后年轻女性所接受的全新生活方式，这种生活方式较20世纪早期更为活跃，社会约束也更少。

另一方面，由于艺术家或手工艺人的角色并不适合为这些类型的服饰提供框架，因此她又发展了艺术赞助人的角色。她花了很多时间与富有的精英和著名的艺术家们建立并维持社交联系。她还为主要剧作家的剧本设计服装，并为舞者提供资金支持。她还在巴黎市中心的别墅里举行了盛大的晚宴，当时最重要的作家和艺术家都出席了宴会，并将其称为"巴黎每个社交季的重头戏"（Mackrell 1992：65）。

鉴于其本身的社会背景，这一时期的很多设计师在社会和艺术方面的提升都尤为可观。19世纪末和20世纪初，时装设计师的社会出身一般都是工人阶级或下层中产阶级。香奈儿是一位行商的女儿（Mackrell 1992：18）；与她同时代的维奥内特（Vionnet）是收费员的女儿（Bertin 1956：164）。其他设计师则是纺织品行业的工匠或店主的后代。然而，对第二次世界大战后男性时装设计师的传记分析表明，他们通常会被家人指定从事法律、医学或建筑等职业，这说明他们来自相对富裕的家庭。其他人则曾经尝试过投身艺术行业。对于那时进入行业的人来说，其威望的提升得益于该行业在第一次世界大战前既有的声望。

1945年后，许多成功的女装设计师和高档时装设计师都陆续将自己塑造成上流社会品味的典范。他们在个人生活中也保持着奢华的生活方式，拥有装饰华丽的房子，经常旅行，到处结交名流，并以此为自己的产品代言，亲自示范该产品的理想客户形象。在某些情况下，他们同时还投身其他艺术门类（如摄影、绘画和文学），但更有可能的还是作为艺术收藏家和赞助人活动，以维持自己在上层社会的新晋地位（LaBalme 1984）。随着巴黎和其他法国城市纷纷建立时装博物馆，时装设计师的地位不断攀升。拍卖行也会举办时装拍卖会，这些时装后来都成了收藏家的藏品。

作为市场策略的艺术：作为艺术工匠与艺术家的设计师

在两次世界大战期间，法国设计师设法获得了艺术家的魅力，因为如此一来人们就会将其作品视为天赋的独特产物。[1] 所以，人们此后开始分析设计师的生平和个性，以寻找其审美灵感来源的线索。虽然著名设计师总会在诸多助手的协作下生产其时装系列，但当他们的设计在媒体上予以展示时，就好像是在工作室独立完成的一样。

设计师创造美学品质的策略来源于他们对自己作为艺术家或艺术工匠的看法。在职业生涯初期，沃斯极力将自己的活动与前人区分开来，以强调自己作为创作者的自主权和精湛的工艺。事业成功后，沃斯自视为艺术家而非裁缝。他认为自己正在将"艺术的标准和原则应用于服装设计之中"（Marly 1990b：110）。他在博物馆孜孜不倦地学习绘画和素描，并发展出了"拥有艺术史和服装史构成的双重基础"的美学思想（同上：112）。画家们在绘制身着沃斯设计作品的女性肖像时，会向他请教如何摆姿势。在职业生涯中期，他开始穿得像个艺术家，并一度模仿伦勃朗的服饰（包括天鹅绒贝雷帽、宽大的廓形夹克，以及用丝巾代替领结）。

在构思作品时，艺术工匠强调连续性、前瞻性和优雅性。巴伦西亚加（Balenciaga）是巴黎首屈一指的设计师之一，其作品可以说是高定时装传统的缩影，人们用符合艺术工匠概念的术语做出了如下描述

151

---

1 在两次世界大战之间，只有一位美国设计师渴望成为艺术家：查尔斯·詹姆斯（Charles James）。他深受其他设计师的赞赏，经济上却并不成功，因此他通常把客户当作赞助人。从他那里买一件衣服相当于委托画一幅画（Walz and Morris 1978）。

(Herreros 1985：41)："他从未停止发展和完善自己所发明的极为精湛的技术，也从不放弃构成其风格的信条：严谨、勤勉、优雅和美观。"

这种设计时装的方式体现了高级时装传统的特点，至今仍为许多时装设计师所沿用。时尚的变化可以看成过去之风格的演变，或者特色风格的周期性变化，即相同类型的风格会定期重复出现。在天真的大众看来，时尚的变化似乎是线性的。每一季都会有新的时尚创新，而且看起来完全是新奇的。事实上，时尚的进程在过去通常对应于演变模式和循环模式。[1]这种进化模式的例证是，主流时尚创新的出现催生了一系列细微的衍生变化，如巴伦西亚加和迪奥在20世纪50年代的作品。根据米尔班克所说（Milbank 1985：320）："巴伦西亚加的所有作品都是主题性的，每个系列都是从前一个系列中衍生而来的。"以他创作风格的实质为例，当他发明了四分之三袖时，其实已经尝试了许多变化（Delbourg-Delphis 1985）。迪奥设计了一系列新的轮廓（silhouette），并以字母命名：H系列、A系列、Y系列和S系列。这些系列都是通过系统地改变裙子的基本组成来实现的：肩部的宽度和裙子的隆起或狭窄程度（Sichel 1979：30）。他的最后一个时装系列被时尚评论家（Benaïm 1995：16）形容为"平衡、清晰、严谨的宣言，由此体现了法国高级定制的品味语法……每个细节都符合线条的绝对秩序，完美的对角线，没有褶皱却仍然贴合身形的丝绸夹克都体现了对这一秩序的遵从"。

艺术工匠们试图打造出一种独特的形象，可以让顾客领会并期望每个时装季都能重温。为了保持鲜明的形象，许多设计师都会刻意避开时尚和潮流。一些美国设计师在采访中表示，他们的系列年复一年地演变，却并不存在什么根本性的变化。通常都是由先前系列中的主题派生而来，但该系列的基本元素都保持不变。一位设计师在采访中表示："我所设计的造型从来没有完全改变过；一个系列总是延伸到下一个系列。你必须既要坚持一个形象，又要让它变化。"有些人声称他们的衣服

1　扬（Young 1937）对裙边轮廓变化（管状的、钟形的以及背部丰满的）的研究证明了周期在时尚演变中的作用，19世纪和20世纪初，这些变化大约会以三十五到四十年的固定间隔相互交替。

是永不过时的，可以穿很多年。据说顾客无法辨认出某件衣服的成衣年份。而有些设计师则声称他们在自己的时装系列中复制了其他知名设计师一二十年前发明的细节设计。一位设计师在其系列中确立了三种截然不同的服饰类别："30%是强势的时尚宣言，60%是自身风格的招牌服饰，还有10%是更为经典的款式。"

另一种时尚变化是周期性的，换句话说，就是将过去成功使用过的元素予以变革并重新排列（Milbank 1985；Déslandres and Müller 1986）。在一次采访中，一位年轻的法国设计师将她对这些细节的选择称为基于"一件衣服就像一张唱片的理念。有人播放它是因为它能唤起一段回忆"。我采访过的一些设计师说，一切都已经完成了，他们的工作完全是重拾昔日的元素。法国高级时装界最成功的年轻设计师之一克里斯汀·拉克鲁瓦（Christian Lacroix）曾说过（Thim 1987: 66）："我复兴的是我自己想复兴的、我认为女性想要的东西。我的每件衣服都有这样的细节，它们可以清楚地与一些历史的、昔日文化的东西联系起来。我们未曾发明过任何东西。"

但这种重组并不是随机的，而是始终基于既有的操作。任何特定的时尚趋势（例如肩膀尺寸、裙子长度和款式）最终都将由它的反面所替代。有些趋势时有重现，有些则在很长时间后才会出现。对于利用这种方法的成功设计师来说，他们的"天赋"或"运气"在于准确地决定何时应该逆转周期，并催生出逆向趋势的生动实例。

尽管彼此的实际设计可能并没有太大的不同，但设计师们在其所扮演的艺术家或工匠角色上是各不相同的。英国设计师桑德拉·罗德斯（Zandra Rhodes）曾在自己的衣服上附加了一个标签，上面写着："这是我格外看重的一件衣服：我认为这是您将永远珍惜的艺术品"（McDowell 1987: 229）相反，比尔·布拉斯（Bill Blass）曾说："时尚是一种工艺，是一段时间的表述，但它不是一门艺术。"（Milbank 1985: 306）一般来说，这类服装设计师（无论男女）所设计的服饰都表达了他们对当前风格的个人诠释，但很少展示"新事物带来的震撼"。

第二套市场策略旨在打破时尚变革的有序演变，它通常会利用与前

153

卫或后现代主义相关的手法。拥护前卫或后现代主义的设计师的出现是竞争激烈的市场定位的结果，这有赖于通过激进的创新树立形象并实现高度分散的受众，其中包括愿意接受新趋势的小众群体。

对前卫和后现代技术的依赖是电子媒介对各种文化形式施加影响的结果。要吸引越来越善于解读复杂视觉和语言意象的观众，就需要利用比电子媒介出现之前更为多样的技术，在过去的十五年里，电子媒介挪用了前卫和后现代主义的诸多图像和策略。[1]

"前卫"一词暗示了一种难以理解的现象，因为它挑战了公众的刻板印象，所以不会马上被接受，将其应用于时装似乎也显得不太协调。人们普遍认为时尚通常指那些刚出现就迅速得以广泛普及的现象，这意味着接受它们并不需要公众世界观的重大转变。事实上，许多时尚风格并没有立即流行，而最终接受它们的可能也只有一小部分受众。

在服饰的语境中，术语"前卫"通常涉及更改特定着装的惯常含义（比如将某种服饰与特定活动联系起来，并用于另一种截然不同的目的），或改变与其他对象相关联的含义，以便将其重新定义为穿着得体的服饰，例如，果酱盖可以用作手镯，或马桶冲水装置中的链条可以用作腰带（Delbourg-Delphis 1983：154, 159）。

另外，前卫违背了观众的期望。作为最新时装系列发布的一部分，法国设计师让-保罗·高缇耶（Jean Paul Gaultier）最近展示了一套服装，其前身是优雅的巴黎世家风格的塑身白色连衣裙，但除了渔网和花朵外，其后背完全是裸露的（Menkes 1996）。被形容为前卫的艺术作品有时会带有批判主流文化，或与主流文化相左的政治或社会内涵（Crane 1987）。同样，前卫的服装设计师试图以刻意挑战高定完美工艺的方式来揭示和评论奢侈时尚的含义。

20世纪80—90年代，随着巴黎时装界竞争水准的大幅提升，一些外

154

1　考德威尔（Caldwell 1995：viii）声称："前卫的每个原则……都已经以某种形式在新型电视的世界中变得非常注目。"卡普兰（Kaplan 1987：55）在20世纪80年代中期试图对音乐视频进行分类，结果却发现她所确定的所有类别都采取了前卫的策略。她的视频类别之一是后现代主义。有些广告（特别是服装制造商的广告）被认定为后现代主义，因为产品与广告形象之间的联系并不明显（Goldman 1992）。

国设计师开始以前卫的策略崭露头角,并在巴黎赢得了认可。20世纪80年代初,日本设计师川久保玲(Rei Kawakubo)虽然主要居住在日本,却在巴黎展示了其时装系列,并以这种方式吸引了大量关注。[1]具体来说,她所设计的服装表达了与传统高定时装相对立的价值观。精湛的工艺始终是高级成衣的标志。针脚要完美,裁剪也必须无懈可击。而川久保玲却设计出了全是洞的毛衣和未完成裁剪的碎边连衣裙。制作这种服装的机器需要刻意的操作,才能让生产的衣服留有缺陷(Sudjic 1990: 80)。她的设计几乎都是黑色的,并被视作社会宣言,这既是对无家可归女性之着装的间接暗示,也是对西方时尚之堕落的含蓄攻击。以高级时装著称的西方服饰的第二个主要特征是对称。但川久保玲设计的裙子有三只袖子,夹克也是一边比另一边要长。在巴黎和其他时尚之都,川久保玲在20世纪80年代初的风格既夸张又有威望。她传记作者的评论表明了她在策略上的成功(Sudjic 1990: 79):"她的某些服装被看成是对时尚理念的深刻抨击。"

20世纪80年代后期,一群毕业于安特卫普同一所时装学校的比利时设计师,也以类似的前卫策略在巴黎时尚界崭露头角。他们和一些同样尝试创立新公司的法国设计师一起工作,并刻意回避了工艺和奢华从而形成一种"贫穷主义"风格,诸如穿过的裤子、皱褶的夹克和连衣裙、局部开解的毛衣、撕碎的面料,以及在后背中间用大别针固定或用纽扣和没对齐的扣眼系起来的夹克(Sepulchre 1992: 61;见图42)。更具颠覆性的是该组织成员之一的马丁·马吉拉(Martin Margiela)的项目,该项目通过裁剪二手服装来创造新的款式,而这对时尚的经济基础构成了威胁(同上: 62)。奢华时装设计对贫穷的模仿,意在构成对高级时

155

---

1 意大利人艾尔萨·夏帕瑞丽是第一位能真正体现前卫风格的时装设计师,20世纪20—30年代,她起初在巴黎工作,战后又在美国军舰上工作。作为前卫艺术家的密友,夏帕瑞丽认为时尚是一门艺术(White 1986: 94),并试图将达达艺术和超现实主义背后的思想转化为服装设计(Martin 1987b)。夏帕瑞丽与萨尔瓦多·达利(Salvador Dali)合作设计了"破除幻想连衣裙"(Tear Illusion Dress),这种连衣裙的面料上带有印刷的裂痕,并搭配有着真实裂痕的斗篷,因此打破了设计师服饰固有的完美规范,并暗示了昂贵服饰和穷人破旧着装之间的联系(Martin 1987b: 114)。这种设计是近期前卫服装实验的先驱。

图 42　让·科洛纳（Jean Colonna）的"贫穷主义"（Pauperist）风格
（1994年）。夹克上的缺陷是刻意设计的。由马希奥·马德拉（Marcio
Madeira）提供

装奢华程度的批判，举例来说，仅单独的一件衣服以及再现晚礼服的裙裾就要耗费数百小时的劳动。[1]20世纪90年代初，维也纳设计师海尔姆特·朗（Helmut Lang）用极为简约而单调的服饰配以意想不到的混合面料构成了对高级时装高端奢华与鲜艳色泽的挑战，比如人们将橡胶和蕾丝制成的礼服形容为"经典与违禁的完美结合"（Hirschberg 1997：28）。

　　作为服装设计元素之一的后现代主义很难加以表征，部分原因是这些作品会展现出歧义性和矛盾性。[2]前卫主义者试图以对立的立场来颠覆审美惯例，而后现代主义者则在传统和非传统规范之间摇摆，进而引发歧义或展开戏仿。后现代主义的作品是多义性的，它并不存在固定含义或多重意义。权威的阐释既无法预期也不可能实现。与现代主义艺术工匠致力于发展和阐述特定风格不同的是，后现代主义时尚艺术家对风格的兴趣并非将其视为一套连贯而完整的美学元素，而是更为关注将以往诸多文本中的不同元素予以混合和拼凑，无论是否能生成连贯的实体。其他设计师会借鉴以前的风格来创作新的作品，但后现代主义者则会在并置不同时期和氛围的前提下对其展开重新创作。

　　从迪奥对20世纪早期风格的改编中可以看出这些方法与过去的差异。他并没有采用复制的方法，而是利用传统风格的元素来打造可能是20世纪最著名的风格，即"新风貌"（New Look，参见Sichel 1979：30）。相比之下，后现代主义者约翰·加利亚诺（John Galliano）则会复制不同时期的风格，并将它们放在同一个系列中予以并置，或者在同一件服装中混合过去和现在的风格元素（见图43）。同一季的设计师通常会汲取20世纪不同年代或前几个世纪不同历史时期的服装款式。尽管威尔逊（1990）认为设计师们早在被普遍定义为后现代主义时期之前就已经开始借鉴过去的风格，但对过去的引用似乎已经升级并变得越来越无政府主义。融合当代民族文化的细节是一种等效的策略，因为民族文化是

1　20世纪90年代中期，香奈儿的一场时装秀上展示了一条裙子，上面覆盖着被称为"鱼子酱珍珠"的黑色小珠子，这些珠子代表了400小时的手工制作，但大多数观众对此的反响并不热烈（Menkes 1995）。

2　如果以某种不同的方式定义，后现代主义也是时尚消费的一个方面（参见Kaiser，Nagasawa，and Hutton 1991；以及本书第七章）。

156

图43 时尚史的后现代主义重构，它融合了17世纪火枪手的着装元素（夹克、靴子和帽子），同时配以迷你裙和裙裾（John Galliano 1992）。由马希奥·马德拉提供

过去时代的残余：它为基于文化融合的歧义性提供了另一种来源。非洲、印度、中国和伊斯兰元素经常出现在这些系列中。

比利时设计师马丁·马吉拉的作品类似于后现代主义艺术方案，他通过创作和销售名画的相同复制品（Connor 1989）来否定现代主义对独创性的崇拜，并将自己的一个系列专门用于制作几十年前的时装系列的精仿制品。然而，他选择复制的是那些在时尚史上没有任何声望的系列：20世纪60年代的全套玩偶装束、19—20世纪之交的礼服和黑色校服（Sepulchre 1994a）。

另一位后现代主义者维维安·韦斯特伍德（Vivienne Westwood）则强调戏仿与歧义。1989年男装系列的示例之一是名为"半身都市绅士"（Half-dressed City Gent）的套装：男式大衬衫，宽松的领口，配以粉红色的短裤，短裤上面有一个巨大的阴茎涂鸦。该系列的另一件单品是为女性设计的紧身裤，外阴处覆盖着无花果叶。紧身裤的上装是男式衬衫，脚上则是传统的女装搭配，旨在暗示性别的歧义性（Ash 1992：174—175）。戈德曼（Goldman 1992：214）认为，后现代文本的意义不能通过对文本本身的分析来辨别，而只能通过追问文本中元素的出处予以辨识。尽管在某些情况下，这类服饰带有表达新一代的态度和关注点的效果，但在其他时候，它可能会退化为"一种极为深奥的行为艺术，对于极为特殊的业内群体来说，它是如此晦涩以至于掩盖了与其他人的相关性"（Buckley 1997：19）。这种现象在时装秀上也是显而易见的。

采用前卫或后现代主义策略的设计师有时也会推出关于女性角色的反霸权诠释的服装，以区别于那些主流传统设计师的作品。许多为女性设计的服饰很可能符合传统文化对女性角色的期望，这也与男性对女性气质和性取向的期望相符。相比之下，有时前卫和后现代主义服饰似乎要么重新定义了公开表达的性含义，要么全盘否定了性。[1]

例如，一些设计师似乎把性取向的表达解读为女性权力和控制力的某种形式，正如20世纪90年代在巴黎展出的许多时装系列都强调身体的暴露一样。时装系列年复一年地出现了裸露胸部和腹部的服装，或用透明面料予以覆盖，从而将隐藏的部分全部显露出来（见图44）。在裸露的身体上搭配裁剪考究的西装外套几乎已成了陈词滥调。在某个时装系列中，新娘装只不过是一束鲜花和一条束带。尽管女性裸体在过去唤起的是无力感和从属性，现在却可能被解读为女性赋权。对裸体女性

157

图44　奢侈时装设计中的裸体（Martine Sitbon 1992）。由马希奥·马德拉提供

1　这些观察基于1987—1998年间发表在《纺织报》上的文章，这些文章囊括了巴黎的时装系列。另参见 Horyn（1996），Spindler（1996a and 1996b），以及 Steele（1996）。

身体的展示并不意味着性欲的唾手可得。恋物癖以胸罩和束身衣作为外套的形式出现。例如，麦当娜为自己在视频中使用露点的图像进行辩护，声称她仍然掌控着自我形象，而并非被动的性爱对象（Skeggs 1993）。

其他设计师通过表达通常被公众视为边缘化存在的性取向和性偏差，尤其是双性化和雌雄同体，来挑战传统的女性气质。性别模糊年复一年地出现在设计师的系列中。采取的形式之一就是将男装和女装并置（见图45）。1991年，巴黎1992夏季系列包括以下内容：深色男士外套，穿在用薄塑料条做成的胸罩或抹胸外面；男士廓形上装夹克，其面料类似于粗糙的渔夫网；与裙子搭配的领带，接缝向臀部敞开；穿在皮

图45　包括丝带和帽子在内的中性服装，它源自19世纪以来的"另类"风格（Yves Saint Laurent 1996）。由马希奥·马德拉提供

革紧身衣上的简约男士夹克 (*Journal du Textile* 1991)。在某些时装系列中，男性主题和女性主题组合在同一套服饰中，而在另一些时装系列中，它们则会融合为一个整体：男式夹克、马甲和西裤交替搭配裸体装、透视装和镂空装。尽管几个世纪以来，女性一直将男性化的服饰元素融入着装中，但这些系列所展现的性别模糊程度都是当代所特有的。有人认为，女性时尚中的中性风格意味着年轻一代是"无性别的"；性别差异的表达对他们来说并不重要 (Horyn 1996)。对异性性别身份的假设已在网络上被广泛接受 (Bassett 1997)。

相比之下，川久保玲的设计则是另一种意义上的反霸权主义。她强调隐藏而非强化女性的性属性。人们将其形容为对性欲和感官的压抑："肉体的一切诱惑都予以抛弃，色情的一切迹象都得到升华。"(Martin 1987a: 65) 川久保玲曾这样解释自己的观点 (Sudjic 1990: 81)："对于今天的新女性，我们必须打破传统的着装方式。我们需要一个强有力的新形象，而不是重温过去。"

很少有时装设计师对前卫和后现代主义的路径抱以坚定的决心。他们通常是出于特定目的才会对此予以接纳，但后来又往往将其摒弃，而且也并不一定会取得经济上的成功。这些时装系列的整体效果是丰富多样且变化显著的，因为每一季都会唤起作品中的不同元素。但事实上，基本的主题仍然非常相似。每件衣服都可以被解读为一套复杂的指涉，暗示着过往和多样的性别身份。对于在法国奢侈时装业大公司工作的年轻设计师而言，人们会鼓励他们创作能吸引媒体关注的服饰。来自其他国家的许多设计师公司发现有必要进行类似的风格实验，以便在日益混乱且充满竞争的氛围中吸引公众的注意力。这又导致了大量反复无常的创新（内容广泛且大多风格夸张的实验）并打乱了时尚变革和生产的正常模式。巴黎在过去和今天都是一个展示高度创新设计的地方，其中的许多设计永远都不会得到普及，而其他的可能要到几十年后才会广为流行。[1]

158

---

1 贝林和迪基 (1980) 指出，第一次世界大战以前，巴黎展出的一些设计极为超前于当时的时尚，以至于女性直到20世纪20年代才能穿上与之相媲美的服装。

作为艺术家角色的英国时装设计师

近几十年来，英国时装设计师基本上被排除在法国和美国时装业的变革之外。在第二次世界大战结束之后，英国服装业主要由少数制造商组成的寡头垄断所主导（Wilson 1987：82）。零售业由少数连锁企业控制，这些连锁企业对供应商实行了严格控制（Morokvasic，Waldinger，and Phizacklea 1990）。大型制造商和大型零售商对服装款式的影响较为保守，他们更喜欢能销往大众市场的标准化服装。据说直到20世纪60年代，英国服装制造商都还在雇用裁剪师而非设计师，他们复制杂志上的创意而非创造新的设计（Kemeny 1984）。尽管在20世纪90年代，英国服装业提供的机会有所改善，但许多年轻设计师仍然发现有必要到其他国家找工作或创办小型企业，尽管其中的大多数都因为资金匮乏以及对制衣技术细节了解不足而失败（McRobbie 1998）。

年轻的英国设计师们发展出了极为新奇的服装，这本身并非一种市场策略，而是为了响应他们接受训练的环境性质。他们的设计特点部分可归因于英国等级森严的社会结构，在这种社会结构中，工人阶级的年轻人被剥夺了其他出路，他们由此通过创作非传统的服饰风格来表达自己的不满，另一部分则可归因于教授时装设计的艺术院校的日常氛围（Frith 1987）。一般来说，艺术和设计职业吸引了底层中产阶级和工人阶级的学生，他们没有资格进入大学或职业学校，但又不愿意接受工人阶级的常规职业。当法国设计学校的学生制作的服装展现出流行时尚的影响时，英国的学生则更多受到了工人阶级街头文化的影响。英国艺术院校提供了时尚、街头文化和叛逆音乐之间的切入口，创作者得以在这样的背景下开始自己的职业生涯（Frith 1987）。[1] 时装设计师是该群体的

1　在这项研究中接受职业调查的英国设计师中，有55%接受过艺术院校的培训。事实上，44%的英国设计师只上过两所艺术学校：圣马丁艺术学院（St Martin's School of Art）和皇家艺术学院（Royal College of Art）。这种模式始于1920—1940年间出生的那批时装设计师。在所有1920年及之后出生的设计师中，有70%的人上过艺术院校。其余大部分都是自学的。只有4%曾就读时装学校而非艺术院校。

一部分，它同时还包括流行音乐的表演者和创作者、视频的制作者、舞蹈家和演员。

20世纪70年代，伦敦艺术学院的大批毕业生通常都是精通各种风格实验的受众。人们将年轻的都市人描述为"过度精通时尚语言……为了看起来有趣而非性感，做出了最大牺牲的人"（York 1983：114）。他们的目标是"**混淆**惯常的一致性和良好品味的规则"。艺术专业的学生和伦敦波希米亚飞地的其他居民都以着装来吸引眼球。着装作为一种表达自我的方式显得格外重要，它表达的并非社会地位，而是个体对于如何颠覆时装规则的理解（Frith 1987：141—142）。对于服装或配饰的每项选择都被认为是一种创造性行为，它是颠覆性消费实践的一部分。据说伦敦的街头时尚是"世界闻名的，可能比其他任何国家都更具创新性，当然也更为多样化"（Labovitch and Tesler 1984：108）。

城市街头集市的设立，加强了街头文化与年轻时装设计师之间的互动（McRobbie 1998）。街头集市是青年街头亚文化成员、艺术专业学生以及其他边缘社群成员二手服饰的主要来源。不想在服装连锁店工作的年轻时装设计师试图在这种环境下推销自己的设计。摆摊是获得一定艺术自主权的方式之一。据说在引领时尚潮流方面，靠近"街头"的集市设计师（通过定位于"可交换"的单品而重新进入时尚体系）比那些在发展后期才掌握这些潮流的成功时装设计师发挥了更为重要的作用。各大时装品牌都堪称是在"对街头市场上已有的商品进行返工"，并用便宜的面料生产这些款式更昂贵的版本，以将其推向更广泛的受众（McRobbie 1998：28）。

因此，在英国，许多因素的共同作用促成了这样一种局面，即相对于上流社会风格，年轻设计师对于反抗性的服饰更具亲和力：艺术和设计学校的氛围，城市街头文化的丰富性，着装意识形态作为颠覆而非从众的个人声明，以及英国服装业为年轻设计师提供的机会稀缺。年长设计师的服装设计继续服务于由保守品味和个人外表所主导的机构，与之不同的是，年轻设计师则认为自己是叛逆者和艺术家而非企业家。在法国，装饰艺术受到了精英们的高度重视，设计师们既可以将自己定位为

160

艺术家，也可以把自己设定为向精英受众创作高价单品的人。在英国，教育工作者已经用艺术家的身份证明了艺术院校培训时装设计师的正当性，而设计师自身也因此得以解释其设计类型并合理化了自己在市场上的失意（McRobbie 1998）。

重新定义时尚传播

过去，阶级时尚是由广泛传播的单一风格构成的。如今，由于时尚体系的地域分散性、所涉及的参与者数量以及产品的多样性，时尚的传播已经变得极为复杂。为上层精英创造的奢侈品时尚原则上应该向下扩散至特权较低的阶层。然而，尽管高级时装设计师在每一季都以引领时尚的姿态出现在媒体面前，但人们往往很难对时尚的走向达成共识；相反，设计师会提出大量的"命题"——一种创意的集锦。工业时尚吸纳了奢侈品时尚的一些趋势，但同时也遵循"自下而上"的模式，融合了工人阶级和其他亚文化的创新，后者被出售给更具特权的群体。

在法国奢侈品时尚界，人们谈论的是"趋势"（tendances）而非时尚，这意味着微妙的变化只会对公众产生审慎的影响，而并非形成强势的潮流效应。设计师在其当季系列中所展示的服饰通常种类繁多，因此要想捕捉趋势就需要一定的技巧和经验。一位时尚记者解释了这个问题（Spindler 1995：B10）："在让-保罗·高缇耶、维维安·韦斯特伍德、约翰·加利亚诺和卡尔·拉格斐（Karl Lagerfeld）的时装秀上寻找流行趋势，有点像去现代艺术博物馆（Museum of Modern Art），坚持不懈地寻找描绘花草树木的画作……这些设计师之所以伟大，不在于他们所创造的潮流，而是为何这些趋势对他们来说毫无用处……更重要的是展示与众不同的作品，以至于该作品只能被恰如其分地描述为如铅块一样有价值。"

这些设计师中许多人的想法实在无法大范围地传播至更多的受众。原因有很多。许多设计师服饰都是华贵而奢侈的，几乎无法穿至街头或工作场所。一些设计师（尤其是年轻设计师）所设计的服饰通常都是高

161

度编码的，因此公众也很难理解。正如一位观察家所言（Swartz 1998：
94)："衣服变得越来越难以理解，买起来也要贵得多。"通常在奢侈时装
系列中，每件衣服都能与其他衣服进行搭配。但这样反而很难提取出想
要效仿的特定细节，此类细节大多会在仿制中失去其原始含义和影响。
正如一位为业内知名设计师工作多年的合作者所说："它看起来永远都
不一样……因为他们不会用昂贵的面料，所以永远不会让它看起来像真
的一样。"

其次，奢侈时装市场反映了社会阶层生活方式的日益分化，这具体
表现在可支配收入水平和生活水准上。因此，高级时装设计师们所设计
的各种服饰风格都指向了上流社会的不同阶层。奢侈时尚并非由上层阶
级所接纳并向下传播的一种风格，而是主要为上流社会和上层中产阶级
中的特定人群所接纳的风格。时装预测机构的一位女主管描述了某些不
愿追求时尚风格的女性的观点："例如，我最近去皇后区参加了一场婚礼。
我这辈子从没见过这么粗俗的着装品味。来自时尚界的你看到了也许会
说：这些人来自纽约？但他们与当下的情境格格不入。他们去商店试穿
好看的衣服，却无法判断是否时髦。他们不在乎。那谁在乎呢？"

穿着入时是某些社会群体的特权，包括年轻人（十五至二十五岁）、
名人（摇滚和电影明星）、已经成功或正在晋升的专业人士、想在重要场
所凸显品味的管理人员，以及非常富有的人。但对于每个群体来说，时
尚的意义都各不相同。年轻人有自己的着装"传统"，其中许多都是最 162
近才出现的，并深受美国运动装和摇滚乐队亚文化风格的影响（参见本
书第六章）。富有的女性倾向于选择相对保守的设计师作品，但媒体名
人则会选择由更为年轻大胆的前卫或后现代主义设计师创作的风格。
当在采访中被问及客户时，设计师们经常提到极为特定的群体，比如"艺
术家、知识分子和专业人士"，"出版界人士"，"在广告、画廊和博物馆工
作的女性"以及"公司高管的妻子们"。在大城市，客户通常是彼此熟悉
的特定亚文化群体的成员。有些设计师则隶属于一些包含戏剧界和夜
总会名流的社交圈。某些时装设计师还在艺术家、知识分子或富豪名流
中拥有狂热的追随者。

在这样的环境下，女性所追求的是能够表现自身个性和社会身份的独特单品。人们将纽约的普拉达（Prada）客户描述为（Swartz 1998：98）"在画廊或广告中、在电影或电视中、在时尚或美容领域中工作——她们的穿着必须无声地传达有关高雅与品味的各种信息"。在巴黎的某些行业，如果女性仍穿着上一季的衣服则会遭到批评。

设计师服饰通常在商店里出售，而商店的室内装饰都是刻意设计的，以传达一种高雅文化的形象，这与画廊并没有什么不同。他们通常会为了雇用高级建筑师和装潢设计师而支付高额费用，从而打造出可以增强和突出设计师美学信息的环境。这些店铺被形容为具有"过滤"公众的效果。这种类型的商店要求"顾客有一定的信心——那些无法从这些衣着中感到愉悦的人不太可能勇敢地走进商店"（Sudjic 1990：114）。就像在画廊中一样，商品的交换是以私人关系进行的，即通过卖方向懂行的客户说明和解读服装来出售其产品（Swartz 1998）。

在设计师看来，这类风格对于他们的目标社会群体之外的人来说是相对难以接受的。巴黎的一位设计师说，不懂穿搭的人有时会因为看了报纸上的文章而去他的店里。其他法国设计师则表示："我的客户了解时尚；为了喜欢我的衣服，他们有必要接受时尚方面的某种教育。""我的衣服不仅为身体也为思想创造了一种氛围。因为它们在衣架上是静默的，所以顾客必须敢于试穿。"

163

对于那些未能重审自己个性和生活方式就盲目跟风的时尚效仿者来说，他们曾被看成"时尚的受害者"，但现在则被视作有品味的消费者。时装设计师经常在接受采访时表示，每个女性都应该形成适合自己的独特着装风格，融合各种元素，而非不假思索地购买和消费整套装束。一位年轻设计师曾将时尚描述为一种对话，一种图像生成的过程，女性可以借此识别并阐释自我。

这种哲学的另一个原则是，由于女性身形特征和个性的不同，同一件衣服将会产生不同的效果。而不同的女性穿同一件衣服也会显得不尽相同。类似地，在不同配饰和其他服饰的语境中，同一位女性穿同一件衣服也会投射出不同的含义。

一些美国设计师强调客户的独立性："她们是坚定而自信的女性，对自己的外表有着强烈的意识。""她们不听信杂志；她们阅读它们并将其完全转化为自己的理解。她们也会听我的，因为她们知道什么是最重要的，这正是客户令人兴奋的地方。她们自身有着强烈的个人意识，知道什么对自己有效，并对此感到满意。"一位法国设计师说："我理想的顾客是三十多岁。非常自信。她用衣着来塑造自己的形象，其着装表现出严肃、性感和温柔。"

年轻设计师对客户的概念往往不如经验丰富的设计师那么精确。那些在业内工作时间最长的人会熟练地与客户沟通，并受其态度的影响。这些设计师努力在店内与客户交流，设计出符合其需要的服装。一位设计师谈到了观察忠实的客户在不同情况下如何穿着他所设计的服饰的重要性。

一些美国设计师认为他们的客户影响了自己的风格："倾听客户的意见很重要。他们的参与增添了一些东西。""我不只是坐下来画草图，而是以一种更加理智的方式对待它。我考虑了自己的需求。我还想到了在全国各地旅行时所遇到的女性。"相比之下，一位更前卫的设计师说："我不需要看顾客对衣服的反应。你必须领先于顾客；你想向她展示她所没有的东西。如果你倾听顾客的意见，你就会始终落后。"

164

美国和法国设计师都经常提到街头和俱乐部里的人对其作品的影响。在某种程度上，他们似乎是在寻找新的街头时尚的迹象，但同时也是在观察那些对操纵衣着符号有特殊天赋之人的装束。一位美国设计师说："你每天见到的人都会影响你，而且比比皆是：SoHo，夜总会，餐厅。那些以自我方式着装的人对你的影响最大。"一位法国设计师回忆说，她的出发点有时会是某些细节，比如她在街上看到的衣领或袖子。

对于奢侈时尚来说，假设某种特定的时尚会充斥公众的视野将不再奏效。高级时装设计师的角色不是引领潮流，而是为潮流提供创意。时尚编辑和流行预测员从这些系列中挑选出即将成为流行趋势的推广款式。一位预测员在采访中描述了这一过程："通过掌握关键设计师的情况，我们可以从中吸取经验。会有五六名设计师崭露头角并真正引领潮流。你做得越多，它就会越成为一门学问；你就知道该看谁的作品了……然后，作为一名预测师，我将回到原始灵感，看看使之兴奋的是什么，它是如何与当下时刻联系起来的，为什么会与此相联系，又是什么刺激了他，以及这为什么有意义。"

另一位预测员则对设计师时装在多大程度上融入了大众服饰提出了质疑："在所有服装中只有极少数是时髦的，然后则是从过渡层次到更好的层次，再从当下的到中等的层次。许多想法都会被应用到这些领域之中，但解释得越多，就越容易越被淡化。这是有意而为之的，因为服装制造商知道，即使'新颖'能促进商品的销售，但如果衣服太过时髦，人们反而不会买，因为这对于他们来说太洋气了。"

一位营销专家将美国市场定义为三个主要群体：二十五岁以下（尤其是二十岁以下）的女性，二十五岁及以上的女性，以及三十五岁至五十岁的富裕女性。正如时装设计师在采访中所述，各个年龄段的富有女性都对时装感兴趣且更有可能打扮得很时髦，这导致了其中一些人误以为在选择服装时年龄并不重要。事实上，二十五岁以上的很女性可能穿着非常保守，并体现出明显的地区差异。由于美国女性的平均年龄已超过四十岁，年老的女性在服装市场中占据了相当大的份额。据市场研究人员称，这些女性在服装上的花费越来越少，现在她们更热衷于其他活动而非购物（Steinhauer and White 1996）。以中年女性为目标的公司则会避开时尚和潮流，并倾向于在对品味和喜好展开广泛市场调查的基础上发展出种类繁多又相对简约的服装。

相比之下，奢侈时尚风格的营销对象是生活方式迥异的中产阶级和上流社会，他们喜欢不为普通人所理解的服饰。奢侈时尚的传播似乎由许多相对较短的轨迹所组成，在其中，一种特定的风格会从城市亚文化开始向上传播，或向下扩散至特定人群，但并不会波及别的群体。

结　论

在过去的三十年里，时尚正朝着日益多样化的方向发展，这与当代社会的碎片化、社群关系的复杂化以及不同社会交往的扩大化相对应。直到20世纪60年代，时尚风格的创造和传播都始终是高度集中的。主流风格的变化会迅速传播到不同阶层成员的身上。在这一过程中，显赫的上流社会成员充当了时尚典范。阶级时尚表现在应该穿什么和怎么穿的规则上。遵守规则意味着个体从属于或渴望成为中产阶级。

公众在社会阶层内部及之间的分化，同时伴随着时尚组织特征的变化（其中许多时尚组织开始在服装之外的产品中获利），这由此发展出三种不同类别的时尚：奢侈设计师时尚、工业时尚和街头时尚。但这三类时尚之间的相互关联并不紧密：街头时尚对奢侈时尚有一定影响，反之亦然（参见本书第六章），两者又都对工业时尚产生了影响。大型服装制造商扮演着重要的角色，他们遵循着自下而上的时尚传播模式，吸收工人阶级和其他亚文化的创新，研究消费者的品味，从而将反映消费者偏好的风格推向市场。年轻人最有可能率先接纳这些风格，之后才由年长的人所效仿。时尚典范在某种程度上是从媒介文化中衍生出来的。

这三个类别的相对重要性在不同的国家各有不同，这取决于时尚组织的性质及其与消费者的关系。世界各地的设计师公司都面临着类似的限制，即在启动全球市场和扩展业务时所需的高投资成本。这些限制意味着大型企业（特别是那些拥有集团所有权的企业）倾向于维持经营以保持盈利。同样的因素也会阻碍具有创新潜力的小公司的发展。作为相对薄弱的"半职业"，设计师陷入了对强势服装公司和高端客户的经济依赖，因此通常会发现自己已沦为另一方的俘虏：受制于经理和金融专家，或依赖于善变的客户的突发奇想，并试图通过"渗透"其社交圈来觉察他们的品味。

同样的条件也让新公司很难进入这一行业，因而造成了这样的局面：新型小公司很难因其设计赢得时尚专家的认可，后者的判断会对风格的接受度产生影响，因为他们有能力为时尚精品店和时尚杂志挑选用于展示的待售服饰。小型时装公司受欢迎的程度则取决于他们入行时面临的环境。当准入的成本相对较低且竞争者数量相对较少时，新型小公司通常能够获取建立声誉所需要的关注度。当他们在准入成本很高的市场上与大公司展开竞争时，人们往往不太可能将其视作弄潮儿。与其他类型的文化组织一样，一些小公司的设计师往往会按照大公司的合同来创作风格，只有这样他们所做的工作才更容易获得关注。

三大时尚界（巴黎、纽约和伦敦）有着各自截然不同的侧重点。在每一种背景下，时装设计师都形成了一个独特的角色群，这从他们将自己定义为艺术家、艺术工匠或企业家的方式上就可以看出。在每一种环境中，市场的特性都会影响到设计师应对动荡和竞争的策略，从而引导他们为消费者设计作品，并以此强化与其他文化形式的联系。一些在巴黎展示其作品的设计师会利用与艺术的关联来提升自己的职业声望。其他人则转而利用前卫和后现代主义的意象，以提高他们在充满激烈竞争的市场中的地位。

在美国，少数设计师以艺术家和艺术工匠的身份为上流社会的精英人士提供服务，但大多数设计师都将面向日益分散的大众市场的各个环节，其成功取决于能否找到与公众产生共鸣的生活方式，无论这些生活方式是否真的存在。纽约的大牌设计师都是生活方式专家，他们擅长设计出能够表达特定生活方式的服装，无论它是真实的还是想象的。在伦敦，较为年长的设计师大多为艺术工匠，其客户大部分都处于上流社会，而年轻设计师则被排斥在这种环境和大众市场之外，他们在反抗性的街头文化和艺术院校环境的影响下，更容易接受艺术家的角色。伦敦设计师与青年文化以及影响服饰风格的其他流行文化形式的创作者保持着密切联系；其创作氛围倾向于反常、颠覆且大多不切实际的设计，而并非以盈利为目的。

总体而言，时尚的来源已日趋多样化，而时尚变化的本质也变得更为复杂。潮流和趋势的来源各不相同。在某些时尚界，时尚的变化是难以预测的；而在其他情况下则主要体现为风格的逐渐演变或循环往复。消费时尚面向社会阶层中独特的生活方式和"族群"(tribes)。各式各样的外表会在任何特定的时段风行起来，但往往反复无常且相互对立。设计师和服装公司都为此提供了广泛的选择，而并非单纯地支配时尚。消费者可以从中选择与自身身份相符的造型，这与后工业社会和后现代媒介文化对个体身份重要性的强调是一致的（Giddens 1991）。

　　某些生活方式几乎没有针对性，而在全部人口中，对时尚风格感兴趣的女性比例始终在稳步下降。融合了被广泛接受的社会和文化理想的时尚消失了，取而代之的是一种多元化的时尚，它代表着特定公众群体所认同的相互冲突的，有时甚至是离经叛道的价值观和符号，并提出了这样一个问题，即真正世界意义上的时尚是否仍然存在。　　168

第六章　男装与男性身份的建构：
　　　　阶级、生活方式和流行文化

社会共识的任何裂痕都需要一套新的着装规范。

——斯宾塞（Spencer 1992：41）

我们以神话为生。

——法国男士牛仔裤进口商，引自皮加诺（Piganeau 1991：73）

19世纪和20世纪初，对社会阶层的认同是影响男性在社会环境中感知身份和关系的主要因素。正如贝尔（1976）所说，随着20世纪60年代末向后工业社会的转型，人们不再像过去那样受到职业身份的束缚。根据这一理论，在工作场所之外建构个人身份变得越发重要。这些变化可能会对某些类型的男性产生更大的影响，特别是那些社会地位比较边缘、不明确或冲突对立的男性。衣着是构建身份的主要工具，它为表达生活方式或亚文化身份提供了广泛的选择。

虽然理论界一致认为消费品的含义是"开放的、灵活的和可塑的"（Kotarba 1994：157；另见Hetzel 1995），但究竟如何赋予消费品以新的含义尚不明晰。正如费瑟斯通（Featherstone 1991：11）指出的那样，后

现代主义的部分吸引力在于"它……旨在阐明社会中更广泛群体的日常
经验和文化实践的变化。这方面的证据最为薄弱……我们几乎没有关
于日常实践的系统证据"。鲍德里亚（Baudrillard）的后现代主义则将媒
介形象解读为"无意义的噪声"，而公众的反应则是以"扁平且一维的体
验……被动接收图像"（Kellner 1989：70），该反应也随着年龄和生活方
式的不同而高度分化。正如鲍德里亚所说，意义并未从媒介文本和消费
品（如时尚）中消失，而是由日益分化的公众以对立的方式予以解读。

　　20世纪出现了两种相对应的发展形式：公众越来越善于"解读"文
化，与此同时文化本身也变得越来越复杂。大众文化不断地重新定义社
会现象和社会身份；人工制品也随之不断获得新的含义。在这一章中，
我将展示后工业社会的转型如何在不同语境下（商务和休闲）影响了男
装的含义。我认为，经济活动中的衣着含义已相对稳固，而休闲活动中
的着装含义则不断经历着重新界定。为了理解赋予着装新含义的方式
以及流行文化在其中的作用，我将借鉴一些理论，这些理论认为某些流
行文化（包括服装）的含义是"开放的"，因为文化创作者和消费者都经
常将其重新定义（Fiske 1984）。电影和音乐媒体是这一过程中的重要元
素。通过将突出的形象与特定的着装类型相联系，它们改变了这些服装
的含义及其对公众的象征力量。要想取得成功，男士休闲服饰就必须与
媒介文化保持同步，因为它在电视、电影和流行音乐中均有所体现。

　　由于男性与职业领域的联系比女性更为密切，因此后工业理论与男
性身份的性质尤为相关（女性在某种程度上仍是出于经济需要或政府立
法才得以包容的"局外人"）。我将把重点放在男性的工作场所和休闲
着装上，不过讽刺的是，我所讨论的许多服饰类型现在女性也在穿。正
如我将在本章中展示的那样，不同类型的男性以不同的方式感知着装的
含义，其中一些人仅限于消费，而另一些人则既要消费又要打造服饰风
格。一般来说，那些基于种族、民族或性取向的小众群体倾向于用风格
表达自己的身份认同以及对于主流文化的抵抗（Janus, Kaiser, and Gray
1999）。青年亚文化成员所形成的风格最终会被"消费"时尚所同化，这
种时尚从媒介文化中挪用了偶像，并融入了各式幻想、审美表达和拼贴。

172 另一类则是"优质猎取者"(sophisticated poachers)，他们试图扩展人们所认可的男装规范界限。虽然我将主要以美国为例，但我所描述的变化同时也在其他西方国家发生。美国的情况尤为相关，因为近年来休闲服饰的时尚创新大多来自美国的种族、少数族裔和性别亚文化，一位法国观察家称之为服饰的"超级美国化"(Valmont 1994：22)。

工作与休闲：两种服饰文化

20世纪末，西装是表达社会阶级差别的一种风格缩影。自从它在19世纪末形成了目前的样子以来，关于如何制作和穿着西装就始终存在着严格的规定。[1] 精确的规范仍然支配着"轮廓与细节的适当比例，例如翻领、衣领和裤子的长度与宽度"(Flusser 1989：7)。[2] 西装允许选取的颜色范围非常有限（主要是海军蓝和炭灰色）。这些规则增强了西装作为社会阶层标志的有效性。那些得以接近最出色裁缝的人，更有可能了解到西装基本款式的细微变化。根据马丁和科达（Martin and Koda 1989：151）的说法："西装的裁剪、面料以及配饰……暗示了着装者的社会背景……西装是一种微妙而多变的服饰。"

正如《纽约时报》(1986)的一则广告口号中所暗示的那样，人们认为遵循西装的着装规范对商业、政治和职业成功有着直接影响："合适的西装不一定能让你登上权力的宝座，但如果穿错了西装，你可能哪里也去不了。"在保守的政治圈子里，藐视这种"制服"可能会被视作丑闻，比如1985年法国文化部部长杰克·朗（Jack Lang）在出席法国国民大会（National Assembly）的一次会议时，就穿了一套中式领西装，而且没打领带（Déslandres and Müller 1986：327）。一位法国男装设计师曾在1999年表示（Middleton 1999）："仍然存在这样的情况，即改动上衣的纽扣个数可能会引发丑闻。"

---

1 适用于女装衣裙下摆的类似规定已经消失了。

2 据专家介绍，每个细节都有合适的尺寸——翻领：3.5英尺；夹克开衩口：7英尺—9英尺（视男性身高而定）；袖口尺寸：1.63英尺—1.75英尺（Flusser 1989：32, 36, 51）。

　　人们将中产阶级男性的着装风格描述为囿于传统、稳固不变且立足过去（Martin and Koda 1989：9）。男士西装的设计师在第二次世界大战前的时期（尤其是20世纪30年代初的英式西装）找回了灵感，这也许不足为奇（Flusser 1989：3）。弗鲁瑟（Flusser）引用法国时装设计师伊夫·圣罗兰的话说，20世纪30年代早期创造的一些基本造型仍在流行（同上：6）。弗鲁瑟指出："20世纪30年代可以被真正地视为美国服饰风格达到顶峰的时期……这个时代奠定了男装良好品味的基础。"（同上：3）

　　20世纪80—90年代，中产阶级男装的典范是20世纪30年代的电影明星和英国皇室成员，最著名的是弗雷德·阿斯泰尔（Fred Astaire）和温莎公爵（Duke of Windsor）。作为最有影响力的男装设计师之一，阿玛尼（Armani）认为弗雷德·阿斯泰尔是"优雅的最高代表"（Fitoussi 1991）。1988年，纽约一家著名男装店的销售员曾说："过去正在发生。"（Hochswender 1988：75）

　　近来，西装价格的上涨以及人们表达社会阶层差异的态度转变，限制了西装在法律、金融和管理等中上层阶级职业中的应用。20世纪90年代，西装的销量急剧下降（Saporito 1993）。值得注意的是，每年只有3%的美国家庭会购买西装（American Demographics 1993）。在美国，华尔街投资银行对着装的态度最为保守，传统西装在那里仍是男性职业承诺的象征（Hochswender 1989）。西装开始被视作能够隐藏个人身份的制服，而并非会暴露身份的着装（Barringer 1990）。根据约瑟夫（1986：66—68）的说法，制服的显著特征之一是它对个性的压制。无论是保守还是浮华的领带，都能体现出着装者对西装传达信息的投入程度。

　　直到最近，由于雇用组织的着装规范限制，大多数男性在白天都还无法摆脱标准的男性形象。他们服装预算中最大的一部分可能都是为工作装预留的。当身居高位的人穿西装时，工人阶级或下层中产阶级职业的着装则往往是能够立即明确表明其身份的制服，例如警察、服务员或航空公司乘务员。

　　尽管以电影明星和时尚达人的着装为原型的经典西服在20世纪

173

30—50年代仍然很流行（*New York Times* 1995；Yardley 1996），但商人们所偏爱的服饰的变化则表明，休闲活动和流行文化体现出的价值观开始逐渐优先于工作场所的价值观。20世纪90年代，欧美商人的着装变得越来越不正式（尤其是在星期五），这表明休闲领域越来越多地涉足了商务领域，且休闲的象征意义不断增强（Mathews 1993；Janus, Kaiser, and Gray 1999）。这一趋势在西海岸的计算机和电子公司中最为明显，但也逐渐蔓延至其他地区和其他行业（Bondi 1995），从而形成了反映上流社会和中产阶级不同社会背景的各种着装（Nabers 1995：132）："如今我们通常拥有诸多各具特色着装类型，并且会因行业、专业和地区而有所不同……即使身着便装，商界人士的服饰也确实大不一样，这取决于他们是在东北部还是西北部、在硅谷还是汽车城工作，更不用说他们是业主、银行家，还是说客了。"

男性的着装也会随着他们在组织中的职位或雇主的变化而发生改变。在公司之外与公众打交道的男性会根据他们在某一天会面对象的社会特征来调整自己的着装风格。法国一家银行的主管说："我试图按照我同事或客户所期望的形象行事。我穿灰色西装出席董事会会议，穿时髦的衣服去参观建筑工地，当我需要去说服一位共产党党员身份的市长时，则会穿一件破旧的夹克。"（Villacampa 1989：98）

今天中产阶级男性的着装风格与19世纪下半叶不同的是，其工作场所的服饰风格可以与一系列风格迥异的男装风格并存。[1]休闲活动往往会塑造人们对自身的认识，对很多人来说，休闲活动要比工作更有意义。[2]这些变化在年轻人的着装行为中体现得最为明显。直到20世纪60年代，大学生和高中生都还会穿着西装去上课（Lee Hall 1992）。到了20世纪60年代，与西装相对立的蓝色牛仔裤取代了这些正式的套装，进而成为"大学青年制服"（O'Donnol 1982）。西装所

1　19世纪和20世纪初，上流社会的休闲服饰就已经出现了，但与西装类似的是，其风格都是由精确的规则所决定的。

2　马克思注意到，对于工人阶级成员来说，休闲比工作更有意义；这一观察可以推广至今天其他阶级的成员。

传达的价值观已不再与典型的大学生相一致。与此同时，艺术家和作家也摒弃了西装所体现的价值观，进而以休闲装作为自己的工作服。例如，1951年，当《生活》(*Life*)杂志为美国一流的先锋派画家（抽象表现主义者）拍摄照片时，参与的十四位画家都穿着某种款式的西装(Sandler 1976：卷首插图)。四十二年后，当艺术品经销商阿诺德·格里姆彻(Arnold Glimcher)为《纽约时报》杂志的封面拍摄类似的团体时，十二位艺术家中只有一人穿了西装(Schwartzman 1993)。黛安·阿布斯(Diane Arbus)在20世纪60年代拍摄的年轻艺术家和作家的照片表明(Arbus and Israel 1984)，此时这些群体的着装选择正在经历转变。[1]

175

　　与西装不同的是，大多数休闲装的穿着方式并没有固定的规则。着装者可能会调整衣着，甚至故意穿破损的衣服来表达个人身份。休闲装的含义在不断变化，就像蓝色牛仔裤一样，它是有史以来穿着最普遍、流行最广的一种服饰。在19世纪和20世纪初，牛仔裤象征着体力劳动和坚固耐用；它们是从事体力劳动工作者的制服。在20世纪30—60年代，中产阶级在西部各州的牧场度假时(Foote and Kidwell 1994：74)，以及工人阶级女性在工作和休闲时都会穿着牛仔裤(Olian 1992)，各种边缘群体的成员（如摩托帮、艺术家和画家、左派活动家和嬉皮士）也热衷于此(Gordon 1991：32—34)。牛仔裤在当时既代表了工作，也代表了休闲，但分别适用于不同的社会群体。对中产阶级来说，牛仔裤成了"美国个人主义和诚实价值观的象征"(Foote and Kidwell 1994：77)。与此同时，牛仔裤也获得了反抗的含义——自由、平等和无阶级——以对抗主流文化价值观。到了20世纪70年代，牛仔裤受到男性和女性的广泛青睐，并开始成为一种时尚单品，不过为了增加销量，其特点每年都会略有变化。设计师改动了款型以突出其色情内涵，并通过提高价格而将其转变为奢侈品。

1　"玛格南摄影师"是一个由来自多个国家的顶尖摄影师组成的小型组织，其摄影记录揭示了他们在年会中着装性质的逐渐转变，即从20世纪30—50年代的深色西装演变为70—80年代的休闲装(Manchester 1989)。

由于人们很容易赋予牛仔裤以新的含义，因此牛仔裤作为一种标志的重要性逐渐下降。正如费斯克（Fiske 1989：2）所展示的，牛仔裤到了20世纪80年代已不再代表特定的阶级、性别或某个特定的地点、城市或国家，尽管它还保留着与美国西部相关的一些内涵（力量、体力劳动和体育运动）。有迹象表明，20世纪50年代赋予牛仔裤以青少年魅力的神话正在逐渐式微。到了20世纪80年代末，新一代的青少年开始寻求父母并不认同的新迷思、新身份以及新着装（Friedmann 1987；Leroy 1994；Normand 1999）。20世纪90年代末，牛仔裤的销量开始下降，取而代之的是其他服饰，包括卡其裤、工装裤和运动裤（Tredre 1999）。

像蓝色牛仔裤一样，T恤作为另一种休闲服饰单品，其含义也是开放的；人们用它来传达反叛和顺从，这取决于它出现的语境以及可能印在
176 衣服正面或背面的信息类型。与蓝色牛仔裤不同的是，印有字母或图案的T恤出现于20世纪40年代（Nelton 1991），如今它已成为后现代媒介文化的缩影。在衬衫上印字是用以识别着装者与某个组织（如运动队）之关系的一种手段，它始于19世纪中期，并在20世纪30年代开始被大学采用（Giovannini 1984：16—17）。20世纪40年代末，人们开始通过特定的服饰类型（T恤）来传达其他形式的信息，头像和政治标语开始出现在了当时的T恤上，到60年代还出现了商业标志和其他设计。[1]20世纪50—60年代的技术发展（如塑料油墨、塑料转印和喷漆）促成了彩色图案的出现，这大幅提升了T恤作为交流手段的可能性。现在美国人每年大约要购买10亿件T恤（McGraw 1996）。[2]

T恤具备了以前与帽子相关的功能，即能够立即识别出个体的社会定位。与19世纪表明（或隐藏）社会阶级地位的帽子不同，T恤表达了与意识形态、差异和迷思相关的问题：政治、种族、性别与休闲。T恤

1　1938年，西尔斯公司推出了第一款短袖T恤——白色、圆领，且没有文字或图案（Giovannini 1984：14, 17）。第二次世界大战期间，美国军队采用了没有印字的绿色T恤；一些士兵还添加了他们自己印的字。最早出现于20世纪初的长袖棉质T恤是由法国制造的，并在第一次世界大战中为美国军方所采用。

2　欧洲人消费T恤要比美国人少。他们平均每人每年购买1.5件T恤，而美国人则平均每人每年购买6.5件T恤（Germain 1997）。

上出现的标语和标识种类繁多（见图46）。很多时候，人们都乐于为销售服装、音乐、体育和娱乐的全球公司做"无偿广告"，以换取与某些产品相关的社会声望（McGraw 1996）。人们有时会用T恤来表示他们对社会和政治事业、团体或组织的支持。T恤偶尔也会成为草根阶级进行反抗的媒介。一些盗版T恤上印了电视节目《辛普森一家》中的角色，这是对制作该节目的网络销售T恤的回应（Parisi 1993）。这些盗版T恤戏剧化地呈现了辛普森家族的非裔美国人身份。巴特·辛普森（Bart Simpson）在盗版T恤上扮演的是拉斯塔巴特（Rastabart），梳着雷鬼辫，戴着红绿金相间的发带；他同时还扮演了拉斯塔－杜德·巴特·马利（Rasta-dude Bart Marley）以及黑巴特（Black Bart），后者是纳尔逊·曼德拉（Nelson Mandela）的搭档。这些T恤旨在将着装行为作为表达观点的手段，这既是对作为族群的非裔美国人的肯定，也是对节目只能为黑人提供范围狭隘的角色的一种评论。与性别有关的暴力（如强奸、乱伦、殴打和性骚扰）的受害者会用T恤作为表达自身经历的场所，并将其置于公共广场的晾衣绳上予以展示（Ostrowski 1996）。相反，一些年轻人则会用T恤来表达对女性的敌意、攻击或淫秽情绪，或者展示枪支和手枪的图片（Cose 1993；*Time* 1992）。男性和女性青少年都以此来表达他们对主流文化（尤其是全球广告）的玩世不恭（Sepulchre 1994b）。

177

　　尽管最近管理者的着装规范发生了变化，但两种截然不同的服饰文化仍然存在，一种代表工作圈，另一种则代表休闲圈。在工作场所的衣着极为准确地标示了社会阶层的等级。相比之下，休闲装则往往会模糊社会阶级差异。特定的服饰并不能根据社会阶级差异予以恰当地排列，而这些着装通常是从工人阶级职业中衍生出来的，比如农民、工厂工人和牛仔（Martin and Koda 1989：45）。富人和穷人都置身于同一种风格圈，在其中，流行文化和娱乐媒介所传播的形象占据了主导地位。休闲装是表达个人身份的一种方式，并由此指向了包括种族、民族、性取向和性别在内的诸多重要议题。许多风格都源于流行音乐，而且往往是极度中性化的。起源于20世纪50—60年代的休闲方式与更为传统的男子汉

图46　表达各类主题的T恤。(上)"终身姐妹",在1993年波士顿的一场运动中
被用以提升黑人青少年对艾滋病的认识,由马萨诸塞州公共卫生部艾滋病教育
局(波士顿),以及科莱特·菲利普斯通讯公司(尼达姆)提供;(下)"吃大蒜的
匿名者",一件针对特定群体的T恤,由明尼阿波利斯的Tilka设计公司提供

神话（通常是美国的，但有时也受到拉丁语的影响）产生了共鸣，这与男性运动和休闲活动（如骑马、驾驶汽车或摩托车以及狩猎）有关。一家法国服装进口商表示："我们以神话为生。"（Piganeau 1991：73）还有一组吸引当代青少年的风格则基于更为新奇和惊险的运动装，如冲浪、滑雪和空中滑板（Valmont 1994）。它们由新型合成材料制成，有时也会被回收利用或通过计算机所创建的图形进行装饰。

在地位等级森严的传统工作场所穿休闲装是不合时宜的；在需要明确区分身份的情况下，缺乏明确的规范会引发混乱，根据一位企业形象顾问的说法，这将形成"行业与行业、公司与公司，甚至部门与部门"都彼此各异的临时解决方案（Casey 1997；另见 Janus，Kaiser，and Gray 1999）。　178

男性着装行为：一种类型学研究

与贝尔的观点一致的是，当代身份在工作场所之外是极具流动性的，那么男性是否会利用着装规范来创建或接纳与其职业相关的身份？在美国社会中，男性身份表达的主要制约因素是关于男性气概的霸权主义规范。美国媒体所表达的当代男性气概具有四个主要特征（Trujillo 1991）：（1）男性身体所具有的身体能力和控制力；（2）异性恋，通过与男性的社会关系和与女性的性关系来定义；（3）被认定为"男性工作"的职业成就；以及（4）父权制家庭角色。很多男性都不愿意将自己塑造成偏离这些标准的形象。男性身份在大众观念中往往被看成是根深蒂固且与生俱来的，而并非由社会所建构。因此，人们认为以着装行为来构建身份的尝试通常是不可靠的，这对年长的男性而言尤为如此。对时尚和着装行为感兴趣的人常常被看作娘娘腔（Gladwell 1997b：62）。被视为有阳刚之气的男性不需要在意自己的外表，因为人们认为男性气概并不是外表的功能。然而，年轻人无论男女都比中年人更具时尚意识，对服饰的消费也更为积极。美国的一位造型设计师说："往往是年轻人对时尚感兴趣，并刺激了时尚的变化。街头对我影响最大的是二十五岁以下的年轻人。老年人的着装方式最稳定。他们的朋友也都希望他们按某种特定的方式着装。"年轻人对时尚和潮流的反应非常迅速。一位时尚预测师说："他们正在经历大量个性的改变。他们试图寻找自我，并把许多个性表达都集中在着装上。"与老年人的衣着相比，青少年和后青春期的着装规范则更为严格。

在市场调研和关于男性着装行为之研究的基础上，我确定了四种与非职业身份建构相关的男性着装行为。大多数男性在大多数时间里可能都会采用某种特定的行为方式，但偶尔也会采取另一种类型的行为。着装行为的主要类型包括：(1) 对来自不同渠道的各式商品的"常规猎取"，这类渠道并不涉及变动，也并没有自觉地致力于与亚文化、流行文化流派、生活方式或时尚潮流相关的特定造型；(2) "隶属于一种生活方式"，例如服装公司销售的出众的着装风格；(3) "隶属于一种亚文化"，它将以一种改变其含义的新方式融合现有元素，或利用与流行文化流派的子变体相关的服饰来配搭自己的着装风格；以及 (4) 对来自不同渠道的各式商品的"优质猎取"，旨在有意识地打造出独特的个人形象，并扮演一种或多种以自我为中心、衣着考究且痴迷时尚的角色。[1]

常规猎取是成年男性最普遍的着装行为，而优质猎取行为则最少见。随着年轻人加入劳动力大军进而承担起成年人的责任，对街头时尚以及摇滚乐手着装行为的效仿往往会逐渐消失。在法国男性人口样本中，约有55%的人（Pujol 1992）以保守的"传统"方式着装，其中个人身份的表达极少。[2]这类男性大多是中年人，且收入高低不一。该样本的另外23%的调查对象是年轻人（30岁以下），他们对时尚感到不满，反而更喜欢能将自己与某个小圈子、帮派或朋友圈联系起来的着装。这类人可能会追随街头风格，或者遵循流行音乐流派所设定的风格。最后22%的样本符合对优质猎取者的描述。这些人中有一半以上相对年轻，他们乐此不疲地追随法国奢侈品时装设计师的前卫和后现代主义

---

1 "猎取"（Poaching）是指读者根据自己的兴趣和需要对文本中的材料进行解读的方式（Jenkins 1992）。与"拼贴"（bricolage）相比，它意味着在吸收的同时不做修改，而"拼贴"则更多体现出亚文化的特征，即将现有的元素以一种改变原有含义的方式组合在一起（Hebdige 1979）。

2 该研究基于一份针对2 800名15岁以上的男性的采访（Pujol 1992: 39）。

时尚。其余优质猎取者被描述为"以自我为中心"和"不墨守成规"的人，与之前收入相对较高的群体相比，他们更为年长。他们的目标不是紧跟时尚，而是用着装来表达自己的个性，有时还会加入一些极具原创性和前卫性的元素。

美国购物者类型学确定了适用于男性顾客的三种极为相似的类别：(1)"时尚先驱"（即常规猎取者），不在乎自己外表的男性；(2)"开明主顾"（即生活方式的附属者），他们是年轻或中年的夫妇，穿着体现雅皮士生活方式的服饰；以及 (3)"强势买家"（即优质猎取者），收入可观，且愿意为时尚承担风险（Piirto 1990）。对时尚感兴趣的男性比例要低于女性。法国的这项研究估计，时尚界真正的男性顾客所占比例仅为12.5%（Pujol 1992）。

法国的另一项研究对25—34岁之间的年轻男性进行了调查，发现有三种着装行为既会一同发生也会单独出现（Piganeau 1994）。首先，所有男性买衣服都是出于实际原因，为了寻找有用而方便的东西。第二种行为类型则受到这样的诉求影响，即男人渴望成为群体的一部分并得到同伴的认可。为了达到这一目的，他们依赖于知名品牌的服饰，这些品牌往往代表着一种生活方式，而并非最新的时尚。他们以电视明星和主持人为典范，而并非摇滚乐手或电影明星。最后，研究还发现，这些男性中有一部分人希望通过着装来表达自己的个性，这主要通过穿着对其有特殊意义且不受媒介典范或时尚影响的服饰得到体现。[1]

无论男性选取哪种着装行为，休闲活动的着装在过去的半个世纪里始终受到休闲、社会阶层、性别和流行文化之间的关系变化的影响。身着某类服饰在当时逐渐成为一种表达反叛以及拒斥中产阶级价值观的方式，取而代之的是以前的中产阶级着装所未能表现出的价值观和社会身份。流行文化为此提供了典范，它通常与工人阶级融为一体，并赋予其神话般的品质。这与19世纪的情况截然不同，当时的中产阶级和上流社会的服饰代表了着装规范，而这正是工人阶级在礼拜日竭力遵循的规

180

1　有关对女性具有特殊意义的个人服饰的研究，请参见Kaiser，Freeman，and Chandler（1993）。

范。此时，女性装束逐渐同化了男装元素，这在每种性别都经历各异的性别认同建构中形成了新的张力与困境（参见本书第七章）。

流行文化和服饰中的身份表达

在某段时间内，着装透过所谓"符号分层"（semiotic layering）过程（Turim 1985），从许多不同的语境中积聚了内涵。这促成了它们对服饰的创作者和消费者（他们可以在同样的衣服上操纵不同的含义）的效用。意义相对"开放"的服饰通常与反义词相关，如工作与休闲或叛逆与从众；而形象相对小众的服饰却往往有着特定的含义，不是工作就是休闲、不是叛逆就是从众。蓝色牛仔裤和T恤是前者的代表，而后者则以黑色皮革机车外套为代表。

流行音乐人在电影、电视或现场演出中的着装已经获得了与这些流行文化形式相关的含义。20世纪50年代，好莱坞系列电影提出了一种新的、成千上万的少男少女争相效仿的青少年身份观念：工人阶级反叛的神话。[1]在这些电影中，演员们选取了由蓝色牛仔裤、黑色皮夹克和T恤搭配而成的装束。这些电影以一种强有力的方式表达了青少年对工人阶级生活的不满，以至于观众对演员深表认同，并以其中的服饰来表达蔑视。彻诺伊（Chenoune 1993: 239）评论道："青少年……正在将这些……完全没有时尚词汇或语法的着装转化为自己身份危机的直接表现。"

在这种情况下，蓝色牛仔裤和T恤承载了与黑色皮夹克相关的负面或反叛内涵。这种皮夹克最早是德国军事人员在第一次世界大战中（Farren 1985）穿着的，随后双方军事人员在第二次世界大战时都接纳了这种夹克，20世纪40年代，加利福尼亚的青少年摩托帮派（Martin and Koda 1989: 64）也穿了这种夹克，该帮派曾让小镇陷入了恐怖阴影之中。其中一部后来确立了皮夹克在大众意识中的重要性的电影（《飞车党》）

1　这些电影包括：《飞车党》（与马龙·白兰度合作）、《无因的反叛》（与詹姆斯·迪恩合作）以及《监狱摇滚》（与埃尔维斯·普雷斯利合作）。

讲述了涉及这些帮派的真实故事。到了20世纪40年代，这种夹克已经成为"公路战士的象征，并代表着与一切积极的社会力量做斗争的人"（同上：64）。马丁和科达将这种夹克的象征力量部分归因于它的黑色，而这种颜色在20世纪被男性所穿时已然成为社会军事的象征以及对社会规范的反叛。无论是政治的、社会的还是艺术的反叛者都会穿黑色。黑色皮夹克已被那些希望在美学或政治上表达叛逆姿态的人们所选用，但它还是未能实现如蓝色牛仔裤那样的广泛流行。

　　20世纪80—90年代，广告商仍在使用50年代的电影和明星主题，正是这些电影和明星首次赋予了牛仔裤抵抗主流文化的特质（Foucher 1994：97）。这些衣服及其特定搭配（牛仔裤、皮夹克和T恤）的持续流行表明，服饰的选用与成功的电影或电视连续剧"让受众产生一种特殊存在感"的方式相类似。费斯克（1984：194）认为，特别流行的文本不仅传达着主流文化，而且还会让受众"理所当然地认识根深蒂固却又自相矛盾的文化领域"。

　　20世纪30年代，流行文化使得法国的着装风格也发生了类似的转变（Chenoune 1993：195—198）。在左翼政府因经济危机而掌权，且知识分子和艺术界创作了与工人阶级相关的书籍和电影的氛围中，法国电影所呈现的巴黎黑社会的独特着装成了无产阶级服饰的新风格。法国演员让·迦本（Jean Gabin）的衣着就是这种风格的缩影，而迦本本人也是工人阶级努力定义其身份的缩影，这种身份并非中产阶级的苍白反映。　182　迦本的电影对暴徒进行了美化，推动了巴黎工人阶级对暴徒着装的接受，而其他男性群体最终也接受了这种服装。

流行音乐、城市亚文化与媒介

　　第二次世界大战后的独特之处在于媒介与着装风格间的关联，尤其是经由媒介传播的街头亚文化对服装流行趋势的影响方式。以前，与种族亚文化相关的风格未能在这些群体之外得到广泛传播。20世纪30—40年代非裔美国人和奇卡诺人（墨西哥裔美国公民）所穿的阻特装（zoot

图47 阻特装表达了非裔美国人和西班牙裔在面对迫害时的"骄傲、反抗和渴望"（Chibnall 1985: 61）。这是克里斯·沙利文（Chris Sullivan）在1943年设计的阻特装的复制品（1994年）。由丹尼尔·麦格拉斯（Daniel McGrath）拍摄。由维多利亚和阿尔伯特图库提供，伦敦

suit，参见Martin and Koda 1989: 209），以及第二次世界大战期间法国青少年所穿的爵士乐迷装（zazou suit）都具有后来的亚文化风格中所没有的社会和政治内涵，因为这些着装在当时仅限于受支配群体。[1]

根据马丁和科达（1989: 193）的说法："阻特装……通常包括长及膝盖的外套、宽大的方形垫肩，以及膝盖处宽松但裤脚逐渐变窄的长裤。"身着明亮的颜色（如天蓝色），配以帽子、很长的表链和压花腰带，人们立刻就能认出阻特装是非白人亚文化的一部分，因为它只在黑人社区出售，而且只供黑人和西班牙裔穿着。这套服装有力地表明了黑人的身份（Cosgrove 1988）；它代表了"对屈从的颠覆性拒绝"（Kelley 1992: 160；见图47）。这套装束"编码了一种颂扬特定种族、阶级、空间、性别和代际身份的文化。战争期间，东海岸身着阻特装的主要是年轻的工人阶级黑人（和拉丁裔）男性，他们的生活空间和社交圈局限于东北部的贫民区，这套装束反映了他们在

1　1948年，主流的男士西服样式采用了阻特风格的改良形式（Chibnall 1985: 61）。

与主流文化的对抗中协商多重身份的努力"。

　　第二次世界大战期间，白人士兵、水手与身穿阻特装的非白人之间的冲突引发了种族骚乱（Cosgrove 1988）；身着阻特装代表了对战争的抵制，而许多黑人和西班牙裔都拒绝支持这场战争。在法国，身穿阻特装的系列服饰象征着法国青年对德国占领的反抗（Chenoune 1993：205）。今天的亚文化风格已不再那么具有反文化的分量，它被媒体工业迅速吸收并以高度发达的消费文化进行营销。

183

　　20世纪50年代末，电视已经成为许多美国家庭的固定娱乐项目，另外还有一种专门针对青少年的新式流行乐——摇滚乐。在后来的几十年里，除非有摇滚乐的支持，不然美国电影将会逐渐丧失改变特定着装含义的能力。[1] 相反，一系列以流行音乐为中心的青年亚文化使得青少年的着装发生了转变。流行音乐由许多相互关联的流派构成，这些流派的规则对圈外人来说通常是隐晦的，但对乐迷来说则富有意义，因为它们为其社会身份的构建奠定了基础。

　　产生和传播流行音乐的电子文化界具有独特的结构，特别适合吸收边缘亚文化的信息并将其供给没有区域边界的电子空间。由于无法在"内部"制作出成功的音乐，唱片公司不得不持续监控受众网络，以寻找新的风格和人才。这些公司与青少年的社交网络存在着松散的联系，这些青少年寻求着新的音乐风格以表达自己特定的情绪和观点（Burnett 1992）。成千上万的小型乐队在城市的酒吧和俱乐部中演出，这为新风格的发展和既有风格的演变做出了贡献。促成音乐即兴创作和创新的社交网络也生产出了"街头风格"（Polhemus 1994）。

　　由流行音乐衍生的时装潮流来去匆匆，部分是通过有线电视传播的，并由美国传播到其他国家。对于为年轻人市场服务的服装公司而言，其巨额利润依赖于黑人社区说唱乐手的着装选择（Senes 1997）。汤米·希尔费格（Tommy Hilfiger）是一家成立于20世纪90年代初的公司，通过将宣传完全集中于该公司与流行音乐人的关联上，它已成为"世界

---

[1] 20世纪80—90年代好莱坞"大片"的故事情节中与主题相关的T恤以及其他服饰都卖得很好，但这些产品并没有在流行风格上实现广泛的转变。

上最成功的服装企业之一"（White 1997）。知名摇滚乐队依靠擅长此领域的时尚设计师来打造他们的服饰和形象，其着装和造型在某些情况下会变得非常精致。对于时装设计师的角色，琼斯（Jones 1989：179）给出了以下评价："时装设计师重新聚焦并提炼摇滚和艺术形象，使之成为适合销售的产品，并通过与之呼应来强化原始资源，就像合唱队在福音歌曲中所做的那样。"

然而，尽管音乐亚文化（包括本地的业余和专业人士）都接纳了华丽或新奇的着装风格，且这些风格吸收了各式各样的服饰和戏剧传统，但以特定着装表达的某些主题仍不断涌现。在20世纪50年代的电影中流行起来的东西（牛仔裤、T恤和黑色皮夹克）经常单独或一同出现。这些着装在20世纪50年代形成的含义已经得到了发展，但它们与反叛或顺从的关联并未改变。青少年音乐亚文化实际上是在利用一种由少量的"偶像"服饰所构成的视觉语言。这些服饰被用以表达对主流文化的反叛或肯定，抑或是对性别符号的象征性颠覆。与鲍德里亚的论点相反，媒介似乎赋予了特定衣着以青少年公众所熟知的特定含义。

琼斯（1987：11）对20世纪50年代初到60年代后期的摇滚乐手着装展开了广泛的研究，她认为服装的含义必定是明确的："粉丝们必须马上知道哪些是反叛的少男少女，哪些又是乖巧的。"摇滚明星的着装是其传达音乐信息的一个主要因素。据她所知，无论黑色皮夹克是否搭配蓝色牛仔裤和T恤，持反叛姿态的音乐团体差不多一直都这么穿。而如果不穿黑色皮夹克只穿蓝色牛仔裤和T恤，则是在表示某个团体对自身美国身份的肯定。20世纪50年代，与青少年有关的好莱坞电影使这些惯例得以确立，尽管这些电影中只有一部真正使用了摇滚乐。利用这些惯例，摇滚音乐人（如埃尔维斯·普雷斯利）在20世纪50—60年代打造出了视觉表征的原型，并在随后的几十年里不断得到回潮（Jones 1987：14，53）。20世纪80年代，布鲁斯·斯普林斯汀（Bruce Springsteen）利用50年代的标志性着装取得了巨大的成功：皮衣、西部牛仔裤和T恤。琼斯（同上：64）指出："相对于这批音乐人在现有着装类型上所做的工作，后来的音乐人在大体上并没有再打造出新的装束。"

　　琼斯认为，只有像埃尔维斯·普雷斯利这样的巨星才能交替展现叛逆和英雄的形象。甲壳虫乐队在成名之前会身穿牛仔裤和黑色皮夹克。他们的成名源自对叛逆造型的摒弃，转而穿上了由皮尔·卡丹（Pierre Cardin）设计的没那么男性化的西装，并在这一时期留起了很长的头发，以此作为温和的性别颠覆（Jones 1987：71）。另一位曾塑造出"令人生厌的精神错乱形象"的摇滚音乐人则穿起了牛仔裤和T恤，标志着他转型为一种更为积极的新形象（同上：89）。大多数摇滚音乐人并没有从叛逆转变为英雄形象，而是只会选择其中一种形象，且通常会在同一时期与形象对立的音乐人搭档出现。[1]

　　20世纪70年代出现了新的主题，比如性别颠覆和科幻小说。大卫·鲍伊（David Bowie）提出要展开"对着装规范以及性别陈规的彻底攻击"（Evans and Thornton 1989：7）。鲍伊是首位展现异装癖者形象的歌手，他的裙装、眼妆、奢华的假发和珠宝首饰为后来的许多乐队及其粉丝提供了一套新的视觉符号，其有时还会与男性气概的主题融为一体。20世纪80年代初，鲍伊的造型被伦敦俱乐部的时尚达人们重新发扬光大，他们反过来又影响了歌手乔治男孩（Boy George），其装束包括裙子、琼·科林斯（Joan Collins）发型以及大量珠宝首饰。20世纪80年代末，长发、珠宝（戒指和手镯）、黑色皮夹克、紧身牛仔裤、靴子和摩托头盔与重金属元素相结合而成为一种流行的装束（Bischoff 1989）。

　　朋克是流行文化、时尚和青少年亚文化之间错综复杂关联的缩影。20世纪70年代初期，英国制作的一部关于青少年的电影《发条橙》获得了巨大成功，但也饱受争议，它普及了涉及科幻小说的形象以及后来与朋克相关的造型。设计师维维安·韦斯特伍德和音乐企业家马尔科姆·麦克拉伦（Malcolm McLaren）利用20世纪70年代初工人阶级对英国社会的幻灭感，将新兴街头风格的元素融入与朋克音乐有关的极度叛逆的装束中。这种着装在一定程度上依赖于过去二十年间发展出的服装视觉语言（黑色皮革机车夹克、T恤和蓝色牛仔裤），但也增加了一些

185

1　这一现象的例证包括迈克尔·杰克逊（Michael Jackson）和普林斯（Prince），鲍勃·迪伦（Bob Dylan）和吉姆·莫里森（Jim Morrison）。

新的元素，如夹克上的铆钉、镶嵌金属的腰带、耳环和装饰面部的安全别针、撕破或残缺的牛仔裤以及独特的发型，且通常身着鲜艳和怪异的颜色（Nordquist 1991）。对身体和衣着的滥用表达了对既定价值观的嘲讽以及虚无主义的态度。他们通过剃须刀划伤的T恤来模拟伤疤，在印有英国女王的T恤上用安全别针穿过她的鼻子和嘴，并配以束缚链（Jones 1987：135—137）。1975年，麦克拉伦组织了第一支朋克乐队"性手枪"，并让他们穿成这种风格，而乐队成员都是来自附近服装店的工人阶级。

很快，这种服饰元素出现在了奢侈品时装设计师的时装系列以及低价服装系列之中。与阻特装的流行历程完全不同的是，一种以英国小众亚文化对极端虚无主义的表达为开端的风格，受到了世界各地青少年的效仿，并以此作为他们表达个人焦虑的一种手段。这种风格的社会和政治内涵消失了；相反，其中的元素仍然呈现出被广泛使用且自由浮动的规则，用以表达着装中的反叛，后者已经完全脱离了当代反主流文化的活动与信仰（Siroto 1993）。

到了20世纪80年代，摇滚乐队已有三十年的音乐历史，并塑造出了反叛、越轨和性别模糊的形象。例如，重金属乐队继续利用摩托车皮革装（黑色皮夹克和牛仔裤），或者高跟鞋、饰有铆钉和钉头的皮革，以及施虐狂的相关用具（Jones 1987：115）。他们吸收了朋克音乐的撕裂装和施虐受虐元素，配以头带、标语T恤和流苏为代表的迷幻主题，以及鲍伊为男性设计的炫目摇滚睫毛膏、假发和珠宝饰品（同上：115）。20世纪90年代，拥有庞大观众群的流行音乐继续分化，时尚潮流也紧随其后（Pareles 1993）。音乐风格的每一次变化都会产生新的着装风格，其结果是对于青少年和年轻人而言，已不存在普遍的流行趋势，而是不同风格的混搭，同时新的风格也会随着规则细分而出现（Piganeau 1996，128；Chenoune 1993：301）。

街头风格与青年亚文化

街头文化的着装行为被比作"放大镜"，它使我们得以观察人们态度与行为的变动，而这些又构成了特定时期的特征（Bischoff 1989）。一些青少年亚文化所打造的形象在表达青少年身份方面是如此成功，以至于人们认为这预示了普通青少年在此后几个时装季的着装方式。一位时尚业内人士表示（Valmont 1994: 22）："年轻人已经创造出了自己的着装规范，并与他人展开了交流。他们已经成了决策者。"

　　青少年亚文化在第二次世界大战后发展迅猛，这是由于青少年获得了更多的时间和闲暇，并成为流行文化产业关注的主要焦点。[1]风格与外表是亚文化身份中最重要的元素之一（Clarke 1976）。对于不属于劳动力市场的青少年来说，衣着是他们生活中相对容易掌控的一个方面，他们可以借此来表达自我以及自身对社会环境的态度。他们借鉴现有风格并将其以新的方式进行组合，将所有单品、衣着和发型搭配在一起，以此定义一种表达个人经历和特定群体处境的身份。在某些情况下，创造亚文化身份的推动力可以被解释为对主流文化的反抗（Hebdige 1979）。更为常见的情况是，青年亚文化允许个体尝试一些身份，且这些身份通常是"预制的"，几乎不需要付诸想象或努力。这些亚文化所赋予的社会身份通常是短暂的（Polhemus 1994）。有些亚文化（主要是街头风格）只能风靡一时；有些得以席卷整个国家；其他的则因城市而异。在美国，每个城市都有着关于"入时"或"酷"的独特描述，而这继而又包含了许多子类别，即在不同活动类型和不同地点所穿的不同服饰。每个城市不同年龄段（14—18岁，19—24岁，25—30岁）的每种风格都有各自的变体。街头风格是酷炫的，它高度多样化且不断变化着。正如一位"时尚猎人"所说，"酷是一套方言，而不是一种语言"（Gladwell 1997a: 86）。青年亚文化体现了青春期群体在个体层面上的"身份认同努力"的过程，年轻人在其中通过选择或创造风格的方式来表达对自身变化的理解（Brown et al. 1994）。流行音乐在当代青少年的身份构建中扮演着重要角色，因为这是他们最容易获得和接近的媒介文化形式，也是丰富的文化意义来源以及可供同化或抵制的标准。青少年网络的活动在其首选位置得到展开，比如特定的街区或购物中心，并且经常宽泛地固定在一

187

---

1 青少年亚文化通常被定义为具有可识别的社会结构、独特的共同信仰和价值观、具有特征性的仪式和象征性的表达方式的子群体。

些组织中，比如专门的服装店、俱乐部和"粉丝杂志"（由粉丝们制作的内部通信方式，参见 Chenoune 1993：301）。参与者对亚文化的投入程度各不相同，既有全职的，也有作为周末消遣的（Fox 1987）。

由于其短暂性和临时性，青年亚文化的"人口"一般很难调查。1995 年在英国举办的一个博物馆展览（de la Haye and Dingwall 1996）[1]为此提供了难得的机会，以比较和分析过去 50 年以来出现在美国和英国的大约 50 个群体着装所要表达的主题。[2]将近一半（20 个）群体的主要兴趣是一种音乐风格，大多数情况下是流行音乐，但少数情况下也有与某个民族相关的音乐。第二常见的主题（8 个群体）是一项运动，包括精彩但有时也很危险的运动，如滑板、滑雪、海上冲浪和空中滑板。另外的15 个主题分别与不到 5 个群体相关。这些主题涵盖了身份的公共面向，如种族、民族、阶级、政治归属、对生态的关注以及私人关切（如性取向）。文化影响包括技术、神秘主义、电影和着装风格本身，就像我们在一些最早的亚文化［比如摩斯族（the Mods）和泰迪男孩（Teddy Boys）］中所看到的那样。

与大多数青年亚文化和街头风格一样，这些群体选用了特定类型的标志性着装，包括牛仔裤、T 恤、皮夹克、运动服和军用服装（如军队迷彩服），以及特定类型的鞋（包括胶底运动鞋和靴子，见图 48）。例外的有摩斯族、泰迪男孩和美国"预科生"（preppies）风格，他们分别穿着裁剪考究的西装、工装外套和装饰性的马甲，夹克衫配卡其裤和乐福鞋，这些都是裁剪优雅的典范。华丽摇滚和放克音乐的追随者则偏爱厚底鞋、金色连体裤、珠宝首饰和浓妆。亚洲和加勒比地区的班格拉（Bhangra）等族裔偏爱鲜艳的色彩以及传统与现代风格的融合。致力于生态问题的环

---

1 展览重点关注属于这些亚文化成员的特定着装，这些服饰是通过个人联系，从专卖店、二手服装店，以及服务于这些市场的设计师那里获得的。展览的目的是展示亚文化服饰风格的概观。有关法国青年文化的最新流行趋势，请参阅 Mopin（1997）。

2 波尔希默斯（Polhemus 1994）列出了 45 种街头风格，其中有 10 种并未包含在德拉海和丁格尔（De la Haye and Dingwall 1996）的论述中。当被问及他们喜欢哪种风格时，年龄在 12 岁到 24 岁之间的法国男性样本列出了 35 种品牌，尽管其中很多只占很小的比例（Piganeau 1988；另请参阅 Obalk，Soral，and Pasche 1984）。

保团体则主张可回收、拼接和修复的衣服。

亚文化风格的群体是紧密相连的；新风格通常从一些老式风格中汲取灵感，而这些老式风格又处在与公众产生共鸣的错综复杂的影响链中，如以下描述所示（de la Haye and Dingwall 1996：n. p.）：

影响来自20世纪60年代末/70年代初的雷鬼/牙买加音乐场景，但也有许多其他风格的参考，如20世纪60年代初的意大利"垮掉的一代"（Beatnik），以及更微妙的是，20世纪70年代末的休闲足球。从本质上说，这就是它成功的原因——**对各式各样的人而言，意义是多重的。**

泰克诺（techno）音乐风格将跳霹雳舞的舞者（B-boys）、溜冰者（Skaters）和狂欢晚会（Rave）的着装元素与军用服装相融合。

图48 "疯狂摇滚"（Psychobilly）的亚文化着装借鉴了一些街头文化的标志，如黑色皮夹克、T恤、破洞牛仔裤和马丁靴（1980年，英国）。由丹尼尔·麦格拉斯拍摄。由维多利亚和阿尔伯特图库提供，伦敦

这款注重形体的装束展现了牛仔（1940）、摇滚（1950）和炫目迪斯科（1970）风格的影响，吸引了更具魅力的重金属音乐追随者……仿撒旦的形象出现在徽标和珠宝首饰上，很多亚文化群体都

戴着它，其中包括华丽摇滚歌手、重金属乐爱好者和哥特风爱好者。（着重标记为作者所加）

公开的政治声明在这些团体中是例外的。颠覆通常既微妙又形式多样。在许多群体中，反建制态度是通过这样的着装选择予以表达的，即与工人阶级相关的服饰，以及偏好不洁、蓬乱和无序的衣着。20世纪50年代，"垮掉派"的着装（羊皮衬里的皮夹克、棉格子呢衬衫、棉T恤、棉裤和军靴）"被视为……一种强有力的反建制和反灰色法兰绒西装的声明"（de la Haye and Dingwall 1996：n. p.）。20世纪70年代末，"乡村摇滚"们"刻意地衣冠不整……这是从实用的工装中借用来的……（他们）通常会以此回应上一代衣着过于考究的泰迪男孩套装"（同上：n. p.）。20世纪80年代末，"旅行者"［一个"新时代"（New Age）的另类生活方式群体］的着装结合了"二手服饰、军用服装以及手工缝制的衣服……这些衣服破旧不堪，因为它们通常会被穿到散开，而其未经洗涤的样子则是户外漂泊生活的结果"（同上：n. p.）。

而在其他群体中，反建制的观点则通过中性化的颠覆性观念（比如"带有女性化色彩的显著男性气概"），或者将流行消费品的标识置于陌生语境中予以表达。20世纪60年代中期，"迷幻剂"（围绕迷幻药LSD的一种反主流文化）风格"沿袭了权势阶层的装束，并以亵渎的方式将其与休闲装相结合，以打造出一种浮华艳丽的现代装扮"（同上：n. p.）。

对青少年如何利用卧室装饰来表达其身份的研究发展出了以不同方式利用物质文化和媒介的类型学（Brown et al. 1994），这对于解释青年亚文化成员如何选用着装尤为有用。第一类是"挪用"与青年人日常生活的具体情况相符的物质文化和媒介形象。通过添加徽章、刺绣以及其他类型的装饰，亚文化成员"定制"其所买物件的方式是显而易见的（Gordon 1991：35）。第二类是利用物质和媒介文化来建构不真实或不现实的身份（"幻想"）。最受欢迎的幻想是在摇滚音乐会上装扮成摇滚明星的"克隆人"风格（Bischoff 1989：95）。第三类是街头造型师得以参与的各式"审美表达"。自制的朋克风格以这样的方式得到实现："将男士无领衬衫溅上油漆,撕破布料,再用链条和安全别针加以装饰。左下角的正面还印有'席德·维瑟斯'(Sid Vicious)字样。"(de la Haye and Dingwall 1996：n. p.)

第四类是"拼贴",将不同的物品和图像并置在一起,以创作出对个体意义深远的原创服装。在青年亚文化成员的行为中,另一个显而易见的类别是"怀旧"。一些青少年会花数个小时在旧货店的垃圾箱里翻找出过去几十年的衣服,以试图重现曾经的流行款式(Polhemus 1994；Bischoff 1989)。

心仪的外表通常是投入了大量时间、精力甚至金钱的结果。这通常会形成对特定着装的强烈依恋,这些衣服可能会穿很多年,或者即使不穿的话,也会精心保存下来留给后代。服装的来源包括"小型专业零售商、裁缝、市场和邮购目录……以及精选的大型制造商,其产品被视作'正品'"(de la Haye and Dingwall 1996：n. p.),不过还是有许多衣服是自制的。衣服偶尔也会根据客户口述的精确规格(如口袋和纽扣的位置)来定制。

190

因此,特定亚文化中的着装并不一致。地区、时间和个人品味的不同将会产生诸多不同的变化。对很多人来说,其目标是要形成既与其他同龄人相区别,又不同于制造商的营销活动或大多数时尚业内人士要求的着装风格(Gladwell 1997a：84)。结果是产生了一套融合了各个时段各种流派的高度多样化的风格,不过这需要有特别在行的眼光才能予以识别。

其他情况下,我们的目标是要在竞争中取得成功,抢在同行或竞争对手之前获得时尚行业正在销售的最新时尚产品。并非所有的亚文化都排斥主流文化。一些街头时装则是基于对著名时尚品牌的利用,例如拉夫·劳伦、路易威登、古驰、香奈儿、莫斯奇诺、范思哲和阿玛尼(de la Haye and Dingwall 1996：n. p.)。20世纪80年代初期,英国的休闲装"热衷于持续更换的昂贵标签,目的是为了让竞争对手'冷静'下来"。在法国,印有商标和口号的青少年运动装品牌成了工人阶级青少年追捧的对象(Chenoune 1993：308)。在伦敦,西印度裔青少年穿着法国运动品牌的宽松牛仔裤,并以此模仿美国说唱明星(同上：309)。这类亚文化成员在买不到正品的情况下,有时也会买赝品,而这些实际上都属于挪用的方式。在美国"嘻哈"文化中，"品牌意识和残酷竞争……最终催生了个性化定制。对于令人梦寐以求的标签，裁缝……采用了最昂贵和最保守的设计，同时增添了额外的'街头特色'……这在后来被称为'贫民窟时装'"（henoune 1993：n. p.）。

20世纪90年代中期，在费城一所低收入的市内高中，黑人青少年身着名牌服饰，这与同城的宾夕法尼亚大学里有钱的本科生着装几乎一模一样（Akom 1997）。市中心的一些黑人青少年每年购买的运动鞋多达十二双（Gladwell 1997a）。与白人孩子相比，非裔家庭中的孩子被认为"对时髦和打扮入时有着更为强烈的意识"（American Demographics 1993：10）。黑人青少年比白人青少年更有可能利用时尚来定义男性身份。他们倾向于选择符合自己种族的着装风格，而这一做法又反过来保证了年轻人与其种族的一致（Wilson and Sparks 1996：417）。美国黑人家庭在男孩服装上的花费要比白人家庭多75%（American Demographics 1993：10）。在黑人公立学校，与服装有关的盗窃和暴力问题反映了穿某类单品或某些品牌服饰的重要性（Holloman et al. 1996：267）。衣着自19世纪末以来就在非裔美国人文化中产生了特殊的意义，部分原因在于无论男性和女性都非常重视在黑人社区和教堂街道上展示的个人形象（White and White 1998）。无论男性还是女性，消遣的主要方式就是在街区散步，以展示自己的衣着并观察他人的着装。年轻人尤其以打扮入时为荣。

正如某些街头风格源自时尚一样，奢侈品和工业时尚也"借用"了街头风格的创意。风格上的创新通常始于主流之外的小众群体以及那些自认为处于主流文化边缘的人。奢侈时装设计师不断地从朋克、说唱和垃圾摇滚风格中循环利用主题（Spindler 1996a；Polhemus 1994）。在美国城市中已司空见惯的街头造型可能会成为巴黎设计师时装秀的重要主题。胯裆裤（baggy pants）的潮流被美国和法国的许多设计师所接受，它最初是作为洛杉矶街头帮派身份的象征而出现的，且率先推广它的小公司设计师都是二十岁出头的年轻人（Horyn 1992）。时尚创新者通常来自城市社区，那里也是流行音乐和艺术等其他类型创新的"发源地"。为了将其传播给更多的受众，他们的创新必须被发现和推广。"次级的"创新者往往是小公司，

191

它是由来自创新发源地的社群所创建的（Branch 1993）。一旦风格展露出了流行的迹象，大公司就会着手生产自己的版本，随后积极营销。

工业时尚完全由消费者的需求所主导，尤其是特定年龄段的消费者诉求。根据一家大型工业服装公司设计总监的说法："强加一种风格给公众是不可能的。相反，有必要察觉和预测潜在的需求。"（Piganeau 1989）为了寻求年轻人对时尚的反应，服装公司的侦察员在小学和高中周围拍摄了数百张照片。他们在街头和俱乐部寻求创意，并聘请青少年作为顾问（Branch 1993：118）。有些人则利用"时尚猎人"观察并采访郊区和城市贫困街区的青少年（Gladwell 1997a）。

在不懈地寻求新奇的或可以使之看上去新奇的事物中，时尚创作必须挖掘各式各样的着装风格。这由此形成了奇特而又反讽的影响力链条，其中一些男装设计师从青少年受众的着装中汲取灵感，青少年则会 192 反过来模仿摇滚乐手，而现实生活中的这些摇滚乐手又是顶尖设计师最忠实的客户之一。

优质猎取者：现代花花公子

男装类型学中的第四类是"优质猎取者"。尽管只有少数男性进行优质猎取行为，但这实则是最为复杂的着装行为，而且由来已久。19世纪，有足够财力的男性通常会穿奇装异服，这通常会涉及与女性服饰相关的织物和装饰。拉弗（1968：51）描述了1830年左右本杰明·迪斯雷利（Benjamin Disraeli，后来的英国首相）的穿着："绿色天鹅绒裤子、金丝雀色的马甲、低帮鞋、银色的搭扣、手腕上的蕾丝……各式各样的戒指……还有长长的黑色卷发。"19世纪后期，美国艺术家詹姆斯·麦克尼尔·惠斯勒（James McNeill Whistler）穿着"白色帆布裤……漆皮鞋，有时戴着彩色蝴蝶结……穿着晚礼服……一条鲑鱼色的手帕从他的背心中露出来"（同上：92）。

与19世纪的同行一样，当代花花公子通常与艺术（小说家、诗人和画家）或流行文化（现在指的是广告、电影、电视和流行音乐）联系在一起。"女性化"服饰的选用仅限于特定着装中的一些细节。例如，花花公子会选取与女性相关的颜色，如白色与柔和的色调，尤其是粉色或淡蓝色。女性化细节的其他例子还包括衬衫和领带上的印花图案，背心和西装夹克上的装饰图案，衣领和袖口的蕾丝，或者特别显眼的手帕（Martin and Koda 1989：191）。

作为20世纪60年代性解放运动的一部分，同性恋亚文化得以在欧洲和美国以更为公开的姿态蓬勃发展。这些亚文化成员质疑了男性气概和女性气质的既有定义，并对性别认同和生活方式展开了不同尝试（Segal 1990：147, 146）。到了20世纪70年代中期，这些亚文化的规模已经大到足以构成以前被视作娘娘腔的文化产品市场。广告商使用了一种被称为"男同窗口"的广告技术，在面向主流受众的广告中，利用对男同性恋者有意义但往往被异性恋者忽视的特定线索来对其进行锁定（Clark 1993：188）。[1] 作为优质猎取者，同性恋亚文化成员成了其他人群的时尚引领者，并让相关产品（包括男士香水和珠宝）、衣着和发型（Segal 1990：155）得以风行。

该群体也并非总是娘娘腔或中性化的。在某些同性恋亚文化中，男同性恋者比"直男"看起来更加男性化，并影响了与皮衣和牛仔裤、靴子、短发和胡子有关的造型。与此同时，许多异性恋男性开始变得越发时尚，在外表上也更加中性化（Segal 1990：149）。与非裔美国人一样，少数同性恋群体是以休闲身份建构风格创新的重要来源。一旦它们被主流文化所同化，这些单品就失去了对同性恋亚文化成员所具有的特定内涵（Freitas，Kaiser，and Hammidi 1996：99）。

20世纪80年代初出现的由法国设计师所设计的男性时装，是男性对性、女性和自我身体的态度和行为转变的一个相对晚近的副产品（Chenoune 1993：302）。它评析了男性对自身及其性角色看法的变化，并推动了更大程度上的变革。在大多数男性看来，设计师的时尚客户主要是优质猎取者，这一点相当不可信（Piganeau 1994：33；Spencer

---

1　这些广告通常依赖于男同性恋者在公共场合的衣着标识，比如鞋带或某种颜色的印花大手帕，或者某种装束的系扣或脱扣方式（Freitas，Kaiser，and Hammidi 1996：96）。

1992：45；Costil 1991；Pujol
1994）。花花公子装束中的许多传
统物件都出现在了这些时装系列
中：白色西装、带图案或花朵的背
心、短裤和灯笼裤、蕾丝衣领和袖
口、刺绣，以及丝绸和绸缎等女性
面料（见图49）。在此之前，花花
公子穿的都是白色或黑色，并谨慎
地配以亮色，但在20世纪80年代
末和90年代初，前卫设计师开始
推出以前只适合女性穿的亮色西
装和夹克：鲑鱼色、黄色和绿松石
色（Menkes 1990）。19世纪中叶
以来，除了黑色、深灰色和深蓝色
以外的其他颜色都已不再用于男
装（运动装除外）。[1]

　　欧洲奢华男装时尚设计是改
变男性性别身份表达的先锋。近
一百年来，男装的性别表达在很大
程度上是一种禁忌，而在此期间
女性的衣着却仍然具有性别表现

图49　法国当代花花公子风格，戴着珠
宝首饰和耳环，由让-保罗·高缇耶呈
现（1996年）。由马希奥·马德拉提供

力。20世纪70年代，以蓝色牛仔裤为代表的运动装为男性提供了一种
性别表达方式。20世纪80年代，一些设计师试图以其他方式处理男性
性别表达的主题。这种裤子通常很修身，甚至有时会将脚踝到大腿一
侧完全敞开。这是从19世纪初以来就一直处于隐匿状态的又一种男装

1　比尔德指出（Byrde 1979：72）："直到19世纪中叶，色彩和装饰图案都还是男装中的常见元
　素，但它们在20世纪明显消失了。男性在17—18世纪时就已开始穿着颜色亮丽、裁剪优良
　的衣服。尽管黑色或深色的布料在19世纪初就开始流行，但在最初的几十年里，蓝色、绿
　色、红色和白色仍然是晚装的主打颜色。"

194 风格，当时对于"羞于启齿的着装"（指内裤）的规定极为严格。[1] 短裤、百慕大短裤以及城市的紧身骑行裤都是男性暴露身体的其他方式。超短裙和热裤的设计是为了暴露而非隐藏生殖器。[2] 18世纪以粉状假发形式呈现的长发完成了对女性气质的暗示。20世纪80年代末，法国设计师让－保罗·高缇耶复兴了阴囊袋（codpiece），有时还会镶以蕾丝边，并露出圆点花纹的拳击短裤［据萨维奇（Savage 1988：168—169）说，这是半个世纪以来同性恋亚文化的主要元素］，模特们裸露身体，或者用军队编织物所做的"铁栅栏"部分地挡住身体，同时身穿紧身T恤。此举的目的是将男性作为性对象予以呈现。这些针对男性霸权的挑战在20世纪90年代仍在继续，其使用的面料和配饰均与女性相关，比如珠宝首饰、染色丝带、粉色方格棉布和淡蓝色尼龙上衣（Sabas 1999）。一位设计师表示，"衣服是适合男性还是女性，这完全取决于你的头脑"（Menkes 1999）。

在过去，男装时尚主张男性身份和性行为表达的主流文化规范，而当代男性的前卫时尚则融入了跨流行音乐和同性恋亚文化的话语。这一话语试图推动男性超越中性化，同时让花花公子被常规化而非边缘化。从这个意义上说，男装设计正在将自己定位于当代文化的边缘而非中心，这在美国尤其如此。在法国，一小部分人（大约5%—10%）会"交互换装"（cross wear），包括男性和女性互换着装（Piganeau 1999）。63%的法国人对同性恋持积极态度，而美国最近的一项研究显示这一比例为20%（Jaffré 1999；Wolfe 1998：46）。与其他少数群体相比，普通美国人对同性恋的接受程度更低（Wolfe 1998）。一位广告主管在评论奢侈男装时尚广告时说："他们试图重塑人们对性别的看法……但是你不可能试图以重新改造人类条件的方法来获取广告上的成功。你无法改变男

---

1 奥赛（D'Orsay）是19世纪初的法国花花公子，据拉弗（1968：55）描述，他戴着"天蓝色的领结、长长的金链、白色的法国手套，穿着浅褐色的天鹅绒内衬大衣，隐秘的羞于启齿的着装（裤子）是裸色的，像手套一样合身"。

2 展示男性性别身份实验的市场其实很小，1984年高缇耶时装系列的3 000件男式短裙销量（Chenoune 1993：302）就表明了这一点。在20世纪80年代中期的纽约，如果男性穿裙子并搭配靴子和裤子，几乎很难引起注意（*New York Times* 1985）。

性的想法，尤其是在性取向这类话题上。它永远不会发生。"(Gladwell 1997b：64)

20世纪后期的着装行为、支出与服装

正如后现代主义理论所表明的那样，在男性重新定义和协商自身形象的后现代社会中，着装可能会比在工业社会中更为重要，因为在工业社会里，人们的形象很可能更一致，因此所需的服装开销也更低。乍一看，情况似乎并非如此。1900年以来的统计数据显示，美国人在服装上的个人支出比例稳步下降，从1900年的13.7%降至1990年的6.4%(Lebergott 1993：91)。这种下降大多发生在1950年以后。

然而，随着消费的增长以及个人收入的提升，服装个人支出比例的下降掩盖了美国人均支出的增长（按1987年的美元价值计算）。自1900年以来，人均服装支出增长了4.5倍（见表6.1）。人均支出增长最大的时期是1960—1990年（1.5倍），而1930—1950年间的变化则相对较小。相比之下，作为表达个人身份的另一种方式，娱乐支出的增长甚至超过了服装支出（自1900年以来增长了11.4倍，自1960年以来增长了2.5倍）。人均食品支出则相对稳定：自1900年以来仅增长了70%，自1960年以来仅增长了21%（见表6.1）。

表6.1　1900—1990年美国在服装、娱乐和食品方面的人均支出增长（单位：百分比）

	服装	服装		娱乐	食品
		男性	女性		
1900—1920	54	—	—	120	−11
1930—1950	5	7	2	32	26
1960—1990	150	120	160	250	21
1900—1990总计	450	—	—	1 140	70

注：关于本表格的具体数据请参见Lebergott（1993：148—163）

人们购买服饰种类的变化也表明了正在发生的社会和文化变革。法国的研究揭示了不同社会阶层成员着装风格的变化。埃尔潘和韦尔热 (Herpin and Verger 1988: 52) 确定了两种主要的服饰风格, 即经典款和运动装。前者包括西装及其配饰; 后者包括用于运动和其他休闲活动的服装。20世纪50年代, 法国所有社会阶层的男性都选择了公认的经典服饰。20世纪80年代, 中产阶级虽然在继续购买传统的经典风格服饰 (尽管数量比以前少了), 但同时也购买了大量的运动装。

然而, 尽管男式西装和其他经典服饰的价格有所降低, 但现在的工人阶级几乎只选择运动装 (Herpin 1986: 72—73; Herpin and Verger 1988: 51—52, 55)。由于人们主要在工作场所穿西装, 因此这些数据与以下观点相一致: 职业装是按类别编码的, 而休闲装则不是。[1]

美国也发生了类似的变化。1950年, 中产阶级男性买西装的频率要高于工人阶级男性 (前者每两年买一套西装, 而后者则每三年买一套西装)。到了1988年, 中产阶级男性购买西装和运动外套的频率是工人阶级男性的两倍 (Brown 1994: 383)。然而到了1973年, 与中产阶级男性相比, 工人阶级男性购买了更多的休闲装, 如牛仔裤、运动衫和运动服。[2] 假设运动装比商务装更能体现后现代感, 那么这些发现则表明工人阶级对后现代服饰的消费有所增长, 而中产阶级则保留了与工业社会着装风格相匹配的消费。

在这两个国家 (美国和法国) 中, 女性在1960年以后的人均服装支出远超男性。在美国, 女性人均支出增长了1.6倍, 男性则增长了1.2倍 (见表6.1)。1990年, 美国女性在服装上的花费几乎是男性的2倍 (Lebergott 1993: 162)。而在1984年, 法国女性的支出要比男性高出30% (Herpin and Verger 1988: 48)。最近的心理学研究表明, 女性可能比男性更善于解读时尚背后日益多样化的密码, 这为两性之间的诸多差异提供了解释 (Gladwell 1997b)。这些研究表明, 男性更喜欢选择性地处理来自广告或个人际遇等方面的信息, 而且特别容易忽视非言语信

---

1 埃尔潘的分析中缺少的是制服在工人阶级男性和女性服装中的作用。

2 参见布朗 (1984: 287) 的论述。布朗的书中没有出现关于1988年的类似数据。

息。与男性不同，女性则试图通过整合不同类型的信息来拼凑被嵌入在视觉和语言材料中的各种线索。因此，女性更有可能熟练地破译后现代时尚语境的要求。这多半又会相应地反映在着装行为上。

结　　论

由于着装选择是人们理解个人生活的一种方式，因此男性对服饰的选择表达了他们对社会地位的诠释。男性的着装行为是社会和文化变化的晴雨表，它预示了后工业社会的出现。第二次世界大战之后男性着装行为的变化反映了社会各阶层、各年龄段之间关系的变化。社会阶层之间的等级关系在工作场所的着装中得到显现，但在工作场所之外，休闲活动正变得越来越重要，并且其特征更多是按年龄划分而并非以阶级编码的着装来划分。面向年轻群体的服装与面向中年人的服装正变得越发不同。在欧洲和美国，年龄已经成为服装销售最重要的因素（Guyot 1999）。与20世纪50年代相比，今天的工业时尚主要面向的是年轻人的品味。

随着人口老龄化，这种类型的年龄划分将在未来持续存在。年轻人并非想把自己与其他社会阶层区分开来，而是要将自己与中年人以及老年人相区别。随着潮流向年龄较大的群体扩散，较为年轻的群体会开始接纳新的风格。与此同时，每个主要的消费群体将继续被划分为多种生活方式，这些生活方式又将因地区的不同而有所差异。

在这种按年龄划分的文化中，以前被视为主流文化的被动接受者的贫困者和弱势群体在某些情况下反而成了时尚领袖。以着装来构建非职业身份的后现代主义在年轻人，以及种族和性少数群体中表现得最为明显，这些群体成员认为自己相对于主流文化来说处于边缘或特殊的地位。男装时尚设计师试图扩展可被男性接受的性别表达形式的边界。尽管休闲装正在逐渐取代传统的商务装，但其余男性在工作场合的穿着依旧保守。

着装本身的性质发生了重大变化。19世纪，帽子表达了实际的或渴求的社会地位。20世纪的工作场所着装表明了社会地位，而休闲装（特别是T恤）则传达了个人身份的其他属性。牛仔裤和T恤体现了完全不同的含义，但男装的主要款式（西装）是"封闭"的。它的意义范围正逐渐缩小。与此同时，某些封闭但具有强烈负面内涵的着装类型（如黑色机车皮夹克）已构成了对主流文化的象征性挑战。

亚文化时尚与两大流行文化产业（音乐和服装）之间日益复杂的联系主要体现为两种形式。一方面，工业流行文化（电影、流行音乐）赋予了某些类型的着装以颠覆意义，而这持续为城市亚文化成员所用。另一方面，这些亚文化所产生的新思想不断地被各式媒介文化和服装业所吸收和循环利用，但亚文化颠覆的程度降低了。相比之下，就拿阻特装来说，过去因为它而盛行的种族亚文化比今天更加孤立于主流文化，对它的接纳仅限于那些亚文化成员，也因此可以传达出更为有力的政治信息。

与19世纪相比，20世纪后期的着装规范更为复杂。19世纪的规则主要是基于阶级和地域的区分。城市中的阶级规则很容易予以识别和解释，尽管许多人无法践行中产阶级的着装风格。区域规则在城市中通常无关紧要，种族亚群体的着装规范也是如此，其成员一般都是移民，并因此被归为边缘群体。

20世纪末，不同职业的着装开始变得相对容易理解。斯宾塞（1992：47）总结道，这种基本区别就是"穿西装上班的男人和不穿西装上班的男人"之间的区别。但此时"街头"的着装规范比19世纪更为混乱。休闲装比职业装更难以解读，因为它们是自我表达的载体，而且有更多规则运作其中。[1]

向承载着后现代媒介文化的后工业社会结构的转变提升了自我表达的可能性，并减少了传统的社会和组织限制。在这种新型的文化环境

1　根据一项针对常规和非常规着装解释的研究，麦克拉肯（McCracken 1988：64—67）认为，着装规范在传达内容方面极为有限。或者，可以认为着装规则是非常多样化的，受访者关于具体服饰搭配的解释会受到限制，是因为他们必然会缺乏对自身以外的社会群体着装规范的理解。

中，随着群体开始寻求建立文化定位以使其成员可以有选择地吸收来自媒介和当前环境的文化影响，文化规范因此得以迅猛发展。其结果就是形成了一种复杂而多元的文化，休闲装就是例证之一。接纳它们的人自然可以理解特定衣着的含义，但对于没怎么接触过的人来说，则不一定能理解。尽管如此，街头着装在鲍德里亚的定义上并不是后现代主义的；尽管对多数人来说诸多规范仍是隐晦的，但这些规范本身并非模棱两可或毫无意义的。

199

第七章　时尚形象与女性身份的争夺

> 在后现代文化中，只有图像才能证明我们自身的存在及其重要性。
>
> ——特茨拉夫（Tetzlaff 1993：262）

20世纪末，时尚的目标是投射出赋予着装意义的形象，并由此提出它在裁剪、廓形或颜色上的变化。时装设计师在其各季的时装秀以及店铺中打造的形象，与摄影师为时尚杂志、广告和服装制造商目录所制作的服装图像，以及电视、电影和音乐电视中投射的女性形象并存。从电影、电视、艺术史到街头文化、同性恋亚文化和色情作品，这些图像创作者搜集了各种各样的资源（Kaplan 1987；Myers 1987）。

19世纪，时装设计师和供应商的主要焦点在于服装本身，而并非利用它来唤起与众不同的形象。时装在时尚杂志上以高度程式化的图样予以展示；照片直到19世纪末才被广泛使用（Breward 1994：88）。大多数女性在制衣方面都掌握了大量的专业知识，无论自己是否做衣服，她们都会从自身或让别人重制衣装的角度来研究这些时尚样板。

不仅如今的时装本身已不如它所传达的形象那么重要，而且即使在不久之前的过去，时装设计师和时尚杂志所投射的女性形象也迥然不同

202

于天真无邪的时尚女性形象，正如我们在巴特（Barthes 1983）20世纪60年代后期关于法国时尚杂志的研究中所看到的那样。如今，时尚杂志所呈现出的时尚充斥着多元而又对立的社会议题。时尚摄影师将其主题和形象与在青少年文化中流传的相应部分进行了同步，这种文化经由媒介（尤其是摇滚乐）而得到传播。流行音乐及其视频内容大多具有颠覆性：毒品、犯罪、暴力、未被广泛接受的性取向，以及对女性的负面态度。对女性的强奸、虐待和羞辱是许多音乐歌词的主要内容，在说唱音乐中尤为如此。在音乐电视中，女性经常被描绘成半裸的性对象，并同时作为公开的性挑逗对象以及"男性凝视"（male gaze）的客体（Signorielli, McLeod, and Healy 1994）。[1]正如一位女性主义作家所评论的："在几乎所有的摇滚视频中，女性身体都纯粹是作为一种奇观、一种视觉对象、一种用来消费的视觉商品而被提供给观众的。"（Bordo 1993：312）20世纪90年代，毒品亚文化影响了时尚摄影师，部分原因是南·戈尔丁（Nan Goldin）拍摄的作品导致了类似镜头的出现——"像在集中营一样瘦弱的模特，脸色苍白、眼睛发黑、头发松软，但同时身着名牌服饰"（Summer 1996：14；Brubach 1997；Spindler 1997）。

随着时装设计师和摄影师将性虐待和色情作品的主题融入其中，时尚形象的颠覆程度也有所提升。这引发了在时尚照片以及服饰广告中出现诸如破旧内衣、身体穿孔以及源自色情出版物的姿态造型的流行趋势（Steele 1996）。这些姿态包括性暗示，如闭眼睛、张大嘴巴、打开双腿露出私密区域、全裸或半裸（尤其是胸部和私密区域，参见Myers 1987）。一项针对1985—1994年间时尚杂志广告的研究发现，女性身体部位的暴露程度显著上升，但其身体始终处于动物般的卑微处境（Plous and Neptune 1997）。

时尚杂志上出现的另一种时尚议题是将女性描绘成有能力的成功人士，能够实现目标并管理他人（Davis 1992）。这样的女性很可能穿着商务套装以及其他源自男装的服饰。还有一种议题是将杂志的假定读者塑造成一个后现代角色扮演者，他会"精心利用换装和乔装来创造夸 203

---

1 对MTV音乐电视中的性内容最彻底的分析之一是由苏·加力（Sut Jhally）导演制作的视频《梦境》（*Dreamworlds*）。因为他讲述了自己制作视频的目的，参见加力（1994）。

张的角色以建构自我"(Rabine 1994：64)。此处的女性并非被概念化为某种固定的身份，而是作为一种"异质和矛盾"身份的创造者，通过对衣着和单品（例如香水）的尝试来投射出自己与众不同的形象(Partington 1996：215；Rabine 1994)。从后现代性别理论的视角来看，性别是通过装扮(playacting)和表演(performance)建构起来的(Butler 1990)，女性的性别因此得以拥有不同的表现方式。这一观点意味着时尚在提供评论、模仿和破坏性别认同的必要手段方面发挥着重要作用，但这并不意味着一定要削弱性别带来的社会限制。

拉比纳(Rabine 1994)认为，自20世纪70年代初以来，杂志中其他类型的内容也刺激了这种对身份的接纳和转换的关注。《时尚》(Vogue)杂志的读者们会在杂志版面中接触到有关社会和政治问题的探讨与争辩，这些问题有的会对其造成直接影响（如平等权利修正案和堕胎权），有的则影响不大。杂志不再试图为女性保留备受保护且无关政治的空间以使其得以继续扮演传统的角色。相反，它会鼓励女性在社会秩序和涉及女性的社会问题上采取"男性主体性"的立场，并向她们展示该如何根据主流文化对女性性取向的男性化阐释来审视和呈现自己的身体。

在本章中，我将运用焦点小组中的女性对时尚照片和服饰广告中的性别表征的回应，来探讨她们对自身的看法是否与女性在这些图像中的表现方式相符。她们是否认为自己能够投射出时尚媒介所提供的身份，抑或她们其实在寻找与自己身份观念相对应的着装？她们如何解读复杂的视觉信息，而这些信息代表着一种高度冲突的主导文化，且女性在这种文化中的身份需要不断被协商？时尚在过去被视作一种霸权，因为它总是煽动女性对外表的不满以使其定期更换着装，从而符合不断变化的风格定义。但当时尚不再代表一种社会理想，而是开始传达各种选择（其中一些代表着边缘化的生活方式）时，还能说时尚是霸权吗？

204

当代时尚是霸权吗？

人们普遍认为时尚是一种顺从的义务，这为女性群体施加了沉重的

压力 (Wolf 1991)。莱考夫和谢尔 (Lakoff and Scherr 1998：114) 声称，时尚照片引发了女性的极大不满，因为它唤起了大多数女性满足不了的不切实际的期望。然而，最近时尚的本质、时尚杂志的内容以及女性对时尚和时尚杂志的看法都发生了变化，进而导致人们对这种阐释的准确性产生了质疑。

几十年来，媒介 (尤其是广告) 中女性形象的性质以及可能产生的影响一直是众多研究激烈论争的主题 (Plous and Neptune 1997)。女权主义者认为女性的媒介形象总是针对男性而出现的。她们认为霸权主义的女性气质是将强调身体特征和性取向的男性标准纳入了女性外表。表现霸权主义女性气质的图像将女性以性感和贬损的姿态呈现出来 (Davis 1997)。媒介形象是为了男性观众的凝视而建构的，它体现了男性观众对女性和两性关系的期望 (Mulvey 1975)。其他观察人士认为，当代时尚照片从中汲取灵感的文化将女性定义为性对象，强化了完美的身材标准，进而诱使女性接受整容手术，并承受神经性厌食症和暴食症的风险 (Stephens et al. 1994；Wolf 1991)。

对女性主体规范的经典分析来自戈夫曼 (Goffman 1979) 关于"性别广告"的研究，在该研究中，他发现广告呈现出了女性从属或低于男性的典型霸权姿态。根据戈夫曼的说法，这些姿态立即为公众所理解，因为它们以夸张的方式表征了女性的刻板印象，并与美国文化对女性角色的理解方式相一致。其中"仪式化屈从"(ritualization of subordination) 依赖于微妙地贬低女性主体的姿态，例如被展示的女性主体侧卧或仰卧，以夸张的模式微笑，或将手臂和腿向上或向画面一侧伸展的尴尬姿势。戈夫曼将这种凝视解释为"被许可的情境撤离"(licensed withdrawal)，暗示着主体是被动而疏离的，无法掌控情境。

205

近来一些作者提出，十几岁和二十多岁的女性对霸权女性气质的看法与中年女性和女权主义者的解读方式有所不同 (Winship 1985；Skeggs 1993)。他们以此表明女性主义对时尚的批判已不再重要。年轻女性对霸权主义女性形象的审视被说成并非是软弱和被动的表现，而是"掌控"自己性取向的标志。麦当娜对自己性取向的态度就证明了这一点。根据迈尔斯（Myers 1987）的说法，时尚形象并不是在暗示被动和软弱，而是在宣扬一种可以从外在美和性感中获得的力量。为了将这一观点理论化，斯凯格斯（Skeggs 1993）认为霸权主义的女性气质假设女性都是一样的——都是男性凝视的被动接受者。

在女性行为的传统标准中，我们还可以找到另一种霸权主义的女性气质，按照这种标准，女性应该接受约束并保持顺从，但无法在性方面得到满足。亨利（Henley 1977）指出，不同性别的非言语行为规范是各不相同的。由于女性低下的地位，人们期望女性不要占据男性那么大的空间，并需要对自己的体态和面部表情施加更多的控制。这一点可以从以下预期中得以窥见：衣着要整洁、衣服要摆放整齐、肢体动作要严谨得体。对女性而言，双腿应是并拢而非分开的，手臂应紧靠身体两侧。裸露和展示乳房以及私密部位都是不合时宜的。亨利（1977：90）评论道："女孩的姿势训练……强调得体——坐着的时候双腿要并拢，不要俯身露出胸部，要把裙摆维持在大家所接受的能盖住腿的地方。"

关于眼神交流的规范则禁止女性直视他人，因为这是一种表示支配地位的姿态。尤其当对方是男性时，女性更应该将目光移开。她们被期望应该微笑并表现出愉快的情绪，而不是摆出漠不关心的姿态（Henley 1977：194）。由于性别是决定人们在社会交往中如何相互联系的主要因素，因此亨利（同上：93）认为性别模糊对许多人而言都是极大的困扰。规范在于性别认同应该是明确的。如果女性仍能接受女性行为的传统标准，那么她们很可能会对违背这些标准的形象做出负面反应。

这些对立的观点挑战了惯常的主张，即当代文化中存在着单一的霸权，它对现实、规范和标准的定义似乎是"自然的"而并非存有争议的。相反，凯尔纳（1990b）所提出的当代媒介和流行文化中的霸权冲突概念对于理解时尚媒介的影响要有用得多。正如我们所看到的，20世纪90年代并不存在单一的时尚标准；消费者需要根据自己的社会关系和种族背景从不同的时尚解读中做出选择。汤普森和海特科（1997：17）将时尚描述为一种文化形式，其特征是"两种相互对立且由来已久的文化话语"之间的对立，其中一种将时尚浪漫化，而另一种则通过道德主义的、内向性的视角将其淡化。

也可以说，当代时尚中的后现代主义元素促成了一种冲突的霸权。后现代主义时尚（在时尚杂志中有所呈现并体现于产品中）并未赋予女性以特定的身份。取而代之的是，当代风格的异质性使女性得以承担各种有可能相互对立的身份（Rabine 1994：64；Partington 1996）。当代时尚杂志的内容向读者传达了矛盾的而非一致的信息。基于这些理由，一些女权主义者对当代时尚的发展感到不安。由于后现代主义文本操纵着占主导地位的颠覆性文化规范，却又很少采取明确的对立立场，女权主义者因此一直怀疑后现代主义文化对女性主义及其政治的影响，并认为这导致了"永久的中立姿态"（参见 Mandziuk 1993：182）。相比之下，巴特勒（1990：146）认为，作为后现代主义特征的性别范畴之间的摇摆可能会导致强制异性恋的规范最终消失。

总而言之，时尚界的霸权是一种多维的现象。它可以有多种阐释方式，这取决于评论者对传统、女性主义或者后女性主义观点的态度。

解读时尚照片

要理解女性是如何"阅读"时尚照片的，就需要对媒介内容展开理论阐释。媒介内容会受制于公众的多重解读（Hall 1980）。多义性源于各式各样的媒介内容，它包含了对各类公众都有意义的主题。对电影、电视剧和小说的研究表明，女性的回应以既不能完全接受也不能绝对拒斥霸权价值观为特征（Press 1994）。文本性质以及观众或读者的年龄、社会阶层和种族的不同将会产生相当大的差异。通常年龄较大的女性对媒介的表现要比年轻女性更为挑剔，但不同社会阶层或种族的女性往往会根据媒介内容对其生活的相关性和重要性来对它的各个方面做出积极或消极的反应。波波（Bobo 1988）认为，非裔美国女性对流行文化的反应尤为复杂，因为黑人女性在识别以白人为主的形象或白人创造的黑人女性形象时遭遇了困境。

如果着装确实表达了围绕社会身份的矛盾性（Davis 1992：17—

207

18)，那么时尚照片则很可能受制于不同的阐释，因为它们呈现出了多样而交叉的身份，这也反映了当代文化中关于身份定义的复杂性。模特摆姿势的方式或衣着本身可能就蕴含着微妙的含义。作为前者的一个例证，在照片中出现了两位而不是只有一位模特，这可以被理解为暗示了两个女人之间的同性恋关系（Lewis and Rolley 1996）。

一些作者将时尚界的后现代主义视为对女性的解放。由于多种风格的同时流行，女性得以运用特定的时尚元素来构建对自己有意义的个人风格，而并非只是遵循某种新颖且定义明确的风格（Kaiser, Nagasawa, and Hutton 1991）。这表明女性很可能会接纳时尚杂志上所展示的时尚风格的某些面向，但并不一定由此就认为这种风格完全适合自己。一项对于"最不喜欢的"衣着态度的研究表明，人们往往会拒绝与特定形象（如年龄、种族、性取向）相关的特定着装，以此表明他们缺乏与特定群体的关联（Freitas et al. 1997）。当时装以及关于类似服饰的照片暗示着关于身份的或模糊或新奇的阐释时，也可能发生这种情况。

汤普森和海特科（1997）与大学生进行了深度的访谈，他们发现这些大学生利用围绕着时尚的冲突和矛盾来抵制时尚消费潜在的霸权主义，并构建出既别具一格又不墨守成规的风格，而不是沦为"被动追随潮流的消费者"。鉴于女性比男性更加注重外形与时尚，她们似乎对外表吸引力存在着情感上的投入，但与此同时，她们往往也会像男性一样抗拒时尚理念。汤普森和海特科（1997：30）的研究发现，女性"引发了许多批评性的叙述，并使得这些理想化的形象变得问题丛生，尤其是那些出现在时尚杂志和广告中的形象……她们对时尚话语的使用涉及对不同时尚话语的持续并置，这些话语旨在抵制和争论特定的时尚含义与形象，她们认为后者对自我概念和她们周围的人都产生了负面影响"。

汤普森和海特科得出的结论是，尽管年轻的消费者从诸多时尚选择中构建了风格，但在呈现各种对立身份（通过人为的、不可能或不一致的表象来表达）的意义上，他们并不是后现代角色的扮演者。他们反而得出了这样的结论，学生消费者利用时尚话语来呈现支离破碎却又迥然不同的风格，并通过着装来构建有意义的自我认同。通过努力建立连贯的自我认同并强调与社群关联的重要性 (Bellah et al. 1985)，这些年轻消费者传达了与现代主义而非后现代主义相关的价值观。汤普森和海特科 (1997：35) 的受访者强调"个性的神圣性以及自我导向的理性，作为控制源的个体……对循序渐进的承诺……对精英制度和社会流动性的信仰，以及对未来普遍乐观的看法"。

正如我们所看到的，其他研究表明，凯瑟、长泽和赫顿，以及汤普森和海特科所描述的消费者类型只占人口的少数部分。一项研究对 6 000 多名女性进行了抽样调查，结果发现只有三分之一的女性对时装感兴趣 (Gutman and Mills 1982)。即使在以时尚为导向的群体中，女性对时尚的态度也大相径庭。近一半的人认为自己是时尚"引领者"，因为她们喜欢发现和尝试新的时尚潮流，但其实主要感兴趣的还是主流时尚。另有25%的人认为自己是时尚的"追随者"，她们只有在新风格广为流行时才会予以接纳。不过她们也对主流时尚感兴趣。只有32%的人实现了"时尚独立"，尽管她们对时尚感兴趣，但并不喜欢主流时尚，因此可能会展开现代或后现代的外貌管理。[1]

这些研究反映了相互矛盾的迹象，即女性应该如何回应时尚照片和服饰广告，因为它们可能是后现代主义风格的，并在对女性角色的诠释上存在冲突。该领域的理论现状缺乏共识，即女性究竟是作为现代主义者还是后现代主义者对时尚形象做出了回应，以及她们是否挑战、协商抑或最终接受了时尚杂志所提供的内容。卢茨和柯林斯 (Lutz and Collins 1993：187) 认为，一本杂志的照片是"许多目光或观点交汇的动

209

---

[1] 1991年，一项针对2 000多名女性的类似研究发现，在18—55岁的女性样本中，存在着五类消费群体："时尚狂热者"和"时尚追求者"，这两类人占总人口的20%，但占据了所有服装支出的58%；"经典的"消费群体代表了20%的人口和20%的服装支出；"谨小慎微的"和"不参与的"这两类人占人口的59%，但只占服装支出的25% (Krafft 1991：11；另参见 Gadel 1985)。在法国，一项针对15—55岁女性的研究发现，65%的女性在接受调研期间并未追随过时尚潮流 (Valmont 1993)。34%的女性对时尚持批评和反对态度；21%的人认为时尚对于其他女性来说是可以接受的，但对她们自己则不适合；10%的人宣称时尚是悲哀的，缺乏创意且难以利用，但也试图了解当前的时尚。为某家时尚杂志出版公司进行的另一项法国研究发现，18.9%的女性对时尚非常感兴趣，49.1%的女性略感兴趣，32%的女性丝毫不感兴趣 (Pujol 1992)。

态场所"，它允许观看者以不同的方式解读摄影主体的身份，并构建适合自己身份的主题阐释。

《时尚》中的性别意象

时尚杂志中存在着各种矛盾的社会议题，这既符合后现代主义对当代时尚的解读，也与媒介文化所表达的霸权冲突观念相吻合。时尚杂志必须同时取悦代表着媒介文化的广告商和消费者。这些杂志的主要利润来源是广告，因此在保持或增加读者人数的同时，其内容也必须对广告予以补充和强化（McCracken 1993）。

作为整个20世纪最主流的时尚杂志之一，《时尚》杂志中的时尚照片充分体现了时尚女性及其服饰的形象变化。[1]1947年，该杂志的时尚照片极为精确地记录了中上阶级社会。时尚照片都是在城市街道或海滩这样易于辨认的环境中拍摄的。裸露小腿、大腿或胸部的情况都很少见。也没有特写镜头。模特们很少摆出低贱或天真的姿态。相机通常放在与视线齐平的位置。模特都是年轻女性，而不像现在这样都是青少年。这是一个几乎完全从女性角度来看待的环境。没有男性出现在时尚照片中。女性几乎都是单独出现的。

在这些照片中，最引人注目的是衣服而不是模特。服装的展示符合当时著名的摄影师霍斯特（Horst）对于相关作品的描述（Hochswender 1991）："正是鉴于其灯光效果，人们才有可能得以真正看清长裙的裁剪，欣赏曲线下摆的飘逸；解读西装上的图案，看懂接缝处的故事。"这些照片的特点都集中体现在一张照片上，即靠在公园椅子上学习的女性，她同时还翻阅着报纸（见图50）。重点在于衣服而并非模特的个性；她的脸以侧面呈现，并在户外摆出一副简单而自然的姿态。

到了1957年，《时尚》杂志的时尚照片在某些方面的变化开始变得引人注目。更多模特会在拍照时直视镜头，这表明了她们的弱势地位。

210

1　《时尚》创刊于1893年。有关《时尚》的简要历史，请参见莱考夫和谢尔（1998: chap.4）。本讨论基于下述年份中关于三个首要议题的分析：1947、1957、1967、1977、1987以及1997。

图 50 《时尚》杂志的插图照片（1947年）。这位模特展示了当时的标准配饰：手套、帽子、手提袋和雨伞。她手提袋里的手工编织物表明了家庭生活的重要性

一些分析人士认为（Lutz and Collins 1993），具有挑战性或对抗性的表达可能会被认为是对主体控制局面的暗示，但更为驯服且被动的表达则往往被看作主体允许这样接受观察。[1]很少有作品是在城市或郊区拍摄的。更多的女性会摆出扭曲或夸张的姿势，这是戈夫曼（1979）所谓"仪式化

---

[1] 卢茨和柯林斯（1993：199）在分析《国家地理》（Nationl Geographic）杂志上的照片时发现："那些在文化上被定义为弱者的人——女性、儿童、有色人种、穷人、部落而非现代人、无法掌握技术的人——面对镜头的可能性越大，就越有可能被认为在看向别处。"

屈从"的典型表现。偶尔也会有特写镜头。但事实上这里没有裸体，男性也几乎从未出现过。照片的主要焦点仍然是服饰。1967年，该杂志开始展示模特身着泳衣的特写镜头。对年轻人、青少年文化和将流行音乐明星作为潮流引领者的强调变得越来越多（Lakoff and Scherr 1998：96—97）。被奉为典范的是超级名模，而并非上流社会的女性。

到了1977年，该杂志的性质与1947年相比发生了根本性的变化。广告版面的比例翻了一番，因此杂志的视觉印象更多是通过广告而非内容来传达的。该杂志的发行量自1967年以来增加了一倍多。[1]广告和专栏文章似乎都面向男性的凝视（Rabine 1994：65；Mulvey 1975）。男性更有可能与成对或成群的女性一起出现在照片中。模特们通常会直视镜头，并摆出率真或扭曲的姿态。大多数照片都没有被语境化。相机的视点不太可能处于与眼睛平齐的位置，而更有可能是俯视或仰视拍摄对象。

到了1987年，模特的身体大多是半裸的，要么是胸部要么是大腿，因此更有可能替代服装而成为摄影作品的焦点。相机的有利位置经常在拍摄对象的下方，以突出小腿和大腿。被拍为特写的泳装模特们与海报中的偶像类似。在许多作品中，模特都面无笑容地直视镜头，且经常摆出夸张的姿势，这是"仪式化屈从"的表现。人们认为模特们"看起来性感撩人……现代美深深地植根于性别政治之中——女性表现出男性的幻想，并进行有意的挑衅"（Lakoff and Scherr 1998：106）。语境化实际上已经消失了；大多数照片并未置于任何清晰可辨的地理空间之中。这些趋势在20世纪90年代持续存在。1997年，广告的数量比内容页多出了三倍多，时尚版面和服饰广告中的女性经常以性挑逗、中性化或同性恋的形象出现。

211　　随着时间的推移，杂志中的时尚照片似乎改变了自身的功能。展示适合女性穿着的最新流行趋势已不再是杂志的首要目标；相反，时尚照片提供了一种类似于其他媒介文化形式的视觉娱乐，如好莱坞电影和音乐短片（关于这一时期《时尚》封面的变化，参见Lloyd 1986）。

1　《时尚》杂志在1968年的发行量为449 722本；1978年为970 084本；1997年（可提供此类数据的最后日期）为1 126 193本；参见 *World Almanac and Book of Facts* (1969,1980,1999)。

精选照片与研究问题

关于女性如何解读时尚照片中的性别表征的研究很少。[1] 本研究的目的是考察代表不同种族和民族的年轻与中年女性对时尚照片和服饰广告中的性别表征的反应。[2] 我从1997年2月、3月和9月的《时尚》杂志中挑选了18张摄影作品,并给每个焦点小组的成员展示了其中的6—9张。这些作品在时尚摄影和服饰广告之间几乎是平均分配的。这些照片中的服饰大多是由美国、法国和意大利顶级设计师领衔的公司生产的。选择这些照片是为了举例说明时尚杂志所定义的霸权的不同面向:(1) 霸权女性气质:性/色情;(2) 戈夫曼所解读的霸权姿态:"仪式化屈从"与"被许可的情境撤离";(3) 违背传统规范的女性行为(传统霸权的女性气质),包括正面凝视和眼神接触、裸体、中性化与性别模糊,以及符合这些规范的主题(如夸张的微笑)。除了性别刻板印象外,其中两张照片还可理解为对于种族刻板印象的表征。至少有一张照片似乎代表了权力与成功。基于它们的形象或它们所描绘的服装性质的模糊性和矛盾性,有几张作品可以归为后现代主义。

焦点小组的成员们被询问了诸多问题,这些问题旨在激发他们对这些照片的理解,以及他们能在多大程度上认同于照片中的模特。在焦点

---

1 另一项关于女性对时尚杂志广告看法的研究试图确定这一议题,即广告展示的极具吸引力的模特形象对女大学生的自我外观满意度的影响(Richins 1991)。麦克拉肯(1988)向大学生们展示了时尚广告,并要求他们解释自己是如何解读这些广告的。

2 对时尚照片回应方式的获取是通过焦点小组而非访谈来实现的,因为受访者对于评论照片的任务并不熟悉。在形成自己的观点时,小组成员也会受到组中其他受访者所发表的意见的激励。不过他们并没有义务必须参与以满足该进程的要求。他们的年龄、种族背景和国籍各不相同:83%的人都处于读大学的年龄(其余为中年人);33%是非洲裔美国人、非洲人、东印度人和西印度人,欧亚人和亚裔美国人(其余为白种人);13%不是美国人(他们来自加纳、印度尼西亚、伊朗、黎巴嫩和巴拿马)。其中3名受访者为男性。大学生都是社会学和传播学专业的学生。共有45人参与。15个焦点小组的规模从2人到4人不等,小组活动一般会在大学教室或私人家庭中进行。每次会话通常会持续半小时到一小时。每个焦点小组的年龄和种族背景都尽可能相同。大学生的焦点小组组长大多是研究生。一位非裔美国研究生负责了非裔美国人的焦点小组。其他小组则由作者负责。所有焦点小组都得到记录和转录。文中使用的所有名字都是虚构的。

小组开始接受调研之前，他们需要根据要求完成一份简短的调查问卷，以了解其对时尚感兴趣的程度以及追随时尚潮流的技巧。

参与者的回答将根据以下问题展开分析：（1）这些女性是否接受以时尚媒介为代表的时尚"权威"？（2）他们如何回应照片所呈现出的不同社会议题？（3）年龄、种族和民族因素是否会影响女性对照片的反应？（4）参与者是否能够察觉到性别和种族刻板印象的存在？（5）当时尚不再代表一种社会理想，而是开始传达各种选择（其中一些代表着边缘化的生活方式）时，还能说时尚是霸权吗？

时尚的"权威"

时尚是否保留了它过去所表现出的"权威"？在调查问卷中，几乎所有女性（84%）都对这个问题做出了积极的回答："您是否试图跟上当前的流行趋势？"[1]当被问及她们具体关注时尚的哪些方面时，大多数人选择了"特定风格"（65%）和"配饰"（55%）。大约四分之一的人（24%）选择了"品牌名称"，18%的人选择了"裙摆长度"。

根据她们对问卷的回答，这些女性主要通过三种不同的渠道获取与时尚相关的讯息。第一种是广义上的社会环境。这一类别包括"很酷的朋友和亲戚"（53%）以及"人们的街头着装"（59%）。69%的女性会依赖于其中一者或两者兼有。第二种渠道是媒介，包括时尚杂志、电视和流行歌手的着装。69%的女性依赖某种形式的媒介来获取有关时尚的信息。第三种也是最重要的渠道：76%的人依靠本地的百货商店来获取时尚信息。

大多数女性都会通过一种以上的渠道来获取时尚信息（80%），很多人甚至会同时依赖于以上三种渠道（43%）。这表明当今时尚信息传播的权限已经得到广泛扩散。只有15%的女性依赖于很酷的朋友或街头

1　这一数字远高于美国调查中的可比数字（分别为三分之一和五分之一，参见Gutman and Mills 1982; Krafft 1991），可能是因为参与研究的大多数女性年龄在二十五岁以下。大多数同意参加这项研究的女性都对时尚感兴趣。

着装而非媒介,且只有一人仅依靠媒介而非社交来获取讯息。81%的女性至少会偶尔翻阅时尚杂志,但仅有55%的女性将其作为信息来源。只有16%的人在不选用其他类型渠道的前提下依靠时尚杂志获取讯息,仅有4%的人单纯地依赖于时尚杂志(即排除所有其他信息渠道)。但有10%的人将商店作为信息渠道。《时尚》似乎是最受欢迎的时尚杂志,71%的女性会阅读该杂志,但57%的女性同时也会阅读其他的十几种时尚杂志。只有10%的人阅读其他时尚杂志,但不会阅读《时尚》。

213

这些发现表明了人们对时尚杂志的某种矛盾心理,这一点在焦点小组中也得到了体现。在焦点小组的讨论中,很少有人认为这些女性将时尚杂志编辑视作时尚权威。相反,一些女性质疑了时尚杂志编辑的判断。一名黑人大学生说:"就像他们一贯树立的形象一样,每个人都是相似的,但事实上每个人都不同。"

其中一些女性怀疑时尚杂志编辑理解或传达女性观点的能力:"尽管杂志的时尚编辑通常都是女性,但我仍然认为这并非女性自己的观点。这是女性认为男性想要看的或与之类似的东西。"(白人大学生)一些白人大学生认为时尚与其亲身经历相去甚远:"这些服饰让我想起了即将流行的新风格……'时髦'之类的东西在我身边并不是经常能见到。这和我想说的东西有点不一样。"另一位年轻的白人女性断言,这些杂志设定的时尚标准对于普通女性来说是不可能达到的:"这些杂志上的任何东西,尤其是高级时装,《W》和《时尚》,在一定程度上任何正常人都没法穿这些衣服。你穿那些衣服也不好看。你就是做不到。"(白人大学生)

一位上了年纪的女士抱怨说,时尚照片对于弄清时尚界究竟发生了什么几乎毫无用处,因为这些照片通常太暗了而且难以看出成衣的细节。其他女性则认为这些作品有些做作:"我很容易关注到时尚人士的观点……因为这看起来很不自然……"(白人大学生)一些女性建议,时尚照片应被视作一种艺术和幻想,而并非时尚的表征:"这就像一场梦,因为你知道的,90%甚至98%的衣服都是无法企及的。"

然而,一位女士承认自己很容易受到流行趋势的影响:"我觉得如果你翻阅一本杂志，总是在各种版面上看到同款的衣服，你可能，我也可能会试着改变自己的穿着。因为这是一种全新的趋势。"（白人大学生）另一位年轻女性则表示，时尚杂志上的照片可能会"无意识地"影响到她。她说，她可能会想穿某种特定的服饰搭配，却并不记得创意的来源，因为时尚杂志上的一则广告表明："这是可以做到的；也是允许这样做的。"

其他评论则提到了从各种渠道获取单品以搭配装束的偏好（参见Kaiser, Nagasawa, and Hutton）："我喜欢穿成那样，有时候我也喜欢那样的感觉，但我不一定穿得那么极端……不过我喜欢这个方向。你可以从中汲取一些元素。""我有时会模仿模特和音乐人的风格，但用的是二手衣服。"一些女性说，她们乐于知道什么是时尚，但自己不一定非要"时尚"。几名大学生对其中一份调查问卷做出了回应："所谓'紧跟时尚'，我的意思是我想知道什么很流行，但我不会为此一直调整自己的风格。""我穿着在我身上好看的衣服就行了，而不必穿着辛迪·克劳馥（Cindy Crawford）在T台上的华丽服装。"一位年长的参与者说："我确实对时尚不感兴趣。我只是想看起来体面一些。"

其他女性则会由于个体条件约束而与这些照片保持距离。一些人提到了资金限制。年长的女性承认她们无法达到这些照片中模特所设定的标准，不过她们将其归咎于年龄差异而非个人挫败。近一半的中年女性表示，她们并不打算追求时尚。一位年长的女性说："但凡身材有些许缺陷的人都没法穿上那条裙子。"

一些女性对照片中呈现的时髦身材及与之对应的当前观念提出了批评。当代服饰的简约风格能够同时突出身体的完美与瑕疵。身体被赋予了一种社会地位，它显示出谁有时间、有钱、有意愿致力于自己的身体并使之完美。

几乎有一半的非裔美国人表示，她们并不想努力追随时尚。美国非裔女性的意见表明，她们认为流行风格是为白人女性（尤其是白人而非黑人的身材）设计的："这种外表是我们无法实现的。从基因上讲，我们就不是这样被设计出来的，所以如果我们保持良好心态的话，就会知道通过锻炼以及诸如此类的努力来实现它的可能性并不大。"

年轻的白人女性只有在极少数情况下才会因为难以达到这些照片所设定的美貌与完美身形的标准而坦言对自己感到不满。白人大学生很少会有这样的评论："我知道我永远永远也不会像她一样,这真的让我很生气。"这些女性中的一些人可能对焦点小组呈现出的社会状况感到不安,因为这会使之承认自己并未达到这些标准,从而将其归咎于自身的不足。或者,这些照片中的一些图像可能因为过度极端而无法引起观看者的认同。

215

时尚杂志及其社会议题:公然的与边缘的性意象

其中一些照片以高度性感的姿态呈现女性,以暗示女性的角色是性欲对象。另外一些照片所展示的对象,其性取向是模糊的——可能是女同性恋或异装癖。焦点小组的参与者能够在多大程度上接受这一议题?如果女性遵循传统的女性行为准则(Henley 1977),那么人们可能会希望她们对那些描绘公开的性行为、裸体和性向不明的形象予以拒斥。

在其中的一张照片上,一位女性穿着裸色无袖的超短连衣裙和很高的高跟鞋,身体前倾,臀部靠在墙上(见图51)。正如两名大学生的评论所暗示的那样,大部分女性(无论年轻还是中年)都难以认同照片所传达的性取向。

采访者:你喜欢这张照片的哪些地方?

特蕾西(黑人大学生):老实说,没什么,几乎没有。

纳塔莉(白人大学生):我将其归为荡妇或妓女的形象,抑或仅仅是
    一个不好的女孩。

特蕾西:它试图表现一种诱惑感,我想这就是我所能联想到的超模
    或仅仅是一个普通的模特。

纳塔莉:就像消极的性感。

另一名大学生虽说总体上不太喜欢这张照片,但她对这名模特的态

STRAP HAPPY
In a body-hugging slip
dress, THIS PAGE,
Calvin Klein dresses
up spring's transparency
with a bit of sheen.
Dress, about $1,380.
Calvin Klein, NYC.
OPPOSITE PAGE: Klein
layers a red chiffon slip
under a bicolored
tank dress. Dress, about
$470; by Calvin Klein.
Calvin Klein, NYC.
Details, see In This Issue.
Fashion Editor:
Camilla Nickerson.

Spring's attitude
for evening?
Seductive
nonchalance
in clothes cropped
or draped
to bare the body's
sexiest joint:
the shoulder.
Photographed
by Mario Testino.

图 51 《时尚》杂志的插图照片："绑定快乐"（1997年）。由马里奥·特斯蒂诺
（Mario Testino）提供

度则比较积极："她很有诱惑力。她散发出这种光环。所以有时候我就想——去参加一个让自己看起来性感迷人的正式晚宴,不过我会用自己的方式而并非这样的。"

一些年轻的白人女性将这张照片中的性,与力量而非软弱联系在一起,这种方式与探讨性是权力而非被动性的象征相一致。216

> 桑迪:她身上有种强势的气质。我是说她看起来并不迷惘。她也并非迷惘的性感偶像。她更像是她想要成为的那样。这也并不是说她就是什么东西的受害者。
>
> 海伦:我认为这张照片表达了一位女性的观点。她已经准备好面对这个世界,她可以"活在当下"。因为在某种程度上这既性感又强势——她是掌控一切的人。这不像你所知道的半裸着躺在床上的那种性感。

在中年女性小组中,参与者对照片中强调身体而非衣着的立场提出了反对。

> 克莉丝汀:我不喜欢模特摆姿势。因为我觉得这是在展示身体而不是衣服。这是你首先看到的。这样的话,所展示的服饰就几乎不存在了。并不是说这有什么问题,而是照片本身表明她们并没有在展示衣服;而是在展示女性的身体。没有了它,衣服就什么也不是了。
>
> 尼娜:她在出卖自己。这个女人在出卖自己的身体。
>
> 多萝西:从远处看,她可能是裸体的。这件衣服几乎和她的身体融为了一体。

与传统的女性行为规范一致,许多女性都不喜欢裸体和暴露乳房以及隐私部位的透视面料:"他们将其售卖给女性。但我们都有这样的身体。我们不需要看她没穿衣服的样子。这是我始终不能理解的地方。

你知道吗？我不会为一个不穿衣服的女孩而感到真正地兴奋。"她们对透视面料的反对，与其说是出于端庄或拘谨，不如说是因为她们无法想象自己穿着这样暴露的衣服。

采访者：你想看起来像这个女人吗？

特蕾西：不，就像她为了性感而不择手段一样，我更喜欢那些（……）你并非想变得性感……然而，她们似乎确实在竭力让自己看起来性感，所以会有一些非常消极的看法。

琼：我不会穿露胸的衣服，但我觉得就她想要表达的形象来说，这没什么不合适的。

另一张照片是一位非裔美国模特，除了珠宝首饰之外，她全身赤裸地坐在地板上。非裔美国女性对这张照片的评价并不一致。有几位参与者不喜欢模特是裸体的事实。小组中的一位女性表示："我认为如此设计的一定是位男性，因为他只是想暴露她的身体，我怀疑女性是不会这么做的。"另一位非裔美国女性则持不同观点："这是对裸体的重新定义。而不是低级趣味。我认为她为自己的身体感到骄傲，她并不害怕——这并非真正的性欲——她只是在炫耀自己的配饰。"

第三张照片包含了可以解释为中性化或同性恋的元素。在一则香奈儿的广告中，一位女性将黑色牛仔裤和敞开的西装外套穿在极为苍白而裸露的扁平躯干之上（见图52）。她脸上的妆很浓，特别是眼睛周围完全被眼影所覆盖。参与者对此感到困惑且颇有微词，并在一定程度上为之感到不安。

以下白人大学生的评论说明她们希望远离这种形象，尤其是其边缘化和性别模糊的内涵。

劳伦：是男人吗？

罗珊：我想是个男人。

劳伦：男人？

217

图 52 《时尚》杂志的时装广告：香奈儿（1997年）。由卡尔·拉格斐拍摄

芭芭拉：不,是女人。

伊芙琳：不,绝对不是女人。

劳伦：是的。

芭芭拉：你没看到她的乳沟。

罗珊：我觉得它看起来像个男人。

伊芙琳：看他的手！这是男人的手。

芭芭拉：那是女人的手。

伊芙琳：是男人的手。这是异装癖。我告诉你那是个异装癖。

采访者：你不喜欢这张照片的哪些地方？

劳伦：我们不知道这是男人还是女人。

安妮：那张脸真让我害怕。

露丝：看起来很中性化。她根本没有胸。就像你所看到的一样。她的脸完全是苍白的,一副精疲力竭的神情。像个幽灵。她的脸看起来像是男扮女装。

纳塔莉：我会觉得可怕,不自然,像女巫一样。既不阳刚也不阴柔,因为这在我看来太不自然了,似乎对任何普通的男人或女人都没有吸引力。

特蕾西：我不喜欢化妆。我不喜欢浓浓的眼线和睫毛膏,像黑眼圈一样。也不喜欢那种"我快死了,我吸毒了"的表情。它们会与血红色的口红形成鲜明对比。而且她的皮肤非常苍白。所以这整个组合我确实都不喜欢。

年长的女性也往往会赋予这张照片的主题以一些边缘化的内涵。一名女性评论了这名模特的表情,认为它暗示着"被许可的情境撤离",而另一名女性则表示无法予以认同：

多萝西：还有她那空洞的表情——好像她快死了。她看起来像我见过的尸体。

玛丽：我不想长得像她。她身上有一种很扎眼的东西。

　　另一位年长的女士则对此不屑一顾："这根本不是一个严肃的时尚宣言。她们只想引起你的注意。"

　　第四张照片是两个女人,穿着透视面料做的长外套,前后紧挨着错落地站在一起(见图53)。站在后面的女人的右手放在前面那个女人的腹部。与刘易斯和罗利(Lewis and Rolley 1996)将女同性恋内涵归因于同一张照片中的两位女模特相一致,一些参与者确实从这张照片中发现了女同性恋的暗示："她们看起来很轻松,也许还有同性恋的暗示。我只看到手放在那里,看起来不像姐妹般友好,却像是女朋友一样。这是个对比很强烈的形象,像重金属风格的造型,只是我并不向往这些东西。"一位中年观看者则持有不同印象："这里面也存在一种虚假的女同性恋,就像那人让两个女人摆姿势一样。我总是把它和男人联系在一起。"

　　非裔美国人焦点小组的成员并没有对这张照片中的任何同性恋色彩予以回应,只是将其理解为与自己截然不同的一种文化。

219

塔玛拉:吸毒俱乐部的模特。我将其视为俱乐部的一员。

米歇尔:摇滚明星的小妞。

蒂娜:我所看到的是这些模式化的、又高又瘦的、看起来像患了厌食症的白人女性。

　　焦点小组的讨论并未表明,不同年龄段的女性对其性别认同的看法存在实质性的差异。年轻的参与者并不比年长的女性更乐于接受广泛的性取向。这些女性中的大多数往往会拒绝那些暗示双性恋、女同性恋和异装癖的形象。她们通常认为裸体展示并不适合自己的生活。一般来说,根据亨利(1977)的描述,在传统女性举止规范的基础上,她们的反应是能够解释得通的。然而,她们关于姿态诱人的女性照片的态度却是矛盾的。一些年轻女性欣赏她那种掌控一切的样子,这种解释与最近女性在性的表达方式上的转变是一致的。其他人则认为她的姿态有失身份。

206

图53 《时尚》杂志的插图照片："两个女人"（1997年）。由史蒂文·迈泽尔
（Steven Meisel）拍摄

时尚杂志及其社会议题：赋权的形象

　　研究人员向几个焦点小组的成员展示了唐纳·卡兰（Donna Karan）的广告，其中包括一张黑白照片，照片上这位身着长裤套装的女性正直视着镜头（见图54）。这名女性的形象由此可以被解读为有权势且中性化的成功女性，这也是该杂志的另一项主题。一位男性参与者总结了他所理解的该模特呈现方式的根本原因："看，她成功了。这无关于她的性别，也无关于她的胸。她是位职业女性，她的着装是女性职业装。如果你成功又聪明，而我又为你准备了衣服，那么你就不需要化很浓的妆。就好像你是老板一样，你想做什么就做什么。"

图54　时装广告：唐纳·卡兰（1997年）

大多数参与者对这张照片的反应都基于模特的个性，尽管他们对模特个性的评价各不相同。一些人对模特所传达的形象予以排斥，而另一些人则为之吸引。模特的直视违背了女性表达的行为规范（Henley 1977），这似乎是他们对此做出反应的一个主要因素。

> 采访者：这张照片有哪些你不喜欢的地方？
>
> 露丝：她脸上的表情。
>
> 朱迪：我觉得她看起来有点咄咄逼人。像是在描绘一种态度，这就好比你知道我是一个精英主义者，因而就不能碰我一样。除了模特表现出的态度之外，我仍然喜欢这身衣服。

另一名大学生则表示，他更喜欢传统所认为的女性应有的表情："我喜欢她强势，但我不喜欢［……］她没有微笑。她不快乐。"当被问及在某些情况下他们是否想让自己看起来像模特时，年轻女性发现自己很难认同卡兰广告中的女性，两个焦点小组的评论都表明了这一点。

> 采访者：你想看起来像这个女人吗？
>
> 朱迪：这个表情？不可能。
>
> 特蕾西：对我来说，这就好比一种整体形象。我不希望我变成那样……我不想和她一样。
>
> 纳塔莉：我不喜欢她的态度。我认为这与我无关。总的来说，我认为自己并没有那种态度。尽管我的确同意在某些情况下（在特定的职场）这可能会形成一种优势，即看起来更像她一点，像她那样强势，似乎由此就会产生一种自信的认同感。

一位年轻女性怀疑，穿这样的衣服是否能成功地传达一种赋权的态度："如果我穿上它，我就不会是它看起来的那样。我并不是说不好看，而是说我不会觉得，'听我说，我是女人。听我咆哮，我是老板'。"换言之，选用适合该角色的着装并不意味着她会将这一角色演绎得令

220

人信服。相比之下,中年女性小组也将模特的形象解读为坚强自信,但
反应更为积极。一位女性评论道:"在很多场合我并不介意看起来像那
样。这不仅因为她很漂亮,还因为她所传达的信息是:我很强势,不要
反驳我。"

时尚杂志及其社会议题:后现代主义的角色扮演

与时尚杂志所主张的多重身份的后现代主义概念相反,焦点小组
中的女性似乎对自己的身份持有明显的现代主义观点,因而她们对时装
的看法也是如此。她们认为选择合适的着装是对稳定身份的表达,也是
掌握必要技能所需要完成的任务。她们评价时装的依据是自身所参与
的各种场合的实用性,而并非所扮演的一系列截然不同的角色。针对唐
纳·卡兰广告中身穿职业装的女性,一位年轻女性并不认为这身衣服有
多么新潮,它只不过适用于特定场合罢了:"我想我已经在穿那种款式
了。我会在商务场合穿这种套装,但这并不是因为我看了广告。"另一
位年轻女性看着身着透视装的模特作品说:"这类照片真的让我很困扰。
我一点也不喜欢。我从没见过真正会这么穿的人。就好比你会穿成那
样去干什么呢?"

人们会根据特定环境下的着装情况来评估那些独特的衣着:"我不
会穿成那样出门。""我觉得除了在纽约,我看不到任何人会穿成这样。"
这些女性表达的一个主要标准是舒适度:"我认为,女性通常喜欢选择
能够穿得更舒适、更随性的衣服,而不必拘泥于与身材有关的服饰。"一
些年轻女性非常担心身体的暴露:"我不会穿那种过分展现自己身体的
衣服。"

自觉或不自觉地,这些参与者似乎都坚信衣着代表了她们所认为的
始终不变的自我。一位非裔大学生对一位非裔美国模特的评论基于这
样的态度:"我喜欢她长得像我……所以问题不在于我是否想长得像她,
而在于她长得像我,这就是她吸引我的地方。"这也经常出现在用以形容
衣着的高频短语中:"这不是**我**。""我就是不喜欢她的穿着,不喜欢她的

222 总体风格……我想还有一个原因就是她的态度，她所采取的立场**和我完全不一样**。"或者，在提到模特时会说："我觉得这就是**她**。"

后现代主义时尚所提出的各种风格标准的结果之一就是特定风格与服饰可能会是难以解释的（Davis 1992；Kaiser, Nagasawa, and Hutton 1991）。在某些照片中，焦点小组成员认为模特着装的某些方面是令人困惑或难以理解的。例如，在一张相当阴柔的沙滩女性照片中，参与者对照片中的衣着展开了评论，比如穿着没绑鞋带的运动鞋，同时配以非常宽松的男士西装，以及领带和没系扣的衬衫。

> 采访者：这张照片的哪些地方你不喜欢？
>
> 特蕾西：衣服乱成一团，衬衫解开了。她似乎很困惑。他们真正想要呈现的是什么？为什么衬衫不系扣？这条领带有什么意义？
>
> 露丝：你在穿西装配衬衫的情况下，什么时候还会搭配运动鞋？
>
> 安妮：我觉得整套装束都不合适。比如搭配西装的鞋子，还有海滩上的所有东西。
>
> 采访者：你认为照片中的着装表达了什么意思？
>
> 埃琳娜：双性恋和职业精神，因为她穿着西装。
>
> 琼：但她穿着运动鞋。

当模特外表的模糊性很强时，参与者往往就会予以强烈拒斥。其中的一张照片显示，一位身材健美、肌肉发达的模特，画着很深的眼影，穿着看不出颜色的透视连衣裙。对于参与者来说，这条裙子带有童话和幻想的意味，这似乎与模特近乎男性化的身体格格不入。两位年长的参与者评论道：

> 凯瑟琳：这件衣服很柔软，但她看起来很硬朗……这是一种咄咄逼人的姿态，还有她那纤细的小裙子。
>
> 223 伊丽莎白：她看上去有点怪怪的。

年轻的参与者尤其不喜欢这幅作品：

贝丝：她看起来根本不像人。

芭芭拉：我不会在那页上停留超过一秒。

伊芙琳：她的身体是病态的，好像过于健美了，反而让人恶心。

罗珊：她看起来太苗条了。

劳伦：令人反感。

罗珊：过时。

伊芙琳：脱节。

　　参与者对自己外表的看法似乎是出于实际考虑以及对女性个体行为传统规范的遵从而形成的。这些女性追求舒适而实用的着装，拒绝模糊性和颠覆性的元素。她们并非操纵视觉符号来模拟不同身份的后现代角色扮演者。

作为典范的模特

　　对大多数女性来说，这些照片中的焦点不是衣着抑或时尚本身，而是模特。许多女性（尤其是年轻女性）都能认出知名模特，并说出她们的名字。这些模特几乎无一例外地引起了这些女性的强烈反响，有时是正面的，但通常是负面的。模特既是一种有形存在，又是一种个性魅力，既是传播时尚理想以及可能产生的霸权的渠道，又是抗拒该理想的理由，因为模特投射了负面和不受欢迎的形象。焦点小组中的年轻参与者似乎觉得将自己和照片中的模特进行对比是很自然的事情。她们往往会尝试与这些模特进行身份认同，如果不成功，就会感到有些失望。

　　参与者详细讨论了模特的身体特征、面部表情和性别标识。包括对模特的身体（体型、身高、体重和皮肤）展开分析。并对身体部位（如脚、腿、胳膊、手、腰围和胸围），以及面部特征（如眼睛、眉毛和表情）进行考察。发型、妆容和指甲颜色也要接受审查。根据身体特征和面部表情，224

焦点小组成员几乎总是会对模特的个性做出推断（例如：坚强、好斗、自信、冷漠、洒脱、爱玩）。这些女性以个人身份对模特做出反应，因为她们的身份与穿着并不一致。

面部表情是决定参与者对模特的反应以及对其是否认同的主要因素。只有一位女性（白人大学生）表示，对她来说模特的面部表情并不重要，因为"我知道那不是真的"。大多数女性对少数几位面带微笑、看起来很开心的模特做出了积极的回应。一位大学生说：

> 伊芙琳：她看起来很自然。
>
> 采访者：为什么你觉得她很自然？
>
> 伊芙琳：因为她在微笑。

按照女性的行为规范，缺乏积极的面部表情会让人觉得不安。一位年长的观众抱怨照片中的两位模特看起来并不开心。

> 采访者：你认为她们看起来不开心会影响你对照片的反应吗？
>
> 路易丝：是的，我知道。它看上去很不自然。左边的那个看上去很糟。

另一位年长的观看者说："她的脸很冷漠……这就是我不喜欢这张照片的原因。就因为她的脸，而不是因为她的衣服。"一名非裔美国学生说："她没有表现出任何情感，这显得有点没人性。"

一些焦点小组观看了海尔姆特·朗的黑白广告，画面上是一位非常年轻的模特，歪着头，耷拉着肩膀，穿着一件无袖 T 恤（见图55）。这位年轻的女性没有化妆。嘴角周围的小细纹也表明这幅作品并未被修饰过。她的齐肩金发还未散开，看起来也未曾打理。虽然她看着镜头，但在她严肃、专注且疏离的表情中，仍有"被许可的情境撤离"的成分。一群与模特年龄相仿的白人大学生形容她"刻薄""不快乐""性冷淡"。一位中年观看者认为模特的身材暗示她吸毒成瘾。一名大学生说："我觉得她看起来就像一个瘾君子。"

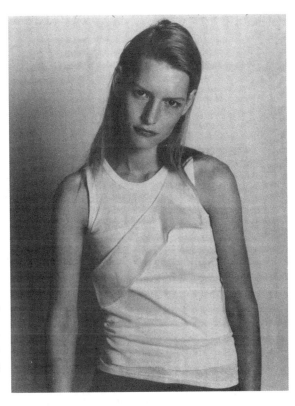

图55　《时尚》的时装广告: 海尔姆特·朗(1997年)。模特: 克里斯滕·欧文(Kristen Owen); 由布鲁斯·韦伯(Bruce Weber)拍摄

　　由她的面部表情所暗示出的模特个性, 以及她的立场所表明的个人态度, 抑或她的形象对性取向或性别的表达程度, 这些通常都要比她的衣着更大地影响了这些参与者。他们谈论着装的词汇通常很有限。在专家所定义的着装品质中, 如面料、质地、颜色、图案、数量、廓形与场合(Kaiser, Nagasawa, and Hutton 1991: 171), 他们主要关心的是颜色与场合, 其次是面料和图案。他们对衣着的描述也非常笼统: 舒适、漂亮、诱人、可爱、性感、现代、新潮、别致、前卫、奢华、优雅、精致。负面的形容词则包括: 廉价、劣质、俗气和丑陋。

　　不同于人们普遍认为的时尚形象对女性所施加的影响, 这些女性并未因此被唬住。模特并不一定被视作漂亮或完美身材的典范。她们的身材反而经常被诟病为太瘦弱、太强壮, 或在其他方面不吸引人。她们的衣着、发型和妆容也常常被描述为怪异、不合时宜或缺乏吸引力。尽管参与者对模特及其着装都很感兴趣，并试图根据模特的外表来赋予其不同的个性和身份，但这些女性往往并不想模仿模特的造型。当被问及是否希望在某些场合看起来像这些照片中的模特时，参与者的回答通常都是否定的。照片所投射出的形象并非这些女性所希求的。这些形象与她们的态度或偏好也并不相符。年轻的参与者最容易接受的形象是穿着透视装并挑衅地靠着墙的女性，尽管她们中的许多人都对她的性感程度提出了批评。相比之下，一位衣冠不整、穿着男式西装和运动鞋的女性几乎遭到了一致否决。

正如非裔美国人小组的评论所暗示的那样，这些问题与非裔美国女性尤为相关：

采访者：这张照片能代表你的观点吗？

所有人：不能。

采访者：为什么不呢？

塔玛拉：她有一头金发。

凯拉：我无法理解她。

226　采访者：为什么不呢？

凯拉：她就是和我不一样。

塔玛拉：她有六英尺高，很瘦，且脸色苍白……

相比之下，这些女性将一张非洲黑人模特作品解读为"黑人女性观点"的代表。其中一位女性说："我喜欢她的身材。很明显这是非洲人的身材，臀部、手臂……她是一位非洲女性，一位优雅的非洲女性。"

姿势的可见性/不可见性

参与者对模特的感知方式，与模特摆出的姿势以及通常隐藏在照片社会建构背后的各种技巧密切相关。这些姿势和技巧在多大程度上对这些参与者可见或不可见？这些照片和《时尚》杂志上的其他照片一样，都依赖于社会科学家所认为的让女性遭受贬损的一小部分刻板姿势。

焦点小组成员通过以下评论表达了他们对这些照片的社会建构的认识："你显然能看出有风扇或鼓风机在吹着头发。""我相信他们拍了上百张照片，但她的笑容仍然不完美。不过他们可能是有努力使之看起来自然一点。""它的目的是让你怀疑那是男人还是女人。这是为了吸引我们的注意力。他们就是这样把你吸引到广告里去的。"

参与者显然对这一事实很敏感，即这些照片是用来销售服装的，或者至少是用来营销设计师或品牌形象的。与此同时，他们希望这些照片符合现实主义的某些标准，符合他们对年轻女性实际行为的理解。以下评论就是这种态度的例证之一："这看起来像一张时尚照片，而我们刚才看到的另外两张照片可能才是真的。""她看起来像个时装模特。因为她看起来并不真实。"

焦点小组的成员有时会以不同的方式解释这些作品中的"证据"。他们对特定照片中的模式化姿势的含义的敏感度各不相同。一些照片展示了戈夫曼所谓"仪式化屈从"的一个面向，即选用率真、被动、害羞或荒谬的身体姿势。有张照片显示了模特赤着脚站在半空中，双臂张开，对此，一位女性认为这个姿势很有趣："我觉得这幅作品不错……他们让她跳跃的方式很吸引人。看起来挺有趣的。"其他参与者似乎对照片中的隐含意义有所领会，他们说："她看起来像个木偶。""她看起来像彼得·潘，因为她在跳跃。" 227

其中一幅作品中有位男性处于"仪式化屈从"的位置：在半空中伸出双臂。可能是因为很少看到男性而非女性以这种方式出现，观看者一致对此予以批评。值得注意的是，他们所批评的是他个人，而并非他所摆出的姿势本身："那个孩子。照片里的那个人真烦人。""是的，他看起来像要去骑马，但好像错过了那匹马或别的什么似的。"

如果这种刻板姿势看上去带有性暗示或违背了身体暴露的规范，那么这些参与者则更有可能对它持批判态度。其中一张照片就投射出了对立的图像。画面上一位身穿黑色短裙的女性仰卧在椅子上（见图56）。这位女性上半身的头发和脸秀气优雅、平整光亮、梳洗整洁。照片的下半部则显示她的双腿微微张开，并露出右腿内侧，这违反了必须隐藏女

图56 《时尚》杂志的插图照片："躺着的女人"（1997年）。由史蒂文·迈泽尔拍摄

性身体的这一部位的规范（Henley 1977）。参与者的不同反应取决于照片中的哪一部分对他们来说最重要：

> 马克：她很漂亮。她的脸就是焦点。
> 罗宾：你完全可以看到她的胯部。
> 劳丽：你能看到她的整个右侧大腿。

以下意见交流总体上是有利的，但也显示出对该姿势所持有的一些矛盾心理。

> 贝丝：她看起来很镇静，很放松。她显然是斜倚着的，但我喜欢这样……
> 采访者：这张照片表达了谁的观点？
> 罗宾：我觉得是男人的……但我不知道。我只能看到她躺在那里。

228

贝丝：顺从的。

采访者：这幅作品表达了你的观点吗？

所有人：并没有。

其他参与者则对这种姿势持批评态度：

纳塔莉：她好像是在出卖自己。

特蕾西：我不喜欢这个姿势……我只是不喜欢她懒散的样子，就好
　　　像她的腿是张开的，这才是真正让我不舒服的地方。

还有一个小组对该姿势展开了积极的解读，因为他们认为这名女性
掌控着局面，这与对霸权女性气质的"修正"解释相一致。

采访者：这代表男性看女性的方式还是女性看女性的方式？

海伦：我认为女性都希望变成这样……她是个强势的女性，而不像
　　　传统弱女子观念所体现的那样。她在那里是个强势的女性。

另一张照片展示了戈夫曼的"仪式化屈从"范畴，同时还带有微妙
的性意味，照片的前景是一名年轻女性的背部，其身体向前弯曲并将臀
部展示在镜头前。她穿着彩色面料的长裙（见图57）。人们对这张照片
的反应也是褒贬不一。

采访者：你会用什么形容词来描述这个女人的形象？

埃琳娜：我觉得她很性感，但又不是很淫荡……我觉得很好，很女性化。

另一位白人参与者则对这个姿势持批评态度：

考特尼：我不喜欢这个姿势。这是一种性感的姿势。

采访者：你想在某些场合看起来像这个女人吗？

Some women walk through life in color, white everyone else is in black and white.

— Carolina Herrera.

图 57 《时尚》的时装广告：卡罗琳娜·埃莱拉（1997 年）

考特尼：不。我不想处于那种状态。

非裔美国学生也对这幅作品中的姿势持批评态度：

丽莎：我不喜欢她在做的事。为什么她的屁股一定要对着我们？
托亚：她就像动物一样。她看起来像蜥蜴。

一名非裔美国参与者则指出了某张作品中的种族主义特征，画面中非洲黑人模特的姿势也符合戈夫曼所说的"仪式化屈从"范畴——坐在地板上，穿着优雅的长裙，笑容灿烂，手持乐器（见图58）：

我真的很喜欢这条裙子，而且我认为她绝对很有魅力。我想主要是我有更多的负面情绪。我确实不喜欢她坐在这幅作品里的样子。这看起来真的很不自然……只是似乎有人试图将她呈现为某种怪人……我的确不喜欢她脸上的表情，也不喜欢她手上的乐器，因为这让人联想到桑巴舞的负面形象，会有演奏着乐器或仅仅是敲打西瓜的黑人小孩与之一同出现，这会让你想起那种形象……如果你穿着这样的裙子，你就不会以这种姿势坐在地板上。你会站着，但不会真的站在那样的位置上……这看起来太勉强了。似乎可以为她拍一张更好的照片，并且可以尽量让她看起来有点像陌生而怪异的人，这样你就可以始终认为她是与众不同的，她也不像那种你会在其他地方看到的模特一样。

这个评论是非同寻常的，因为说话者能够想象出比刻板姿势更为可取的其他姿势。

另一位非裔美国参与者对一张全裸的非裔美国模特作品中的种族主义暗示提出了批评："我不太喜欢她裸体的样子。我认为在照片中裸体并不是问题，但通常作品中出现黑人女性且她同时又是裸体时，她看起来就会像一个彻底的性爱对象，像一种动物主义的方式……我认为这

图58 《时尚》杂志的插图照片：“黑人模特”（1997年）。由布鲁斯·韦伯拍摄

和一些负面的刻板印象有关,比如动物性之类的……对我来说,这并不是什么好事。"

通常,参与者似乎对刻板姿势的性别或种族主义内涵比其他稚气或被动的内涵更为敏感。除非对参与者有积极意义的元素抵消了作品中的性别成分,否则带有性暗示的贬损姿势将会遭到排斥。

结　　论

这项研究的发现提出了这样的质疑,即时尚照片在多大程度上构成了霸权的女性气质(在读者看来它是自然而然且无须争议的)。与几十年前相比,《时尚》杂志展示了更为广泛的社会身份和"议题"。总体效果比起霸权女性气质更接近于冲突霸权,并可能促成对这些形象负面态度的表达。从身处不同年龄段的、不同种族的女性群体的反应来看,时尚杂志作为时尚仲裁者的权威并不比电视屏幕、街头和当地商店的权威要大。时尚杂志编辑被视为有关时尚的一种信息来源,但也并不是极具权威性的。

焦点小组的大多数参与者对代表着霸权女性气质和女性赋权的图像的反应表明,他们内化了女性行为的传统规范,并认为这些照片对此进行了颠覆。这些与得体的女性性别行为相关的禁忌导致她们中的很多人都抗拒夸张的性别表达,包括异性恋和中性化,以及暗示性别模糊的形象。一些女性将明显的性表现解释为力量的象征而非消极的暗示。传达女性权力和主导地位的图像引起了矛盾的回应。一方面,她们崇拜外表坚强的女性,但对违背了女性个人举止规范的力量的呈现则引发了负面回应。参与者对贬低霸权的姿态的敏感度各不相同,而这些姿态往往带有率真和性的暗示。非裔美国人擅长解读种族刻板印象,并明确表达了自己的看法,即这些风格不是为有色人种女性而设计的。参与者对模特的态度充满了矛盾:她们似乎想与之保持认同,但并没有被她们漂亮而完美的身材或衣着唬住。

对这些照片中的形象的批评不仅来自那些基于年龄或种族而自认为不在年轻受众之列的女性,而且也来自年轻的白人女大学生,而作品

230

231

中的着装可能正是专门为这些年轻受众设计的。她们尖锐的批评可能源于对时尚形象的潜在情感，以及对看上去女性化和富有吸引力的文化诉求（Thompson and Haytko 1997：30）。但是，由文化程度较低的年轻女性所构成的小组可能对这些作品的反应有所不同。[1]

这项研究表明，女性对时尚媒介的反应是批判性的，一部分原因是这些杂志表达了一种冲突霸权的紧张与矛盾，另一部分原因则是传统价值观、个体行为观念（霸权的另一种形式）以及现代主义的社会身份观念继续塑造着女性对后现代文化的认知。这些女性似乎不太可能参与后现代主义的角色扮演；她们对时装的评价带有强烈而稳定的个人身份认同感。她们并不沉溺于后现代主义的模糊性，也不喜欢那些似乎传达着矛盾信息的着装。她们考察了着装与个人生活的相关性，并将后现代主义对风格和性别的混淆予以拒斥。

很难将这些发现类推到女性在其他场合的着装行为上，比如购物，在那里她们可以直接接触到服饰。时尚照片将衣着融进了复杂的意象中，这往往使得衣着本身黯然失色，可见参与者的反应既与服饰摆放环境，也与服饰本身密切相关。与在购物中心相比，看到这些陌生环境中的衣服，她们更有可能拒斥与之相关的身份。换言之，她们可能通过强调与照片缺乏联系来回应这些照片所投射出的身份模糊（Freitas et al. 1997）。当看到这些照片出现在杂志封面之外时，焦点小组的参与者对自己该如何回应这些照片颇为敏感。一些参与者评论说，如果他们在翻阅杂志的时候看到了这些作品，那么反应可能会有所不同，因为他们声称在该情况下并不会那么仔细地看照片。这样的评论提出了关于霸权和反抗的重要问题。如果媒介中的图像和文字几乎没有引起注意，那么它们会在多大程度上影响受众？媒介内容在什么情况下会渗透到个体意识中？对信息进行粗略浏览，是因为它们看起来熟悉而没必要处理，还是因为它们似乎威胁了个体的思维定式而予以拒斥，以此避免重估基本假设的必要性？

232

1　尽管人数很少，但就参与者对这些图片的反应而言，似乎种族要比国籍对他们的影响更大。

第八章 两个世纪以来的时尚和着装选择

社会科学家对于当代西方社会的性质尚未达成共识。最近流传的诸如"后工业"、"后现代"和"碎片化"等标签与"工业"、"现代"和"阶级"等传统标签形成了鲜明对比，不过后者并未被摒弃。"新"社会的性质在某种程度上是经济变化的结果，这些变化改变了工作的定义以及工作和闲暇之间的关系，同时，这些变化也与后工业社会的定义相对应。当代社会的特征也是后现代电子媒介的产物，后者改变了公共与私人空间的关系，并重新定义了我们过去和现在看待图像的方式。新社会的复杂性源于这样一个事实，即当下社会、经济和文化变革以不同的方式影响了人口的不同阶层，并导致了新的和更为复杂的社会分化形式。由于对外部经济和社会趋势以及"全球"文化影响的敏感度日益提升，当代社会增加了额外的复杂性，同时，这两种情况都加剧了国家经济和文化组织之间的生存竞争，以及文化语境和非言语符号的多样化及不协调程度。

追踪时尚本质和着装选择标准的变化是了解日渐式微的和正在崛起的社会类型差异的一种方式。一方面，时装体现了特定时期的霸权理想和价值观。另一方面，着装选择客观化了不同社会阶层的社会群体和集团成员相对于主流价值观的认知方式。

需要结合理论方法来分析时尚和着装选择的变化如何与社会和文

235

化变革的其他面向相关，它使我们得以从不同角度看待这些文化现象。在本书中，我考察了服饰作为一种消费方式；服饰作为一种非言语文化形式；利用着装在公共场合表征自我，特别是城市、机构和电子空间的影响；以及时尚生产的各种组织方式对着装意义和时尚风格传播的影响。每种观点都援引了不同的理论路径。

在齐美尔经典论著的影响下，时尚消费通常被视作不断更新的扩散过程。扩散模型侧重于根据特定群体、年龄或性别的社会阶层和社会地位来定义接纳者的社会特征。我认为时尚趋势的扩散程度被高估了，我已经表明在19世纪的阶级社会中，个体对自我或另一社会阶层或社会群体的认同往往会推动或阻碍时尚的扩散。社会阶级之间的关系可以通过符号边界和阶级再生产理论予以解释，这些理论试图阐释阶级文化的本质及其张力关系。我还认为，社会阶层之间的关系不能被概念化为地位从高到低的线性发展。社会阶层之间的关系会随着时间的推移而发生变化，从而扰乱人们对于相对地位的认知，并影响对时装的接纳。

由于20世纪后期社会层面的扩散过程极为复杂，因此人们的注意力已从扩散过程本身转移到了分析消费者对着装的反应及其在个人身份构建中的作用。与传统的扩散模型相比，"接受"的概念赋予了消费者更大的代理权，使其得以在当下积极地做出选择，而并非被动地对现有商品做出回应。

236　　对于女性来说，服饰在19世纪乃至现在都仍然是性别霸权的有力表现。理解着装霸权效应的方法之一是研究围绕衣着的话语，尤其是不同时期关于着装性别表达的争议和冲突。我在这里考察了性别霸权的实际体验及其受到抵制的方式。着装在维持有关性别角色另类话语的可见性方面发挥了重要作用。

要利用着装来解释身份的建构以及对霸权的抵制，就需要对它如何表达意义展开阐释。作为一种非言语的视觉交流形式，服饰是做出颠覆性社会声明的有力手段，因为这些声明不一定是在有意识或理性的水平上予以建构或接受的。特定着装的重要性以及衣着传达意义的方式的变化，都表明了社会群体与集团将如何感知彼此关系的重大变动。由于时尚产业和媒体产业之间近乎共生的联系,时尚生产者借鉴并促成了在当代社会电子空间中流通的多重视觉代码。

衣服往往是在公共场合穿的;我们由此是为别人而非自己所穿。因而公共空间的性质将会影响人们利用入时和过时的着装来表达自我身份并做出颠覆性声明的方式。城市空间特征的变化和"另类"公共空间的实用性又会改变人们对于以下事实的看法,即在公共场所进行自我展示为何是必要的。这些变化往往会增加或减少以着装作为颠覆主流文化手段的机会。在当代社会,电子媒介对公共空间的垄断程度越来越高,这是非电子媒介所无法企及的,它还影响了我们对其他类型空间的利用方式。

最后,创作流行风格的变革表明了当代社会内部的关系变化。时尚是最早的全球文化形式之一,但它曾经所处的全球经济类型与现在不同。19世纪后期,全球文化从中心传播到外围:伦敦的男装和巴黎的女装开始在其他欧洲国家和美国流行。在过去,时尚生产是社群或文化创造者的"时尚界"的活动,这些文化创造者试图将自己定位为"准艺术家"。20世纪末的全球文化是多元的:风格从中心流向外围,反之亦然。如今,时尚生产是在不同国家的一系列机构中进行的,它们在全球范围内运作,并受到全球市场竞争压力的影响。237

在对各种形式的文化进行研究时,我们常常会将消费、意义、空间和生产分别予以考察。其结果是我们对文化形式如何影响社会语境以及如何受其影响的理解大为减少。尽管我将用成对的术语来组织下一部分的内容,它们能够用以总结特定类型的变革,但重要的是要记住,社会变革实际上是累积的而并非间断的。旧有的形式与模型很少会因为新的出现而完全消失。在下一部分,我将重述前几章的主要发现,并在最后一部分思考它们的重要意义。

两种社会中的时尚与着装选择:简要重述

从阶级文化到细分文化

经典的时尚传播模式认为,风格率先由精英所接纳,并逐渐扩散到从属阶层。该理论暗示服饰是地位争夺的关键要素，个体如果想要获取更高的社会地位，可以通过服饰表明自身的境况有所改善。事实上，19世纪的符号边界往往难以逾越，其原因在于社会阶级之间的社会联系相对匮乏，可支配收入的稀缺以及对其他阶级文化中某些礼仪形式的陌生。相反，着装是"宣称"社会地位的重要手段，并被用于表明在重视社会地位小幅变化的社会中，个体所处的实际社会地位。这表明对社会阶级的认同是个体自我意识的一个主要方面。

19世纪法国工人阶级中的不同阶层对帽子的利用表明，争取地位比维持地位更为重要。与上流社会或中产阶级相比，法国工人阶级男性更有可能戴着与工人阶级相一致的帽子。戴上上流社会的帽子似乎是提升社会地位的手段之一，但大多数男性还是更喜欢戴着工人阶级的帽子。

19世纪法国和美国在着装选择上的差异是阶级文化性质和相互关系之差异的结果。在1875年以前的法国，一些工人阶级由于地域方言和文盲因素而与民族文化相隔绝，这加剧了巴黎和外省之间的着装行为差异。1875年之后，观念的改变重塑了工人阶级现有的文化，进而催生了新式的着装行为。外省工人阶级的文化随着生活和知识水平的提高以及获取新信息渠道的增加而发生了变化。

在美国，从东部到西部的高度地域流动性以及来自其他国家的移民，提升了着装的重要性，这反映在高于欧洲的服饰支出上。在一个比欧洲社会更民主、阶级差异更少的社会里，对着装的关注程度显得有些反常。政治民主化可能会导致着装的民主化，但不同地区之间明显存在着差异。美国中西部乃至偏远地区的农民都在试图模仿东海岸中产阶级的生活方式和着装。东海岸的工人阶级内部则存在着不同阶层，其成员有不同程度的机会去模仿中产阶级。

尽管对于19世纪美国和法国的不同社会阶层而言，其着装风格的差异有所减少，但是否选用某类配饰仍是社会阶层归属的标志。丝绸领带、手表和表链比手杖、手套和高顶礼帽更容易为工人阶级所接受。

始于20世纪中叶的服装生产技术变革导致了服装样式的简化，并最终促成了服装的逐步民主化。然而，这些变化被工作场所和家庭雇用越来越多地选用制服所抵消。具有讽刺意味的是，在其他类型的服饰开始消弭社会阶级差异的时候，制服却加剧了这种差异。

服饰似乎在19世纪的阶级社会中发挥着重要作用，但在20世纪，这一作用逐渐消失了。作为第一种可供广泛使用的消费品，它既作为获取地位的标志，也作为在社会阶层中表明个体身份的手段而受到人们的青睐。随着地域和民族服饰的消失，着装也促进了基于全国文化认同的发展，公共教育和媒介亦是如此。

在20世纪后期高度碎片化的社会中，着装行为表明了工作和闲暇之间的重要分离。这些制度领域构成了不同的社交圈和时尚圈。20世纪末，经济领域的着装所表达的价值观与19世纪末相比并不存在太大的区别。工作场所的着装行为受到着装规范的制约，这表达了组织的等级化风格，并与社会阶层之间的明确划分相一致。这类着装表明了个体在组织等级结构中的地位。工作场所中的着装含义是相对固定的：定义明确的规则限定了如何着装，如男装、女装和特定职业的制服。

休闲活动传递的价值观通常与工作场所和传统职业道德的价值观大相径庭。休闲文化是多元的，同时基于年龄、种族、民族、性别和性取向的社会细分，这些都在着装行为中得到了体现。社会阶级身份并不那么突出，因为在同一经济水平的社会阶级中，社会身份其他方面所导致的态度和品味差异可能与社会阶级之间的差异一样大。消费不能完全按照特定类别来解释。相反，这些不同类别的相互重叠使得着装所表达的意义更为复杂。有些人认同于特定的社会群体；其他人则致力于"认同努力"（identity work），选择或寻求不同的方式来表达关于他们自身的不断变化的理解。对许多青少年来说，着装是表达身份而非社会阶级地位的一种手段，并且在某种程度上也是确定身份和理解个人生活的一种方式。后者是通过借鉴电影和流行音乐中的具有象征意义的服饰元素，以及重新定义着装含义的各种活动（例如拼贴、幻想和审美表达）来实现的。年长而富裕的花花公子出于相似的目的而选用了高度编码的前卫的、后现代的着装。

服饰的民主化带来了多样性而非标准化。因此，代表特定风格扩散

239

的轨迹，更短也更不稳定。年龄比阶级因素更为突出。随着为年轻人设计的时装（通常以自己设计的款式为基础）扩散至年龄较大的群体，年轻人开始转向较为新颖的风格，就像19世纪的上流社会一样。着装行为表明了社会群体内部和社会阶层之间的复杂关系，并消除了媒介文化所滋生的社会融合的错觉。

从霸权的性别理想到冲突的性别霸权

240 　　工业社会具有明显的性别文化特征。时尚代表了上流社会关于男性和女性应该如何穿着打扮以及举手投足的观念。根据社会阶层的不同，女性对时装的接触程度和利用方式也各不相同。

　　代表家庭投身于众多社交活动的中产阶级和上流社会主妇总会竭力打扮得很时髦，花在这方面的家庭开销因而远高于丈夫。如果工人阶级主妇没有出去工作，那么她们的衣服与家庭其他成员相比会更为有限，这既表明她们被相对地排斥在公共领域之外，又同时体现了她们在家庭和社群中的地位。与丈夫和女儿相比，她们不太可能拥有中产阶级服饰，因为后者才更有可能参与家庭之外的社交生活。

　　相比之下，城市里未婚的工人阶级女性往往会将可支配收入花在奢侈新潮的服饰上，这想必是为了吸引别人的注意。她们追求时尚的努力在当时经常遭到蔑视，但这似乎是20世纪末表达个人身份的消费方式的先驱。

　　19世纪后期，随着女性受教育程度的提高，进入工作场所人数的增多以及参与政治活动频率的提升，时装体现出的性别理想已不再符合女性生活的现实。巴黎为上流社会女性以及交际花创造了时尚风格，她们的态度和举止与在其他国家遭到挑战的霸权性别理想相一致。美国和英国的女性解放运动则进展得更快，在那里，女性的衣着并非源自法国，而是更多基于其全新的生活方式。20世纪初，法式风格变得不再那么讲求精致与塑形，不过，融合了19世纪主流风格和另类风格元素的新式性别理想直到第一次世界大战之后才出现在时装中。

　　时尚尽管仍被视为对女性的霸权压迫，但已不再表达整体文化的性别理想，这一事实表明，大多数女性对时尚并不感兴趣。时尚媒体将时尚塑造成一种娱乐方式,类似于针对年轻消费者的其他类型的媒介娱乐。照片中的刻板性别形象为杂志文章所表达的女性主义议题提供了不和谐的声音。理想的女性身材是白种人;照片对不同种族的身材进行了细微的区分。

为了在碎片化的社会中(其中多元化的精英彼此之间存在分歧)与霸权冲突的本质保持一致,奢侈时尚设计故意调用各种社会议程,从赋予女性权力的议题到似乎是在剥夺其权力的议题。这些议题(包括女性高管、女性作为男性凝视的对象以及后现代角色扮演者)不断构建新的身份以回应新的消费产品。时尚业以及相关媒介将其目标建构为建议而不是支配外观,同时暗示消费者可以成为自己想要表现的一切形象。正如奢侈时装设计师所描述的那样,消费者似乎对个人身份以及希望以着装来表达自己抱有强烈的意识。

对于在焦点小组中讨论时尚照片的女性而言,在从着装以及其他商品消费中获取自我身份的意义上,她们似乎并未持有后现代主义的观点。这些女性中的大多数(年轻人以及中年人)经常援引的标准是基于女性行为的传统霸权规范,该规范将女性行为定义为越轨现象,这些行为包括性别模糊、裸体展示以及挑衅的性暗示。这些女性在评价照片中的着装时试图表达自我身份并忠于其身份观念。她们发现后现代主义的模糊性令人不安,因为它旨在增强而非隐藏自我意识。她们并不认为自我身份是流动的,但与此同时,构建符合其身份概念的性别形象是体现能动性的一种方式。

19世纪的时尚表达了男性霸权的价值观。20世纪末,男性的性别霸权被青年亚文化以及种族和性少数群体的男性着装选择所修正、反讽和颠覆。法国奢侈时装尤为强调传统花花公子的着装选择,以突出传统男性霸权价值观所无法接受的男性身份认同层面。在这里,时尚表达了它的颠覆性倾向,并推动了对男性气质的重新定义。

作为"文本"的衣着:从封闭到开放

对着装行为的分析揭示了将当代社会文化概念化的重要性,由此可

241

以将其呈现为对规范的复杂聚合，以及被社会群体赋予了相关含义的服饰系列。由于同一件衣服在不同社会群体中，其穿着方式与含义都不尽相同，因此碎片化的当代社会很难被理解；而即便个体成功地理解了自身所属的群体，也往往无法觉察到其他群体的行为规范。

"封闭的"文本，即具有固定含义的服装，是阶级社会的典型特征。而"开放的"文本，即不断获得新含义的服装，则更有可能出现在碎片化的社会中，因为不同的社会群体通常希望以同一种着装来表达不同的意义。牛仔裤在20世纪不断获得新的含义，因为它已普及至不同的社会群体，且人们会穿着它现身于各种社会语境。然而，封闭文本并未消失。例如，与黑色皮夹克这样的着装相比，牛仔裤同时表征着顺从与抵抗。而黑色皮夹克仅表示一种含义，即对主流文化的反抗，直到最近，随着它在社会各阶层的普及，其反主流文化的含义才得到淡化。

社会结构的变化如何影响到社会身份的呈现，可以从帽子（封闭文本）作为男装的必备品到T恤（开放文本）广为流行的转变中窥知一二。直到20世纪60年代，作为男性服饰中最显眼的帽子始终是社会身份和社会阶层的主要标志。帽子的具体风格与各个阶层密切相关。20世纪末，男帽已成为阶级社会的遗留物，这种基于公共空间内的面对面关系的阶级社会已经基本消失了。

当代社会与帽子相对应的服饰是T恤，它以许多不同的方式表达了社会身份（从身份政治到生活方式）。帽子的意义是众所周知的，但与之不同的是，T恤仅在志同道合的人之间产生意义；某件特定的T恤对于持有不同的观点和从属关系的人来说，可能毫无意义。这反映了休闲文化已分裂为生活方式、亚文化和其他群体，这些群体的成员通过将自身定位于与自己相似而非不同的群体，来回应周围巨大的文化复杂性。

亚文化和边缘群体通过操纵服饰文本来表达他们对自身和社会的态度。在19—20世纪，通过衣着来表达非言语符号是挑战压抑的性别意识形态的一种手段。19世纪未婚且受雇的中产阶级"过剩"女性依赖于一种符号倒置的形式。融入了女性风格的男性化着装赢得了新的意义，这也意味着女性的独立。其结果是对女性理想性别角色的非言语评论，它可以通过不同的方式予以解读：忽略、无意识地吸收或理解。20世纪后期，同性恋亚文化的着装选择为异性恋性别角色提供了类似的评论，这也随之影响了异性恋男性的着装。

基于过去数十年对亚文化着装风格展开的实验，青年亚文化成员选择了相当少量的带有"反讽"意义的服饰，该服饰使其得以从自己的经历中获得启发。以电影和流行音乐为表现形式的媒介在创造服饰以及服饰搭配的意义方面发挥着重要作用。电子文化世界形成的网络可以借助流行音乐将街头文化产生的意义传达给更多的公众。青年亚文化产生的音乐和街头风格，反过来又会被媒介推广并参与到服装业的营销之中。

无论是奢侈时尚还是工业时尚都与媒介文化紧密相连，并融合了其中的符号、图案和主题。媒介文化（电影、电视和流行音乐）和时尚业，无论是在奢侈层面还是在工业层面，都在进行着类似的活动——从过去和现在的其他文化领域中挪用和循环意义以创造新的意义。有些时尚风格极具颠覆性；另一些则旨在代表特定的生活方式，这些生活方式在不同程度上与人们的实际生活方式相关。

由于风格和规范的巨大多样性和不协调性，媒介和时尚在总体上与后现代的定义相符，但正如一些后现代主义者所暗示的那样，这些规范并非本身就毫无意义或模棱两可。相反，有着相同身份的人才能理解某些着装代码，这对外人而言则往往是隐晦的。女性和少数族裔似乎比白人男性更善于"解码"。

从城市到电子空间

阶级社会的着装要比当代后阶级社会更为显著，部分原因在于城市空间的重要性。公共场所社会关系的性质促进了地位的争夺与维持。街头是社会生活的重要组成部分：当人们在街头行走时，他们会觉得是在进行自我展示。在这些公共空间中，衣着是展示自我的核心要素。社会精英经常在特定的街道和公园散步。根据法国服装史学家的说法（Delbourg-Delphis 1981：76）："有必要定期去某些地方看看……社会生

244 活是一个永恒的舞台。"法国设计师聘请身着最新款式的女性出入精英阶层的场所。一些工人阶级成员不愿在礼拜日散步，因为他们达不到最起码的外观标准。按照惯例，人们在礼拜日应该穿着最优雅的衣服散步。美国移民建议那些即将渡海而来的亲戚们一下船就扔掉他们的传统服装，以免被别人看到他们穿着不得体的衣服。街头群体会严厉惩治（尤其是女性）违背着装规范的行为。

某些类别的工人阶级在城市公共空间受到的关注影响了其他社会阶层对整体工人阶级的感知方式。对于工人阶级中的较富裕阶层的男性和受雇且年轻未婚的女性来说，他们的相对知名度让中产阶级观察家们认为其着装风格就是典型的工人阶级风格。

隐蔽、边缘、临界的空间为女性提供了机会，使其得以尝试一些不被接受的着装，如裤装泳衣和运动装。受雇的工人阶级职业女性在城市公共空间之外的"隐蔽"空间工作，她们有时会穿男装（包括裤子），而这是19世纪女性最忌讳的东西。自行车在19世纪末的流行改变了女性在城市公共空间中的着装，以前这些衣服仅在边缘地带才能穿，但这随即引发了公众的强烈抵制，不过人们最终还是接受了暗示着对女性行为不同理解的着装。

随着城市规模的扩大，城市所提供的环境也变得越来越没有人情味。城市空间的性质发生了变化，着装作为社会地位或社会身份的标志已不再那么突出。公共场所的大多数交易都发生在陌生人之间。通过衣着彰显的社会地位已不再如其他身份类型那么重要，比如信用卡、汽车牌照、社会保险号、护照、身份证和电子邮件地址。匿名身份在电子空间中得到保存和传输。因此，我们不太可能认为自己的衣着会遭受街上其他人的挑剔目光。其结果是，在以前人们感到必须通过更为正式的着装才能获取社会地位的环境中，人们普遍开始采取"便装"（dressing down）的做法，即穿着非正式的休闲装，这通常与闲暇而非工作联系在一起。这种趋势的例外是城市环境中的边缘和临界空间，这些空间被特定群体（通常是种族和性少数群体）"殖民化"，在这里，以着装来展示自我成为一个主要的关注点。例如，某些社区的俱乐部和酒吧制定了着装规范,该规范对性别与性取向的服饰表达提出了挑战。相比之下,电视和互联网创建了全新版本的公共空间,并有选择地代表了公众。 245

从都市时尚界到全球生产体系

时装的设计和生产已从高度集中的体系转变为更加分散和多元的系统。19世纪和20世纪初,时装风格的明确定义需要一个高度集中和显著可见的时尚设计与传播体系。19世纪的时尚起源于大都市,其中巴黎占据了主导地位。法国在装饰艺术方面有着悠久的历史,因此在这方面发挥着独特的作用。时装表达了精英阶层的观点和性别理想,其本身也是为他们参与社交活动而设计的。这些精英们在特定类型的城市空间中不断地流动、展示与社交,他们希望服饰能够达到创意和工艺的高标准。法国时装产生于城市文化之中,设计师在这里了解他们的客户并理解其所居住的社会环境。这些风格又通过私人渠道和时尚杂志传播到了其他国家。尽管成衣的发展和服装的标准化程度日益提高,但法国设计师在20世纪仍然继续引领着其他国家的时尚。随着风格变得不再那么复杂,将这些风格的变体推广到不同社会阶层也变得更加容易。关于时尚风格共识的达成是可能实现的,因为基于阶级的行为和外观理念已为西方工业国家所广泛接受。

取代了"阶级"时尚的"消费"时尚,比阶级时尚更加不确定和难以预测。奢侈时尚逐渐在一些国家的时尚界兴起,其通常仅体现了中产阶级和上流社会特定亚文化的态度,而工业时尚则更多地针对不同的年龄段、生活方式和民族文化。尽管风格和时尚起源于不同的阶级阶层,但其轨迹变化部分取决于它们在媒介中的呈现方式,部分取决于不同社会群体成员以多种不同方式对其所展开的解读。

奢侈时装设计师以大胆而富有创造力的艺术家自居,但其活动都被纳入了需要高水平投资才能打入全球市场的组织中,且这些组织通常会利用时装风格为其他产品赋予形象。对于自身活动得到成功奢侈品系列"补贴"的设计师来说,他们可以自由地从事创新,但前卫和后现代的主题实验往往是反复无常的。作为一种市场策略,那些试图进入高度竞 246

争市场的企业有时也会展开类似的创新，但往往会面临着高风险。

过去，时尚作为一种全球文化形式从中心扩散到周边地区，这些地区大部分（并非全部）位于西方工业国家。今天，正如许多其他形式的全球性文化一样，时尚在不断吸收非西方文化影响的同时，又被西方文化所主导，但并不存在明确的中心。

结　论

时尚的社会议题总是为特定的社会群体代言，并排斥其他群体。19世纪，排斥的基础是低下的社会阶层地位以及对特定性别理想的不遵从。20世纪末，在选择和定义复杂或精致着装的目标客户时，会体现出更为微妙的排斥形式。另类着装规范和话语的出现提供了一种能够谈论我们自身的方式，但这种方式被时尚忽略了。19世纪的女性和20世纪后期的少数群体利用着装形成了自己的交流方式。最终，这些另类议题很可能会被时尚所同化，哪怕只是作为一种刻板印象或夸张描述。社会身份和与之相关的物质文化不断地被重新定义。

服饰等物质文化为后工业社会和后现代文化的"基础"观念提供了线索。与后工业社会一样，工业社会的融合程度很低，但社会融合的匮乏情况很不一样。阶级文化的细分程度较低；城市空间更具代表性。在阶级社会中，大多数着装含义在不同的社会阶层都很容易得到理解。在碎片化的社会中，工作场所的着装旨在传达与休闲场所不一致甚至不协调的信息。后现代休闲文化是规则的紊乱聚合，且这些规则并非通俗易懂。特定社群或阶层的着装在这些群体的内部和外部可能会产生不同的解释方式，这又提出了不同群体之间的理解程度问题。作为交流方式的着装已经成为一套方言而非一种通用语言。城市公共空间曾为争夺公共领域控制权的群体提供了视觉表征的场所，但现在它已被电子媒介所取代。这样的媒介选择性地代表了社会团体或细分群体，并创造了新的空间类型，对于这些空间而言，地方空间的意义并不大。

247

本书的研究表明，为了理解当代社会，我们需要更多地关注文化产品的意义是如何产生的,以及由谁、在什么环境下产生的;特定类型的文化产品所体现的特定含义获得了多大程度的传播;以及在其中得到扩散的公共空间的性质。我们需要更多地了解文化消费者如何解读模糊性的规则,以及他们如何选择认同于某些文化产品而非其他。之所以碎片化的社会令人沮丧,是因为人们不断地暴露在他们不能理解并倍感排斥的规则之中吗?或者,这些社会是否因为人们能够找到或创造表达自己身份的规则而获得自由?冲突霸权是否比传统霸权的压迫更小,因为人们在选择文化产品时所承受的压力通常会更弱?

我们还要追问,在碎片化的社会中,文化创造者如何在错综复杂的社会关系网络中游刃有余。对他们来说,辨别横贯不同社会阶层的新兴世界观可能会变得越发困难。少数创造者拥有组织的权力基础,这使其得以向公众呈现他们关于社会团体或细分群体世界观的阐释。大多数创作者的活动都仅限于从自身经历和背景中所赢得的小"商机"。

像石蕊试纸一样的时尚和服饰为辨别社会结构与文化之间的联系,以及在碎片化的社会中追踪物质文化轨迹而提供了线索。在21世纪日益多元化的文化社会中,着装规范将继续作为表达社会群体以及阶层内部和之间关系的一种手段,以及对更具冲突性的霸权主义的反应。 248

附录1　勒普莱及其助手出版的 19世纪法国工人阶级家庭专论目录

　　第二章和第三章对法国工人阶级家庭服装的分析主要基于81份关于法国家庭的专论，其中42份完成于1850—1874年之间，31份完成于1875—1910年之间。其专论在名为《欧洲工人》(*Ouvriers Européens*，参见Le Play 1877—1879) 以及《两个世界的工人》(*Ouvriers des Deux Mondes*，参见Société Internationale des Etudes Pratiques d'Economie Sociale 1857—1928) 的系列丛书中出版。

　　每个案例都被编码为一组变量，旨在分析着装行为并根据社会和经济变量展开研究。通过对这些数据的实证分析，我能够得出不同类型着装选择的频率以及与着装行为因素相关的结论。从其社会和经济背景来分析，着装行为是19世纪社会生活中一个重要而有意义的面向，换句话说，它表达了家庭的社会状况以及每个成员的目标和愿景。

　　以下列出了本研究所选用的勒普莱专论的完整列表 (在文本中，专论按编号和年份标识)[1]，紧随其后的是两个表格，分别列出了不同工人

1　缺少的数字代表不适合本研究的案例 (即这些家庭不在法国、英国或美国)。

阶级家庭的收入和财富水平（附录表 1.1），以及服饰的支出和价值（附录表 1.2）。

《欧洲工人》（卷三）

    I（1851）：刀匠（伦敦）

    II（1851）：刀匠（谢菲尔德）

    III（1842—1851）：木匠（谢菲尔德）

    IV（1850）：熔炼工（德比郡）

《欧洲工人》（卷四）

    V（1851）：农场工人（布列塔尼）

    VI（1851）：农场工人（阿马尼亚克）

《欧洲工人》（卷五）

    VII（1850）：矿工（奥弗涅）

    VIII（1856）：农民（巴斯克）

    IX（1855）：非熟练工人（讷韦尔）

    X（1855）：木材冶炼工（讷韦尔）

    XI（1852）：洗衣工（克利希）

    XII（1852）：警察局长（缅因州）

《欧洲工人》（卷六）

    XIII（1850）：农场工人（拉昂尼斯）

    XIV（1948—1850）：非熟练工人（缅因州）

    XV（1850）：编织工（缅因州）

    XVI（1854）：拾荒者（巴黎）

《两个世界的工人》

    第一系列（第一卷）：

1（1856）：木匠（巴黎）

2（1856）：非熟练农工（香槟）

3（1856）：农民社区（上比利牛斯省）

4（1856）：农民（下比利牛斯省）

6（1857）：奶农（萨里）

7（1857）：（披肩）编织工（巴黎）

8（1856）：佃农（诺丁汉）

第一系列（第二卷）：

10（1857）：锡工（艾克斯莱班）

11（1856）：凿石匠（巴黎郊区）

13（1856）：（男装）裁缝（巴黎）

15（1858）：非熟练炼钢工（杜省）

16（1858）：熟练炼钢工（杜省）

17（1858）：挑水工（巴黎）

19（1858）：粉笔装载工（巴黎郊区）

第一系列（第三卷）：

20（1859）：刺绣工（孚日山脉）

21（1859）：农民与煮皂工（普罗旺斯）

22（1859）：矿工（加利福尼亚州）

23（1858—1860）：非熟练工人/酿酒师（夏朗德省）

24（1858）：女裁缝（里尔）

26（1860）：乡村教师（厄尔省）

27（1860）：非熟练工人（巴黎）

第一系列（第四卷）：

29（1861）：农民（拉昂尼斯）

32（1860）：非熟练工人/酿酒师（勃艮第）

33（1861）：排字工人（巴黎）

34（1861）：旧货商店老板（巴黎）

36（1862）：编织工（孚日山脉）

第一系列（第五卷）：

　　38（1860）：农民大家庭（讷韦尔）

　　40（1863）：风扇制造商（瓦兹省）

　　41（1878）：制鞋工人（塞纳省）

　　41A（1878）：拾荒者（巴黎）

　　42（1878）：锁匠／铁匠（巴黎）

　　42A（1878）：非熟练铜匠（巴黎）

　　43（1881）：共和党卫队下士（巴黎）

　　44（1881）：农民／树脂采集工（朗德省）

第二系列（第一卷）：

　　47（1883）：制盐工（卢瓦尔省）

　　49（1884）：车轮修造工／工厂工人（瓦兹省）

　　50（1864）：陶器匠（涅夫勒省）

　　51（1885）：市场花园园丁（塞纳－瓦兹省）

　　52（1879）：渔民（罗讷河口省）

　　53（1879）：小农（加斯科涅）

　　55（1865）：手套制造工人（格勒诺布尔）

第二系列（第二卷）：

　　58（1861）：渔民（塞纳省）

　　59（1862）：小农（普罗旺斯）

　　59重复（1885）：农民和瓦工（克勒兹省）

　　62（1887）：火石制造商（卢瓦尔－谢尔省）

　　65（1888）：小农大家庭（夏朗德省）

第二系列（第三卷）：

　　66（1888）：酿酒师（阿尔萨斯省）

　　69（1888）：制革工人（英国）

　　70（1889—1890）：木匠（巴黎）

第二系列（第四卷）：

73（1884—1890）：工厂主管（埃纳省）

74（1891）：豪华家具制造工人（巴黎）

75（1891）：小农（得克萨斯州）

76（1892）：熟练的玩具制造工（巴黎）

78（1890）：造纸厂工人（昂古莱姆）

80（1892—1893）：山区农民（卢瓦尔省）

81（1893）：灯夫（南锡）

第二系列（第五卷）：

83（1894）：纺纱工（马恩省）

86（1893）：矿工（加来海峡省）

87（1893）：农民（加来海峡省）

88（1895）：锁匠/铁匠（巴黎）

88重复（1897）：百叶窗安装工（巴黎）

89（1895）：工头/矿工（卢瓦尔省）

91（1863—1864）：小农（巴斯-利穆赞）

第三系列（第一卷）：

93（1899）：钢琴调音师（巴黎）

94（1897—1899）：白兰地蒸馏工（夏朗德省）

98（1901）：陶瓷装饰工（利摩日）

99（1901—1902）：铁路工（巴黎）

第三系列（第二卷）：

104（1904—1905）：手套厂染色工（上维埃纳省）

105（1902—1903）：花匠（塔恩-加龙省）

106（1904—1905）：束身衣制造工人（巴黎郊区）

107（1889—1905）：锡工（阿列省）

第三系列（第三卷）：

109（1908）：编织工（埃纳省）

110（1909）：刷子制造工人（谢尔省）

巴亚什（Bailhache），《社会科学》（*La Science Sociale*，1905年5月）：3—84[1]

　　115（1896—1897）：工厂工人（巴黎）

附录表1.1　1850—1874年和1875—1909年工人阶级的收入和财富水平

		收入中位数	范　　围	财富中位数	范　　围
1850—1874					
外省农民	（8）	3 464	1 656—10 199	19 162	5 451—37 584
巴黎熟练工人	（6）	2 777	1 751—10 765	5 834	748—85 405
巴黎非熟练工人	（5）	1 962	970—2 469	1 557	432—6 268
外省熟练工人	（14）	1 596	544—2 985	3 139	44—12 481
外省非熟练工人	（8）	837	460—2 356	1 578	328—5 678
所有阶层	（41）	1 842	460—10 765	3 688	447—85 405
1875—1909					
外省农场主	（6）	7 165	3 382—13 624	48 081	13 773—141 299
外省农场佃户	（5）	4 402	1 700—6 996	17 743	2 442—28 446
巴黎非熟练工人	（6）	3 854	2 669—4 645	2 832	84—22 157
巴黎熟练工人	（6）	3 342	2 132—4 144	4 160	1 612—6 346
外省非熟练工人	（7）	2 782	1 904—5 619	1 384	900—18 866
外省熟练工人	（6）	2 299	1 074—8 417	6 678	901—20 316
所有阶层	（36）	3 604	1 074—13 624	5 446	900—141 299

注：本表基于勒普莱及其助手所收集的案例研究。使用中位数而非平均数是因为范围太大。财富中位数包括财产、房产、设备、家具、器皿和衣服。括号内为样本数量，总计不包括第一阶段的一名女户主以及第二阶段的三名女户主

1　之所以采用这一案例研究，是因为它是根据勒普莱发展出的分析技术展开的，尽管它并未出现在勒普莱或国际社会经济实践研究学会所出版的丛书中。

附录表1.2　　1850—1874年和1875—1909年工人阶级在服饰上的
支出及相关服饰的价值

		服饰支出占收入中位数的百分比	服饰中位数占财富的百分比
1850—1874			
外省农民	(8)	9.0	9.0
巴黎熟练工人	(6)	7.5	16.5
巴黎非熟练工人	(5)	7.0	43.0
外省熟练工人	(14)	9.5	13.0
外省非熟练工人	(8)	10.5	13.5
所有阶层	(41)	8.0	13.0
1875—1909			
外省农场主	(6)	7.5	5.5
外省农场佃户	(5)	6.5	14.5
巴黎熟练工人	(6)	11.5	26.5
巴黎非熟练工人	(6)	7.0	27.0
外省熟练工人	(6)	7.5	10.0
外省非熟练工人	(7)	8.0	27.0
所有阶层	(36)	8.0	16.5

注：本表基于勒普莱及其助手所收集的案例研究。财富包括财产、房产、设备、家具、器皿和衣服。括号内为样本数量，总计不包括第一阶段的一名女户主以及第二阶段的三名女户主

附录2 针对焦点小组的访谈计划和相关调查问卷

访谈计划

焦点小组的参与者将会被展示6—9张的系列摄影作品,并需要针对每幅作品回答以下问题。

1. 您喜欢这张照片的哪一方面?
2. 您不喜欢这张照片的哪个地方?
3. 您会用什么形容词来描述照片中的女性(女性们)的形象?
4. a. 这张照片旨在代表谁的观点?

       男性的观点?

       女性的观点?

   b. 它代表您的观点吗?

   c. 这张照片实际上代表了谁的观点?

       时尚杂志编辑的观点?

       时装设计师的观点?

       广告客户经理的观点?

       摄影师的观点?

5. 您想在某些场合看起来像这位女性(女性们)吗?

为什么？抑或为什么不呢？

6. 照片中的着装传达了怎样的含义？

　　　男性气概

　　　女性气质

　　　中性化

　　　性意识

　　　专业性

　　　其他？

7. 这张照片中的服装会在某种程度上影响您的穿着吗？

　　　如果是：为什么？如果不是：为什么不呢？

调查问卷

　　在展示照片之前，我们希望您回答一些与您的兴趣和背景相关的问题。所有答案将完全保密。如需更多空间，可以写在问卷背面。

1. 您多久看一次《时尚》杂志？

　　　_____每个月

　　　_____一年几期

　　　_____偶尔

　　　_____从不

2. 您是否经常阅读其他时尚杂志（至少一年几期）？ _____是 _____否

　　如果是：都有哪些杂志？ _____

3. 您是否试图跟上当前的流行趋势？

　　　_____是 _____否

　　如果是：是在什么意义上的？（请核对尽可能多的内容）

　　　_____本季的特定款式

_____特定配饰（鞋子、箱包、皮带）

_____彰显品牌的服饰

_____衣裙下摆长度的调整

_____其他；请予以说明_____

如果不是：为什么不呢？_____

4. 您是如何了解时尚的？（请核对尽可能多的内容）

_____"很酷"的亲戚朋友

_____电视

_____时尚杂志

_____流行歌手的穿着

_____街头穿着

_____我最喜爱的店铺中的服饰

请填写店铺名称_____

_____类别：有哪些？_____

其他：请予以说明_____

5. 您现在穿什么？

_____

_____

6. 您目前最喜欢的衣服是什么？

_____

_____

7. 您通常穿什么颜色的衣服？_____

8. 您的专业是什么？_____

9. 您几年级了？ _____

10. 您希望大学毕业后从事什么职业？

_____

11. 您父亲的职业是什么？ _____

12. 您母亲的职业是什么？ _____

13. 您是哪里人？ _____

14. 您在哪里长大的？ _____

15. 您的人种是什么？ _____

焦点小组访谈

　　在焦点小组访谈中，您需要对最近一期《时尚》杂志中的服饰广告和编辑摄影作品做出回应。所有评论将完全**保密**。基于这项研究的任何出版物都不会公布任何人的姓名。

访谈计划（针对高级时装设计师）

　　我正在对时装设计师展开研究，且尤为关注其工作影响及其工作条件。未经您的允许，您的姓名将不会出现在基于此研究的出版物中。

1. 您是如何成为一名时装设计师的？
2. 您上过设计学校吗？
3. 您如何着手创建一个新模型？
4. 当您创建新的模型时，您的想法从何而来？
　　a. 您是否受到以下因素的影响？

视觉艺术？

其他设计师的作品？谁？

您的客户？

街头出现的人？

其他？

5. 您会看那些展示过去时尚品牌的书籍或杂志吗？

6. 您对衣服的设定是什么？

    a. 它们可以用下列任何描述来形容吗？

       年复一年的变化？

       持久、经典、永不过时的衣服？

       提供能吸引客户的"形象"？

       提供适合某种生活方式的衣服？

7. 每个时装季的变动花费如何？

    a. 它们在哪些方面发生了变化？能举例吗？

8. 这些衣服是为特定的女性群体设计的吗？

    a. 您如何形容这些女性？

9. 您以怎样的方式与客户保持联系，以了解他们对这些衣服的反应？

10. 您衣服的价格是多少？

11. 哪个国家对当今女性风格影响最大？

12. 在您看来，当今世界上最重要的设计师是谁？

    a. 为什么他们如此重要？

13. 您觉得川久保玲、山本耀司等日本设计师的作品怎么样？

14. 您认识在这个城市或国家其他地方工作的设计师吗？

    a. 您会不时地和他们讨论时尚吗？

15. 您有从事艺术工作的朋友吗？

    a. 如果有，是哪一种艺术？

    b. 他们的工作对你有影响吗？

16. 您曾经为电影、戏剧或流行音乐艺术设计过服装吗？

17. 您每年做多少时装系列？

　　　　a. 这些时装系列得到制作的时机是怎么确定的？

18. 您的时装秀有多精致？

　　　　a. 您有特别创作的音乐，特殊的灯光效果吗？

　　　　b. 您在演出上花了多少钱？

19. 有没有时尚作家一直在写关于您时装系列的报道？谁？

20. 您做广告吗？在哪里投放？

21. 您的公司有多少员工？

　　　　a. 他们中有多少人参与了设计过程？

22. 您有经济赞助人吗？

23. 您有授权吗？有多少？

24. 您的衣服在哪些国家出售？

25. 您的衣服在这个国家有多少家店铺在出售？

26. 在您看来，时尚的未来是什么？

　　　　a. 21世纪我们会穿什么样的衣服？

27. 您能给我推荐一下其他可以谈论时尚业的人吗，无论是设计师还是
　　 与时尚相关的人？

参考文献

Adburgham, Alison. 1987. *Shops and Shopping, 1800–1914.* London: Barrie and Jenkins.

Adler, Laure. 1979. *Les Premières Journalistes, 1830–1850.* Paris: Payot.

Akom, Antwi. 1997. "Life in a Segregated High School: Exploring Social and Cultural Capital at Eastern High School." Unpublished master's paper, Department of Sociology, University of Pennsylvania.

Albrecht, Juliana, Jane Farrell-Beck, and Geitel Winakor. 1988. "Function, Fashion, and Convention in American Women's Riding Costume, 1880–1930." *Dress* 14:56–67.

American Demographics. 1993. "Hot Clothes." *American Demographics Desk Reference,* series no. 5, 15 (July): 10–11.

Arbus, Doon, and Marvin Israel, eds. 1984. *Diane Arbus: Magazine Work.* Millerton, NY: Aperture.

Archer, M., and Judith Blau. 1993. "Class Formation in Nineteenth-Century America: The Case of the Middle Class." *Annual Review of Sociology* 19:17–41.

Ash, Juliet. 1992. "Philosophy of the Catwalk: The Making and Wearing of Vivienne Westwood's Clothes." Pp. 169–85 in *Chic Thrills: A Fashion Reader,* ed. Juliet Ash and Elizabeth Wilson. Berkeley: University of California Press.

Bagdikian, Ben H. 1997. *The Media Monopoly.* Boston: Beacon Press.

Bailhache, J. 1905. "Un Type d'ouvrier anarchiste: Monographie d'une famille d'ouvriers parisiens." *La Science Sociale,* série 3, deuxième période, 14e fascicule.

Ballaster, Ros, Margaret Beetham, Elizabeth Frager, and Sandra Hebron. 1991. *Women's World: Ideology, Femininity and the Women's Magazine.* London: Macmillan.

Banner, Lois W. 1984. *American Beauty.* Chicago: University of Chicago Press.

Barber, Bernard, and L. S. Lobel. 1952. "'Fashion' in Women's Clothes and the American Social System." *Social Forces* 31:124–31.

Barbera, Annie. 1990. "Des journeaux et des modes." Pp. 103–18 in *Femmes Fin de Siècle, 1885–1895,* Paris: Musée de la Mode et du Costume, Palais Galliera.

293

Barmé, Geremie. 1993. "Culture at Large: Consuming T-Shirts in Beijing." *China Information* 8 (nos.1/2): 1–44.

Baron, Ava, and Susan E. Klepp. 1984. "'If I Didn't Have My Sewing Machine . . .': Women and Sewing Machine Technology." Pp. 20–59 in *A Needle, a Bobbin, a Strike: Women Needleworkers in America*, ed. Joan M. Jensen and Sue Davidson. Philadelphia: Temple University Press.

Barringer, Felicity. 1990. "Pinstripes of the Power Elite." *International Herald Tribune*, Jan. 12.

Barthes, Roland. 1977. *Image, Music, Text*. New York: Hill and Wang.

——. 1983 [1967]. *The Fashion System*. Trans. Matthew Ward and Richard Howard. New York: Hill and Wang.

Bassett, Caroline. 1997. "Virtually Gendered: Life in an On-line World." Pp. 537–550 in *The Subcultures Reader*, ed. Ken Gelder and Sarah Thornton. New York: Routledge.

Baudrillard, Jean. 1988. *Selected Writings*. Ed. Mark Poster. Stanford, CA: Stanford University Press.

Becker, Howard. 1982. *Art Worlds*. Berkeley: University of California Press.

Bédarida, François. 1967. "Londres au milieu du XIXe siècle." *Diogène*, no. 60: 268–95.

Behling, Dorothy U., and Lois E. Dickey. 1980. "Haute Couture: A 25-year Perspective of Fashion Influences, 1900–1925." *Home Economics Research Journal* 8: 28–36.

Bell, Daniel. 1976. *The Cultural Contradictions of Capitalism*. New York: Basic Books.

Bellah, Robert N., Richard Madsen, William M. Sullivan, Ann Swidler, and Steven M. Tipton. 1985. *Habits of the Heart: Individualism and Commitment in American Life*. New York: Harper and Row.

Benaïm, Laurence. 1988. *L'Année de la Mode, '87–'88*. Paris: La Manufacture.

——. 1994. "Forêt de songes." *Le Monde*, July 23, p. 13.

——. 1995. "La mode d'hiver a defilé dans une ambience de fin de siècle." *Le Monde*, July 16–17, p. 16.

——. 1997. "Paris règne sur la mode sans gouverner." *Le Monde*, Mar. 17, p. 21.

Berendt, John. 1988. "The Straw Boater." *Esquire* 110 (Aug.): 24.

Bertin, Célia. 1956. *Haute couture: Terre inconnu*. Paris: Hachette.

Bischoff, J.-L. 1989. "La Planète jeune est sous influence musicale." *Journal du Textile*, no. 1169 (Aug. 24): 95–96.

Blum, André, and Charles Chassé. 1931. *Histoire du costume: Les modes au XIXe siècle*. Paris: Librairie Hachette.

Blumer, Herbert. 1969. "Fashion: From Class Differentiation to Collective Selection." *Sociological Quarterly* 10: 275–91.

Bobo, Jacqueline. 1988. "The Color Purple: Black Women as Cultural Readers." Pp. 93–109 in *Female Spectators*, ed. D. Pribram. London: Verso.

Bocock, Robert. 1993. *Consumption*. New York: Routledge.

Bondi, Nicole. 1995. "Going Casual." *Automotive News*, Sept. 4, p. 3.

Booth, Charles. 1903. *Life and Labor of the People in London*. London: Macmillan.

Bordo, Susan. 1993. "'Material Girl': The Effacements of Postmodern Culture." Pp. 265–90 in *The Madonna Connection: Representational Politics, Subcultural Identities, and Cultural Theory*, ed. Cathy Schwichtenberg. Boulder, CO: Westview Press.

Borgé, Jacques, and Nicolas Viasnoff. 1993. *Archives de Paris.* Paris: Editions Michèle Trinckvel.

Bourdieu, Pierre. 1984. *Distinction: A Social Critique of the Judgement of Taste.* Trans. Richard Nice. Cambridge, MA: Harvard University Press.

——. 1993. *The Field of Cultural Production.* Ed. Randal Johnson. New York: Columbia University Press.

Bourdieu, Pierre, and Yvette Delsaut. 1975. "Le Couturier et sa griffe: Contribution à une théorie de la magie." *Actes de la Recherche en Sciences Sociales* 1:7–36.

Bradfield, Nancy. 1981. *Costume in Detail: Women's Dress, 1730–1930.* London: Harrap.

Branch, Shelly. 1993. "How Hip-Hop Fashion Won over Mainstream America." *Black Enterprise* 23 (June): 110–20.

Brew, Margaret L. 1945. "American Clothing Consumption, 1879–1909." Ph.D. diss., Department of Home Economics, University of Chicago.

Breward, Christopher. 1994. "Femininity and Consumption: The Problem of the Late Nineteenth-Century Fashion Journal." *Journal of Design History* 7:71–89.

Brittain, J. W., and John H. Freeman. 1980. "Organizational Proliferation and Density Dependent Selection." Pp. 291–338 in *The Organizational Life Cycle: Issues in the Creation, Transformation, and Decline of Organizations,* ed. John R. Kimberly, R. H. Miles, et al. San Francisco: Jossey-Bass.

Brown, Clare. 1994. *American Standards of Living, 1918–1988.* Oxford: Blackwell.

Brown, Jane D., Carol Reese Dykers, Jeanne Rogge Steele, and Ann Barton White. 1994. "Teenage Room Culture: Where Media and Identities Intersect." *Communication Research* 21:813–27.

Brubach, Holly. 1987. "Ralph Lauren's Achievement." *New Yorker* 63 (April): 70–73.

——. 1993. "Mail-Order America." *New York Times Magazine,* Nov. 21, pp. 54–61, 68–70.

——. 1997. "Beyond Shocking." *New York Times Magazine,* May 18, pp. 24, 26, 28.

Buchmann, Marlis. 1989. *The Script of Life in Modern Society.* Chicago: University of Chicago Press.

Buckley, Richard. 1997. "Tracking Hip: Blink and It's Gone." *International Herald Tribune,* Oct. 16, pp. 17, 19.

Bulger, Margery A. 1982. "American Sportswomen in the 19th Century." *Journal of Popular Culture* 16:1–16.

Burnett, John, ed. 1974. *Annals of Labour: Autobiographies of British Working-Class People, 1820–1920.* Bloomington: Indiana University Press.

Burnett, Robert. 1992. "Concentration and Diversity in the International Phonogram Industry." *Communication Research* 19:749–69.

Butler, Judith. 1990. *Gender Trouble: Feminism and the Subversion of Identity.* New York: Routledge.

Byrde, Penelope. 1979. *The Male Image: Men's Fashion in Britain, 1300–1970.* London: B. T. Batsford.

——. 1992. *Nineteenth Century Fashion.* London: B.T. Batsford.

Cabasset, Patrick 1989. "Paris sert de rampe de lancement." *Journal du Textile,* no. 1178 (Nov. 6): 26–27.

———. 1990. "La Violence urbaine ne se laisse pas oublier." *Journal du Textile*, no. 1211 (Aug. 22): 226.

Caldwell, John C. 1995. *Televisuality: Style, Crisis and Authority in American Television.* New Brunswick, NJ: Rutgers University Press.

Calhoun, Craig. 1994. "Introduction: Habermas and the Public Sphere." Pp. 1–48 in *Habermas and the Public Sphere*, ed. Craig Calhoun. Cambridge, MA: MIT Press.

Casey, Allie. 1997. "Why Men Find 'Casual Fridays' Suitable." [Letter]. *New York Times*, April 13, p. 14.

Cassell, Joan. 1974. "Externalities of Change: Deference and Demeanor in Contemporary Feminism." *Human Organization* 33:85–94.

Charles-Roux, Edmonde. 1975. *Chanel: Her Life, Her World, and the Woman behind the Legend She Herself Created.* Trans. Nancy Amphoux. New York: Knopf.

Chaumette, Xavier. 1995. *Le Costume Tailleur: La culture vestimentaire en France aux XIXème Siècle.* Paris: Esmod Edition.

Chenoune, Farid. 1993. *A History of Men's Fashion.* Trans. Deke Dusinberre. Paris: Flammarion.

Chibnell, Steve. 1985. "Whistle and Zoot: The Changing Meaning of a Suit of Clothes." *History Workshop*, no. 20:56–81.

Clark, Danae. 1993. "Commodity Lesbianism." Pp. 186–201 in *The Lesbian and Gay Studies Reader*, ed. Henry Abelove, Michèle Aina Barale, and David M. Halperin. New York: Routledge.

Clark, Terry N., and Seymour M. Lipset. 1991. "Are Social Classes Dying?" *International Sociology* 6:397–410.

Clarke, John. 1976. "Style." Pp. 175–91 in *Resistance through Rituals*, ed. Stuart Hall and Tony Jefferson. London: Hutchinson.

Clark-Lewis, Elizabeth. 1994. *Living In, Living Out: African American Domestics in Washington, D.C., 1910–1940.* Washington, DC: Smithsonian Institution Press.

Coffin, Judith G. 1994. "Credit, Consumption, and Images of Women's Desires: Selling the Sewing Machine in Late Nineteenth-Century France." *French Historical Studies* 18:749–83.

———. 1996a. "Consumption, Production, and Gender: The Sewing Machine in Nineteenth-Century France." Pp. 111–41 in *Gender and Class in Modern Europe*, ed. Sonya O. Rose. Ithaca, NY: Cornell University Press.

———. 1996b. *The Politics of Women's Work: The Paris Garment Trades, 1750–1915.* Princeton, NJ: Princeton University Press.

Coleman, Elisabeth Ann. 1990. "Pourvu que vos robes vous aillent: Quand les Américaines s'habillaient à Paris." Pp. 133–44 in *Femmes Fin de Siècle, 1885–1895.* Paris: Musée de la Mode et du Costume, Palais Galliera.

Condé, Françoise. 1992. "Les Femmes photographes en France, 1839–1914." Master's thesis, Université Jussieu-Paris VII-UFR d'Histoire.

Connor, Steven. 1989. *Postmodernist Culture: An Introduction to Theories of the Contemporary.* Oxford: Basil Blackwell.

Cookingham, Mary. 1984. "Bluestockings, Spinsters, and Pedagogues: Women College Graduates, 1965–1910." *Population Studies* 38:349–64.

Cose, Ellis. 1993. "Brutality as a Teen Fashion Statement." *Newsweek* 122 (Aug. 23): 61.

Cosgrove, Stuart. 1988. "The Zoot Suit and Style Warfare." Pp. 3–22 in *Zoot Suits and Second-Hand Dresses*, ed. Angela McRobbie. Boston: Unwin and Hyman.

Costil, Olivier. 1991. "Vendre des griffes masculines est un métier à hauts risques." *Journal du Textile*, no. 1252 (July 1): 23.

Crane, Diana. 1987. *The Transformation of the Avant-Garde: The New York Art World, 1940–1985*. Chicago: University of Chicago Press.

———. 1992. *The Production of Culture: Media and the Urban Arts*. Newbury Park, CA: Sage.

———. 1993. "Fashion Design as an Occupation: A Cross-National Approach." *Current Research on Occupations and Professions* 8: 55–73.

———. 1997a. "Postmodernism and the Avant-Garde: Stylistic Change in Fashion Design." *Modernism/Modernity* 4, no. 3: 123–40.

———. 1997b. "Globalization, Organizational Size, and Innovation in the French Luxury Fashion Industry: Production of Culture Theory Revisited." *Poetics* 24: 393–414.

Crispell, Diane. 1992. "Diversity . . . and How to Manage It." *American Demographics* 14 [online] (May): C01(1).

Cross, Gary, and Peter R. Shergold. 1986. "The Family Economy and the Market: Wages and Residence of Pennsylvania Women in the 1890s." *Journal of Family History* 11: 245–65.

Crowe, Duncan. 1971. *The Victorian Woman*. London: George Allen and Unwin.

———. 1978. *The Edwardian Woman*. London: George Allen and Unwin.

Cunnington, C. Willett, and Phillis Cunnington. 1959. *Handbook of English Costume in the Nineteenth Century*. London: Faber and Faber.

Cunnington, Phillis. 1974. *Costume of Household Servants from the Middle Ages to 1900*. New York: Harper and Row.

Cunnington, Phillis, and Catherine Lucas. 1967. *Occupational Costume in England from the Eleventh Century to 1914*. London: Adam and Charles Black.

Davis, Fred. 1992. *Fashion, Culture, and Identity*. Chicago: University of Chicago Press.

Davis, Laurel R. 1997. *The Swimsuit Issue and Sport: Hegemonic Masculinity in "Sports Illustrated."* Albany: State University of New York Press.

Davray-Piekolek, Renée. 1990. "Les Modes triomphantes, 1885–1895." Pp. 29–64 in *Femmes Fin de Siècle, 1885–1895*. Paris: Musée de la Mode et du Costume, Palais Galliera.

Debrosse, Juliette. 1994. "La Mode populaire citadine à travers les catalogues et les prospectus des magasins et bazars (1880–1914)." Master's thesis, Paris IV Sorbonne et Institut Catholique de Paris.

de la Haye, Amy. 1994. *Chanel: The Couturière at Work*. Woodstock, NY: Overlook Press.

———. 1997. *The Cutting Edge: 50 Years of British Fashion, 1947–1997*. Woodstock, NY: Overlook Press.

de la Haye, Amy, and Cathie Dingwall. 1996. *Surfers, Soulies, Skinheads & Skaters: Subcultural Style from the Forties to the Nineties*. Woodstock, NY: Overlook Press.

Delbourg-Delphis, Marylène. 1981. *Le Chic et le look: Histoire de la mode feminine et des moeurs de 1850 à nos jours*. Paris: Hachette.

———. 1983. *La Mode pour la vie*. Paris: Editions Autrement.

———. 1984. "Trombinoscope." Humeur de Mode. Special Issue of *Autrement*, no. 62 (Sept.): 165–80.

———. 1985. "Radioscope de la coupe Balenciaga." Pp.21–24 in *Hommage à Balenciaga*. [Exhibition, Musée Historique des Tissus de Lyon, Sept. 28, 1985–Jan. 6, 1986]. Paris: Editions Herscher.

Delpierre, Madeleine. 1990. *Le Costume: De la Restauration à la Belle Epoque*. Paris: Flammarion.

———. 1991. *Le Costume: La haute couture de 1940 à nos jours*. Paris: Flammarion.

de Marly, Diana. 1980. *The History of Haute Couture, 1850–1950*. New York: Holmes and Meier.

———. 1985. *Fashion for Men: An Illustrated History*. New York: Holmes and Meier.

———. 1986. *Working Dress: A History of Occupational Clothing*. New York: Holmes and Meier.

———. 1990a. *Christian Dior*. London: B. T. Batsford.

———. 1990b. *Worth: Father of Haute Couture*. New York: Holmes and Meier.

Derko, Scott. 1994. *The Value of a Dollar, 1860–1989*. Detroit: Gale.

Déslandres, Yvonne, and Florence Müller. 1986. *Histoire de la mode au XXe siècle*. Paris: Editions Somogy.

Diamonstein, Barbara. 1985. *Fashion: The Inside Story*. New York: Rizzoli.

Dike, Catherine, and Guy Bezzaz. 1988. *La Canne Objet d'art*. Paris: Editions de l'Amateur.

DiMaggio, Paul. 1987. "Classification in Art." *American Sociological Review* 52:440–55.

Dowd, Maureen. 1997. "Dressing for Contempt." *New York Times*, Sept. 17, p. A31.

Dudden, Faye E. 1983. *Serving Women: Household Service in Nineteenth Century America*. Middletown, CT: Wesleyan University Press.

Dumazedier, Joffre. 1989. "France: Leisure Sociology in the 1980s." Pp. 143–61 in *Leisure and Life-Style: A Comparative Analysis of Free Time*, ed. Anna Olszewska and K. Roberts. Sage Studies in International Sociology 38. London: Sage.

Duroselle, J.-B. 1972. *La France et les Français, 1900–1914*. Paris: Editions Richelieu.

Duveau, G. 1946. *La Vie ouvrière en France sous le Second Empire*. Paris: Gallimard.

Editions de la Réunion des Musées nationaux. *Costume, Coutume*. 1987. [Galéries nationales du Grand Palais, March 16–June 15]. Paris: Editions de la Réunion des Musées nationaux.

Ehrenreich, Barbara. 1989. *Fear of Falling: The Inner Life of the Middle Class*. New York: Harper.

Erickson, Bonnie H. 1996. "Culture, Class, and Connections." *American Journal of Sociology* 102:217–51.

Evans, Caroline, and Minna Thornton. 1989. *Women and Fashion: A New Look*. London: Quarter Books.

Ewen, Elizabeth. 1985. *Immigrant Women in the Land of Dollars: Life and Culture on the Lower East Side, 1890–1925*. New York: Monthly Review Press.

Ewing, Elizabeth. 1975. *Women in Uniform through the Centuries*. Totowa, NJ: Rowman and Littlefield.

——. 1984. *Everyday Dress, 1650–1900*. London: B. T. Batsford.

Falluel, Fabienne. 1990. "Les Grands Magasins et la confection féminine." Pp. 75–117 in *Femmes Fin de Siècle, 1885–1895*. Paris: Musée de la Mode et du Costume, Palais Galliera.

Farren, Mick. 1985. *The Black Leather Jacket*. New York: Abbeville Press.

Fatout, Paul. 1952. "Amelia Bloomer and Bloomerism." *New York Historical Society Quarterly* 36:361–73.

Featherstone, Mike. 1991. *Consumer Culture and Postmodernism*. Newbury Park, CA: Sage.

Field, George A. 1970. "The Status Float Phenomenon: The Upward Diffusion of Innovation." *Business Horizons* 13 (Aug.): 45–52.

Firat, A. Fuat. 1995. "Consumer Culture or Culture Consumed?" Pp. 105–25 in *Marketing in a Multicultural World*, ed. Janeen Arnold Costa and Gary J. Bamossy. Thousand Oaks, CA: Sage.

Fisher, Andrea. 1987. *Let Us Now Praise Famous Women*. London: Pandora.

Fishlow, Albert. 1973. "Comparative Consumption Patterns, the Extent of the Market, and Alternative Development Strategies." Pp. 41–80 in *Micro Aspects of Development*, ed. E. B. Ayal. New York: Praeger.

Fiske, John. 1984. "Popularity and Ideology: A Structuralist Reading of *Dr. Who*." Pp. 165–98 in *Interpreting Television: Current Research Perspectives*, ed. Willard. D. Rowland Jr. and Bruce Watkins. Beverly Hills, CA: Sage.

——. 1989. *Understanding Popular Culture*. Boston: Unwin Hyman.

——. 1997. "Global, National, Local? Some Problems of Culture in a Postmodern World." *Velvet Light Trap*, no. 40: 56–66.

Fitoussi, M. 1991. "Giorgio Armani lance le pret-à-porter sur mesure." *Elle*, no. 2393 (Nov. 18): 39–40, 42, 44–45.

Flamant-Paparatti, Danièlle. 1984. *Bien-pensantes, cocodettes et bas-bleus: La femme bourgeoise à travers la presse féminine et familiale (1873–1887)*. Paris: Denoël.

Flusser, Alan. 1989. *Clothes and the Man: The Principles of Fine Men's Dress*. New York: Villard Books.

Foote, Shelly. 1980. "Bloomers." *Dress* 5:1–12.

Foote, Shelly, and Claudia B. Kidwell. 1994. "Du travail au loisir, le denim, et l'evolution de l'Amérique." Pp. 69–78 in *Histoires du jeans de 1750 à 1994*. Paris: Editions des musées de la ville de Paris.

Foucault, Michel. 1978. *The History of Sexuality*. Trans. Robert Hurley. New York: Pantheon.

Foucher, Nicole. 1994. "Le Jeans au cinéma." Pp. 95–103 in *Histoires du jeans de 1750 à 1994*. Paris: Editions des musées de la ville de Paris.

Fox, Kathryn J. 1987. "Real Punks and Pretenders: The Social Organization of a Counterculture." *Journal of Contemporary Ethnography* 16:344–70.

Freitas, Anthony, Susan Kaiser, and Tania Hammidi. 1996. "Communities, Commodities, Cultural Space, and Style." *Journal of Homosexuality* 31:83–107.

Freitas, Anthony, Susan Kaiser, Joan Chandler, Carol Hall, Jung-Won Kim, and Tania Hammidi. 1997. "Appearance Management as Border Construction: Least Favorite

Clothing, Group Distancing, and Identity . . . Not!" *Sociological Inquiry* 67 : 323–35.

Freeman, John. 1990. "Ecological Analysis of Semiconductor Firm Mortality." Pp. 53–78 in *Organizational Evolution: New Directions*, ed. Jitendra V. Singh. Newbury Park, CA: Sage.

Freeman, Ruth, and Patricia Klaus. 1984. "Blessed or Not? The New Spinster in England and the United States in the Late Nineteenth and Early Twentieth Centuries." *Journal of Family History* 9 : 394–414.

Friedmann, Daniel. 1987. *Une histoire du blue-jean*. Paris: Editions Ramsay.

Frith, Simon. 1987. *Art into Pop*. London: Methuen.

Fuchs, Rachel G. 1995. "France in a Comparative Perspective." Pp. 157–87 in *Gender and the Politics of Social Reform in France, 1870–1914*, ed. Elinor A. Accampo. Baltimore: Johns Hopkins University Press.

Gadel, Marguerite S. 1985. "Commentary: Style-oriented Apparel Customers." Pp. 155–57 in *The Psychology of Fashion*, ed. Michael R. Solomon. Lexington, MA: Lexington Books.

Garnier, Guillaume. 1987. *Paris-Couture-Années Trente*. Paris: Edition Paris-Musées et Societé de l'Histoire du Costume.

Gaskell, Elizabeth. 1994 [1853]. *Cranford*. London: Penguin Books.

Germain, Isabelle. 1997. "Les Tee-shirts Hanes passent à la TV." *Journal du Textile*, no. 1482 (Jan. 20): 153.

Gernsheim, Alison. 1963. *Fashion and Reality, 1840–1914*. London: Faber and Faber.

Gibbings, Sarah. 1990. *The Tie: Trends and Traditions*. Hauppauge, NY: Barron's Educational Series.

Giddens, Anthony. 1991. *Modernity and Self-Identity*. Cambridge: Polity Press.

Giles, Judy. 1995. *Women, Identity, and Private Life in Britain, 1900–50*. New York: St. Martin's Press.

Ginsburg, Madeleine. 1988. *Victorian Dress in Photographs*. London: B. T. Batsford.

——. 1990. *The Hat: Trends and Traditions*. London: Studio Editions.

Giovannini, Marco. 1984. "Is the T-shirt Already a Legend?" Pp. 13–24 in *T-shirt t-Show*, ed. Omar Calabrese. [Exhibition, Studio Marconi Gallery, Milan, April 1984]. Milan: Electa Editrice.

Gladwell, Malcolm. 1997a. "Annals of Style: The Coolhunt." *New Yorker* 73 (Mar. 17): 78–88.

——. 1997b. "Listening to Khakis." *New Yorker* 73 (July 28): 54–65.

Godard, Colette. 1993. "La Mode en état de crise." *Le Monde*, Mar. 11, p. 30.

Goffman, Erving. 1966. *Behavior in Public Places: Notes on the Social Organization of Gatherings*. New York: Free Press.

——. 1979. *Gender Advertisements*. Cambridge, MA: Harvard University Press.

Goldin, Claudia. 1980. "The Work and Wages of Single Women, 1870 to 1920." *Journal of Economic History* 40 : 81–88.

Goldman, Robert. 1992. *Reading Ads Socially*. New York: Routledge.

Goldman, Robert, Deborah Heath, and Sharon L. Smith. 1991. "Commodity Feminism." *Critical Studies in Mass Communication* 8 : 71–89.

Goldthorpe, John H. 1987. *Social Mobility and Class Structure in Modern Britain*. New York: Oxford University Press.

Gordon, Beverly. 1991. "American Denim: Blue Jeans and Their Multiple Layers of Meaning." Pp. 31–45 in *Dress and Popular Culture*, ed. Patricia A. Cunningham and Susan Voso Lab. Bowling Green, OH: Bowling Green State University Popular Press.

Gordon, Maryellen. 1998. "It's Fitted Skaters vs. Baggy Ravers." *New York Times*, Jan. 18, sect. 9, p. 2.

Gorguet-Ballesteros, Pascale, and Sophie Rosset. 1994. "Album d'images." Pp. 53–68 in *Histoires du jeans de 1750 à 1994*. Paris: Editions des musées de la ville de Paris.

Gorsline, Douglas. 1952. *What People Wore: A Visual History of Dress from Ancient Times to Twentieth Century America*. New York: Bonanza Books.

Goulène, Pierre. 1974. *Evolution des pouvoirs d'achat en France, 1830–1972*. Paris: Bordas.

Green, Nancy L. 1997. *Ready-to-Wear and Ready-to-Work: A Century of Industry and Immigrants in Paris and New York*. Durham, NC: Duke University Press.

Grumbach, Didier. 1993. *Histoires de la mode*. Paris: Seuil.

Guiral, Pierre. 1976. *La Vie quotidienne en France à l'âge d'or du capitalisme, 1852–1879*. Paris: Hachette.

Guiral, Pierre, and Guy Thuillier. 1978. *La Vie quotidienne des domestiques en France au XIXe siècle*. Paris: Hachette.

Gutman, Jonathan, and Michael K. Mills. 1982. "Fashion Life Style, Self-Concept, Shopping Orientation, and Store Patronage: An Integrative Analysis." *Journal of Retailing* 58 (Summer): 64–86.

Guyot, Catherine. 1993. "Des Liens commencent à se nouer entre industriels et jeunes créateurs." *Journal du Textile*, no. 1335 (June 21): 34.

———. 1999. "Le Jean n'est plus un vêtement-culte et il lui faut lutter pour trouver une nouvelle identité." *Journal du Textile*, no. 1576 (April 12): 31.

Hall, John R. 1992. "The Capital(s) of Cultures: A Nonholistic Approach to Status Situations, Class, Gender, and Ethnicity." Pp. 257–285 in *Cultivating Differences: Symbolic Boundaries and the Making of Inequality*, ed. Michèle Lamont and Marcel Fournier. Chicago: University of Chicago Press.

Hall, Lee. 1992. *Common Threads: A Parade of American Clothing*. Boston: Little, Brown.

Hall, Stuart. 1980. "Encoding/Decoding." Pp. 128–138 in *Culture, Media, Language: Working Papers in Cultural Studies, 1972–79*, ed. Stuart Hall et al. London: Hutchison.

Halle, David. 1984. *America's Working Man*. Chicago: University of Chicago Press.

Hause, Steven C., and Anne R. Kenney. 1981. "The Limits of Suffragist Behavior: Legalism and Militancy in France, 1876–1922." *American Historical Review* 86: 781–866.

Hebdige, Dick. 1979. *Subculture: The Meaning of Style*. London: Methuen.

Heinze, Andrew R. 1990. *Adapting to Abundance*. New York: Columbia University Press.

Helvenston, Sally. 1980. "Popular Advice for Well-Dressed Women in the Nineteenth Century." *Dress* 5: 31–47.

Hénin, Janine. 1990. *Paris Haute Couture*. Paris: Editions Philippe Olivier.

Henley, Nancy M. 1977. *Body Politics: Power, Sex and Nonverbal Communication*. Englewood Cliffs, NJ: Prentice-Hall.

Herpin, Nicolas. 1986. "L'Habillement: Une dépense sur le declin." *Economie et Statistique*, no. 192 (Oct.): 65–74.

Herpin, Nicolas, and Daniel Verger. 1988. *La Consommation des Français*. Paris: Editions La Découverte.

Herreros, Fernando M. 1985. "Balenciaga le maître." Pp. 41–42 in *Hommage à Balenciaga*. [Exhibition, Musée Historique des Tissus de Lyon, Sept. 28, 1985–Jan. 6, 1986]. Paris: Editions Herscher.

Hetzel, Patrick. 1995. "Le Rôle de la mode et du dessin dans la société de consommation postmoderne: Quels enjeux pour les entreprises." *Revue Française du Marketing*, no. 151: 19–33.

Hiley, Michael. 1979. *Victorian Working Women: Portraits from Life*. London: G. Fraser.

Hine, Lewis W. 1977 [1932]. *Men at Work: Photographic Studies of Modern Men and Machines*. New York: Dover.

Hirschberg, Lynn. 1997. "The Little Rubber Dress, among Others." *New York Times Magazine*, Feb. 2, pp. 26–29.

Hochschild, Arlie R. 1983. *The Managed Heart: Commercialization of Human Feeling*. Berkeley: University of California Press.

——. 1997. *The Time Bind: When Work Becomes Home and Home Becomes Work*. New York: Henry Holt.

Hochswender, Woody. 1988. "American Accents." *New York Times Magazine*, "Men's Fashions of the Times," Sept. 18, pp. 72–75, 101–2.

——. 1989. "Trade Stocks or Bonds but Beware of Trading Your Suit for a Blazer." *New York Times*, Feb. 26, p. 54.

——. 1991. "Horst's Vision: Glamour Defined." *International Herald Tribune*, Sept. 10.

——. 1993. *Men in Style: The Golden Age of Fashion from "Esquire."* New York: Rizzoli.

Holcombe, Lee. 1973. *Victorian Ladies at Work: Middle-Class Working Women in England and Wales, 1850–1914*. Hamden, CT: Archon Books.

Hollander, Anne. 1994. *Sex and Suits*. New York: Alfred A. Knopf.

Holloman, Lillian O., Velma LaPoint, Sylvan I. Alleyne, Ruth J. Palmer, and Kathy Sanders-Phillips. 1996. "Dress-related Behavioral Problems and Violence in the Public School Setting: Prevention, Intervention, and Policy: A Holistic Approach." *Journal of Negro Education* 65: 267–81.

Holt, Douglas B. 1997a. "Poststructuralist Lifestyle Analysis: Conceptualizing the Social Patterning of Consumption in Postmodernity." *Journal of Consumer Research* 23: 326–350.

——. 1997b. "Distinction in America? Recovering Bourdieu's Theory of Tastes from Its Critics." *Poetics* 25: 93–121.

Horyn, Cathy. 1992. "Summer Shapes Up: The Baggier the Better." *International Herald Tribune*, Aug. 11, p. 7.

——. 1996. "Gender Flap." *Vogue* 186 (May): 114–15.

Hurlock, E. B. 1965. "Sumptuary Law." Pp. 295–301 in *Dress, Adornment and the Social Order*, ed. M. E. Roach and J. Eicher. New York: Wiley.

Jaffré, Jérôme. 1999. "La Gauche accepte le marché; la droite admet la différence." *Le Monde*, Aug. 15–16, p. 5.

Janus, Teresa, Susan B. Kaiser, and Gordon Gray. 1999. "Negotiations @ Work: The Casual Businesswear Trend." In *The Meanings of Dress*, ed. Mary Lynn Damhorst, Kimberly Miller, and Susan Michelman. New York: Fairchild.

Jenkins, Henry. 1992. *Textual Poachers: Television Fans and Participatory Culture*. New York: Routledge.

Jensen, Joan M. 1984. "Needlework as Art, Craft, and Livelihood before 1900." Pp. 3–19 in *A Needle, A Bobbin, A Strike: Women Needleworkers in America*, ed. Joan M. Jensen and Sue Davidson. Philadelphia: Temple University Press.

Jerde, J. 1980. "Mary Molloy: St. Paul's Extraordinary Dressmaker." *Minnesota History* (Fall): 82–89.

Jhally, Sut. 1994. "Intersections of Discourse: MTV, Sexual Politics, and *Dreamworlds*." Pp. 151–68 in *Viewing, Reading, Listening: Audiences and Cultural Reception*, ed. Jon Cruz and Justin Lewis. Boulder, CO: Westview Press.

John, Angela V. 1980. *By the Sweat of Their Brow: Women Workers at Victorian Coal Mines*. London: Croom Helm.

Jones, Mablen. 1987. *Getting It On: The Clothing of Rock 'n' Roll*. New York: Abbeville Press.

Joseph, Nathan. 1986. *Uniforms and Nonuniforms: Communication through Clothing*. Westport, CT: Greenwood Press.

Journal du Textile. 1991. "Autopsie des 20 collections leaders." *Journal du Textile*, no. 1265 (Nov. 11): 80–95.

Juin, Hubert. 1994. *Le Livre de Paris 1900*. Paris: Editions Michèle Trinckvel.

Kaelble, H. 1986. *Social Mobility in the 19th and 20th Centuries*. New York: St. Martin's Press.

Kaiser, Susan B. 1990. *The Social Psychology of Clothes: Symbolic Appearances in Context*. 2d ed. New York: Macmillan.

Kaiser, Susan B., Richard H. Nagasawa, and Sandra S. Hutton. 1991. "Fashion, Postmodernity and Personal Appearance: A Symbolic Interactionist Formulation." *Symbolic Interaction* 14:165–85.

Kaiser, Susan B., Carla M. Freeman, and Joan L. Chandler. 1993. "Favorite Clothes and Gendered Subjectivities: Multiple Readings." *Symbolic Interaction* 15:27–50.

Kalaora, Bernard, and Antoine Savoye. 1989. *Les Inventeurs oubliés: Le Play et ses continuateurs aux origines des sciences sociales*. Seyssel: Editions Champ Vallon.

Kaplan, E. Ann. 1987. *Rocking round the Clock: Music Television, Postmodernism, and Consumer Culture*. New York: Methuen.

Katzman, David M. 1978. *Seven Days a Week: Women and Domestic Service in Industrializing America*. New York: Oxford University Press.

Kelley, Robin D. G. 1992. "The Riddle of the Zoot: Malcolm Little and Black Cultural Politics during World War II." Pp. 155–82 in *Malcolm X: In Our Own Image*, ed. Joe Wood. New York: St. Martin's Press.

Kellner, Douglas. 1989. *Jean Baudrillard: From Marxism to Postmodernism and Beyond*. Cambridge: Polity Press.

——. 1990a. "The Postmodern Turn: Positions, Problems, and Prospects." Pp. 255–86 in *Frontiers of Social Theory*, ed. George Ritzer. New York: Columbia University Press.

——. 1990b. *Television and the Crisis of Democracy*. Boulder, CO: Westview Press.

Kemeny, Lydia. 1984. "St. Martin's School of Art." Pp. 91–98 in *The Fashion Year*, vol. 2, ed. Emily White. London: Zomba Books.

Kent, Susan Kingsley. 1988. "The Politics of Sexual Difference: World War I and the Demise of British Feminism." *Journal of British Studies* 27:232–53.

Kidwell, Claudia, and Margaret Christman. 1974. *Suiting Everyone: The Democratization of Clothing in America*. Washington, DC: Smithsonian Institution Press.

Kidwell, Claudia, and Valerie Steele. 1989. *Men and Women: Dressing the Part*. Washington, DC: Smithsonian Institution Press.

Kiechel, Walter, III. 1983. "The Management Dress Code." *Fortune*, April 14, pp. 193–94, 196.

Kimle, Patricia A., and Mary Lynn Damhorst. 1997. "A Grounded Theory Model of the Ideal Business Image for Women." *Symbolic Interaction* 20:45–68.

King, Sharon R. 1998. "Designers Stumble on the Catwalk: Small Fashion Houses Fall Victim to Tough Economic Conditions." *International Herald Tribune*, Nov. 5, pp. 15, 19.

Kingston, Paul W. 1994. "Are There Classes in the United States?" *Research in Social Stratification and Mobility* 13:3–41.

Klüver, Billy, and Julie Martin. 1989. *Kiki's Paris: Artists and Lovers, 1900–1930*. New York: Harry N. Abrams.

Kotarba, Joseph A. 1994. "The Postmodernization of Rock and Roll Music: The Case of Metallica." Pp. 141–64 in *Adolescents and Their Music: If It's Too Loud, You're Too Old*, ed. Jonathon S. Epstein. New York: Garland.

Krafft, Susan. 1991. "Discounts Drive Clothes." *American Demographics* 13 (July): 11.

LaBalme, Corinne. 1984. "The Other Collections." *Paris Passion* (Nov.): 48.

Labovitch, Carey, and Simon Tesler. 1984. "*Blitz* Magazine: Style as an End in Itself." Pp. 107–14 in *The Fashion Year*, vol. 2, ed. Emily White. London: Zomba Books.

Lacroix, Christian. 1998. Interview. *Mode in France*. TF1 [French television], July 24.

Lakoff, Robin T., and Raquel L. Scherr. 1984. *Face Value: The Politics of Beauty*. Boston: Routledge.

Lambert, Miles. 1991. *Fashion in Photographs 1860–1880*. London: B. T. Batsford.

Lamont, Michèle, John Schmalzbauer, Maureen Waller, and Daniel Weber. 1996. "Cultural and Moral Boundaries in the United States: Structural Position, Geographic Location, and Lifestyle Explanations." *Poetics* 24:31–56.

Latour, Bruno. 1988. "Mixing Humans and Nonhumans Together: The Sociology of a Door-Closer." *Social Problems* 35:298–310.

Lauer, Jeanette C., and Robert H. Lauer. 1981. *Fashion Power: The Meaning of Fashion in American Society*. Englewood Cliffs, NJ: Prentice-Hall.

Laver, James. 1968. *Dandies*. London: Weidenfeld and Nicolson.

Lebergott, Stanley. 1993. *Pursuing Happiness: American Consumers in the Twentieth Century*. Princeton, NJ: Princeton University Press.

Lecompte-Boinet, Guillaume. 1991. "La Difficile Union des rêveurs et des comptables." *Journal du Textile*, no. 1261 (Oct. 14): 74.

Lencek, Lena, and Gideon Bosker. 1989. *Making Waves: Swimsuits and the Undressing of America*. San Francisco: Chronicle Books.

Le Play, Frédéric. 1862. "Instruction sur la méthode d'observation." In *Les Ouvriers des deux mondes*, vol. 4, 1st series. Paris: Au Secretariat de la Société d'Economie Sociale.

——. 1877–79. *Les Ouvriers Européens*. 6 vols. 2d ed. Tours: Alfred Mame et fils.

Leroy, Jean-Paul. 1994. "Les Jeanneries disent adieu aux années 50." *Journal du Textile*, no. 1368 (April 11): 33–34.

Levitt, Sarah. 1986. *Victorians Unbuttoned: Registered Designs for Clothing, Their Makers and Wearers, 1839–1900*. London: George Allen and Unwin.

——. 1991. *Fashion in Photographs, 1880–1900*. London: B. T. Batsford.

Lewis, Reina, and Katrina Rolley. 1996. "Ad(dressing) the Dyke: Lesbian Looks and Lesbian Looking." Pp. 178–89 in *Outlooks: Lesbian and Gay Sexualities and Visual Cultures*, ed. Peter Horne and Reina Lewis. London: Routledge.

Lister, Margot. 1972. *Costumes of Everyday Life: An Illustrated History of Working Clothes*. London: Barrie and Jenkins.

Lloyd, Valerie. 1986. *The Art of Vogue Photography Covers: Fifty Years of Fashion and Design*. New York: Harmony Books.

Lopes, Paul D. 1992. "Innovation and Diversity in the Popular Music Industry." *American Sociological Review* 57 : 561–71.

Lutz, Catherine A., and Jane L. Collins. 1993. *Reading National Geographic*. Chicago: University of Chicago Press.

McBride, Theresa. 1976. *The Domestic Revolution: The Modernisation of Household Service in England and France, 1820–1920*. London: Croom Helm.

——. 1978. "A Woman's World: Department Stores and the Evolution of Women's Employment, 1870–1920." *French Historical Studies* 10 : 664–83.

——. 1986. "Servants and Domestic Laborers: Status and Conditions of, 1879–1970." Pp. 929–30 in *Historical Dictionary of the Third French Republic*. Westport, CT: Greenwood Press.

McCannell, Dean. 1973. "A Note on Hat Tipping." *Semiotica* 7 : 300–312.

McCracken, Ellen. 1993. *Decoding Women's Magazines: From "Mademoiselle" to "Ms."* New York: St. Martin's Press.

McCracken, Grant D. 1985. "The Trickle-Down Theory Rehabilitated." Pp. 39–54 in *The Psychology of Fashion*, ed. Michael R. Solomon. Lexington, MA: Lexington Books.

——. 1988. *Culture and Consumption*. Bloomington: Indiana University Press.

McCrone, Kathleen E. 1987. "Play Up! Play Up! And Play the Game! Sport at the Late Victorian Girls' Public Schools." Pp. 97–129 in *From Fair Sex to Feminism: Sport and the Socialization of Women in the Industrial and Post-Industrial Eras*, ed. J. A. Mangan and Roberta J. Park. London: Frank Cass.

——. 1988. *Sport and the Physical Emancipation of English Women, 1870–1914*. London: Routledge.

McDowell, Colin. 1987. *McDowell's Directory of Twentieth Century Fashion*. London: Frederick Müller.

——. 1997. *The Man of Fashion: Peacock Males and Perfect Gentlemen*. London: Thames and Hudson.

McDowell, Linda. 1997. *Capital Culture: Gender at Work in the City*. Oxford: Blackwell.

MacFarquhar, Neil. 1996. "Backlash of Intolerance Stirring Fear in Iran." *New York Times*, Sept. 20, pp. A1, A6.

McGraw, Dan. 1996. "Dressing down for Dollars: The Booming $10 Billion T-Shirt Industry Is Now a Big-time Business." *U.S. News and World Report* 120 (May 13): 64.

McKinley, James C., Jr. 1996. "Where Castoff Clothes Turn into Cash." *New York Times*, Mar. 15, pp. 1, 10.

Mackrell, Alice. 1992. *Coco Chanel*. London: B. T. Batsford.

McMillan, James F. 1980. *Housewife or Harlot: The Place of Women in French Society, 1870–1940*. New York: St. Martin's Press.

McRobbie, Angela. 1988. "Second-Hand Dresses and the Role of the Ragmarket." Pp. 23–49 in *Zoot Suits and Second-Hand Dresses*, ed. Angela McRobbie. Boston: Unwin and Hyman.

——. 1998. *British Fashion Design: Rag Trade or Image Industry?* London: Routledge.

Maisel, S. 1991. "Le Consommateur masculin s'est émancipé." *Journal du Textile*, no. 1230 (Jan. 21): 76, 78.

Manchester, William. 1989. *In Our Time: The World as Seen by Magnum Photographers*. New York: American Federation of Arts/W. W. Norton.

Mandziuk, Roseann. 1993. "Feminist Politics and Postmodern Seductions: Madonna and the Struggle for Political Articulation." Pp. 167–87 in *The Madonna Connection: Representational Politics, Subcultural Identities and Cultural Theory*, ed. Cathy Schwichtenberg. Boulder, CO: Westview Press.

Martin, Richard. 1987a. "Aesthetic Dress: The Art of Rei Kawakubo." *Arts* 61 (Mar.): 64–65.

——. 1987b. *Fashion and Surrealism*. New York: Rizzoli.

——. 1998. *American Ingenuity: Sportswear, 1930s–1970s*. New York: Metropolitan Museum of Art.

Martin, Richard, and Harold Koda. 1989. *Jocks and Nerds: Men's Style in the Twentieth Century*. New York: Rizzoli.

Martin-Fugier, Anne. 1979. *La Place des bonnes: La domesticité féminine à Paris en 1900*. Paris: Grasset.

Massachusetts Bureau of Labor Statistics [Carroll D. Wright, chief]. 1875. *Sixth Annual Report of the Bureau of Labor Statistics*. Massachusetts Public Document no. 31. Boston: Wright and Potter.

Massey, Mary Elizabeth. 1994. *Women in the Civil War*. Lincoln: University of Nebraska Press.

Mathews, J. 1993. "Fashion Note: Dressing Down for Work." *International Herald Tribune*, Dec. 30, pp. 1, 6.

Melinkoff, Ellen. 1984. *What We Wore: An Offbeat Social History of Women's Clothing, 1950–1980.* New York: William Morrow.

La Mémoire de Paris, 1919–1939. 1993. Paris: La Mairie de Paris.

Menkes, Suzy. 1989. "Creating Another New Look for Dior." *International Herald Tribune,* Jan. 17, p. 7.

———. 1990. "30 Years of Men's Fashion: A Tribute." *International Herald Tribune,* Sept. 4, p. 6.

———. 1992. "As Couture Shows Open, Some Battles Rage On." *International Herald Tribune,* July 25–26, p. 7.

———. 1995. "Why Not Couture by Women?" *New York Times,* Feb. 5, "Styles," pp. 49, 51.

———. 1996. "Galliano's Theatrics at Givenchy." *International Herald Tribune,* Jan. 22, pp. 1, 8.

———. 1999a. "Luxurious Gowns for the Ultimate Party." *International Herald Tribune,* July 20, p. 10.

———. 1999b. "What Is Man? Eclecticism and Whimsy Flourish in Paris." *International Herald Tribune,* July 6, p. 10.

Meyrowitz, Joshua. 1985. *No Sense of Place: The Impact of Electronic Media on Social Behavior.* New York: Oxford University Press.

Middleton, William. 1999. "A Peaceful Revolution for the French Male." *International Herald Tribune,* "Men's Fashion: A Special Report," Jan. 13, p. 4.

Milbank, Caroline. 1985. *Couture: The Great Designers.* New York: Stewart, Tabori, and Chang.

Mitchell, B. R. 1981. *European Historical Statistics, 1750–1975.* London: Macmillan.

Modell, John. 1978. "Patterns of Consumption, Acculturation, and Family Income Strategies in Late Nineteenth Century America." Pp. 206–40 in *Family and Population in Nineteenth Century America,* ed. Tamara K. Hareven and Maris A. Vinovskis. Princeton, NJ: Princeton University Press.

Monier, Véronique. 1990. "Balbec, essai sur l'apparition d'une mode sportive en littérature." Pp. 119–32 in *Femmes Fin de Siècle, 1885–1895.* Paris: Musée de la Mode et du Costume, Palais Galliera.

Montagné-Villette, Solange. 1990. *Le Sentier: Un Espace ambigü.* Paris: Masson.

Mopin, Odile. 1997. "Les Modes jeunes jaillissent en tous sens." *Journal du Textile,* no. 1481 (Jan. 13): 89–90.

More, Louise B. 1907. *Wage-Earners' Budgets: A Study of Standards and Cost of Living in New York City.* New York: Holt.

Morokvasic, Mirjana, Roger Waldinger, and Annie Phizacklea. 1990. "Business on the Ragged Edge: Immigrant and Minority Business in the Garment Industries of Paris, London, and New York." Pp. 157–76 in *Ethnic Entrepreneurs: Immigrant Business in Industrial Societies,* ed. Roger Waldinger et al. Newbury Park, CA: Sage.

Moses, Claire Goldberg. 1984. *French Feminism in the Nineteenth Century.* Albany: State University of New York Press.

Mrozek, Donald J. 1987. "The 'Amazon' and the American 'Lady': Sexual Fears of Women as Athletes." Pp. 282–98 in *From Fair Sex to Feminism: Sport and the Socialization of*

Women in the Industrial and Post-Industrial Eras, ed. J. A. Mangan and Roberta J. Park. London: Frank Cass.

Mulvey, Laura. 1975–76. "Visual Pleasure and Narrative Cinema." *Screen* 16:6–18.

Musée de la Mode et du Costume. 1983. *Uniformes civiles Français: Ceremoniales et circonstances, 1750–1980*. [Exhibition, Dec. 16, 1982–April 17, 1983, Paris]. Paris: Musée de la Mode et du Costume.

Myers, Kathy. 1987. "Fashion 'n' Passion." Pp. 58–65 in *Looking On: Images of Femininity in the Visual Arts and Media*, ed. Rosemary Betterton. London: Pandora.

Nabers, William. 1995. "The New Corporate Uniform." *Fortune*, Nov. 13, pp. 132–37.

Nelton, Sharon. 1991. "The Man Who Transformed T-Shirts from Underwear into Fashion." *Nation's Business* 79 (Jan.): 14.

New York Times. 1985. "About Town: Skirts for Men." *New York Times*, Feb. 19, p. C24.

———. 1995. "On the Street: Highly Evolved." *New York Times*, April 23, "Styles," p. 52.

Newton, Stella M. 1974. *Health, Art and Reason: Dress Reformers of the 19th Century*. London: John Murray.

Nordquist, Barbara K. 1991. "Punks." Pp. 74–84 in *Dress and Popular Culture*, ed. Patricia A. Cunningham and Susan Voso Lab. Bowling Green, OH: Bowling Green State University Popular Press.

Normand, Jean-Michel. 1999a. "Le Jean prend un coup de vieux." *Le Monde*, Feb. 12, p. 25.

———. 1999b. "Du 'look cow-boy' au 'look chantier.'" *Le Monde*, Feb. 12, p. 25.

Nye, Robert A. 1993. *Masculinity and Male Codes of Honor in Modern France*. New York: Oxford University Press.

Obalk, Hector, Alain Soral, and Alexandre Pasche. 1984. *Les Mouvements de mode expliquées aux parents*. Paris: Robert Lafont.

Oberschall, Anthony, ed. 1972. *The Establishment of Empirical Sociology*. New York: Harper and Row.

O'Donnol, Shirley M. 1982. *American Costume, 1915–1970*. Bloomington: Indiana University Press.

Offen, Karen M. 1984. "Depopulation, Nationalism, and Feminism in Fin-de-siècle France." *American Historical Review* 89:648–76.

Olian, JoAnne. 1992. *Everyday Fashions of the Forties as Pictured in Sears Catalogs*. New York: Dover.

Ostrowski, Constance J. 1996. "The Clothesline Project: Women's Stories of Gender-related Violence." *Women and Language* 19:37–41.

Papayanis, Nicholas. 1993. *The Coachmen of Nineteenth Century Paris: Service Workers and Class Consciousness*. Baton Rouge: Louisiana State University Press.

Pareles, Jon. 1993. "'90s Rock: A Mess, but Not Bad." *International Herald Tribune*, Jan. 6, p. 8.

Parisi, Peter. 1993. "'Black Bart' Simpson: Appropriation and Revitalization in Commodity Culture." *Journal of Popular Culture* 27 (Summer): 125–42.

Partington, Angela. 1996. "Perfume: Pleasure, Packaging and Postmodernity." Pp. 204–18 in *The Gendered Object*, ed. Pat Kirkham. Manchester: Manchester University Press.

Pasquet, P. 1990. "Le Parcours des jeunes créateurs reste semé d'embûches." *Journal du Textile*, no. 1188 (Jan. 29): 80, 82, 91.

Pellegrin, Nicole. 1989. *Les Vêtements de la liberté*. Paris: Alinea.

Perrot, Marguerite. 1982. *Le Mode de vie des familles bourgeoises, 1873–1953*. Paris: Presses de la Fondation Nationale des Sciences Politiques.

Perrot, Philippe. 1981. *Les Dessus et les dessous de la bourgeoisie: Une Histoire du vêtement aux XIXe siècle*. Paris: Fayard.

Peterson, Richard. 1994. "Culture Studies through the Production Perspective: Progress and Prospects." Pp.163–90 in *The Sociology of Culture: Emerging Theoretical Perspectives*, ed. Diana Crane. Cambridge, MA: Blackwell.

Phizacklea, Annie. 1990. *Unpacking the Fashion Industry: Gender, Racism and Class in Production*. London: Routledge.

Piganeau, Joëlle. 1988. "Les Garçons jugent la mode." *Journal du Textile*, no. 1099 (Jan. 18): 24.

———. 1989. "Le Créateur des collections Benetton s'explique." *Journal du Textile*, no. 1146 (Feb. 13): 30.

———. 1991. "Le Nom est plus vendeur que la mode." *Journal du Textile*, no. 1255 (Aug. 26): 72–73.

———. 1994. "Qu'y a-t-il dans les placards des hommes en devenir?" *Journal du Textile*, no. 1378 (June 27): 28.

———. 1996. "Les Modes junior ont leur porte-parole." *Journal du Textile*, no. 1464 (Aug. 30): 126–28.

———. 1998. "La Période est difficile pour les jeunes créateurs." *Journal du Textile*, no. 1528 (Feb. 13): 12.

———. 1999. "Les Professionnels de la mode vont devoir se servir de nouvelles clés." *Journal du Textile*, no. 1586 (June 28): 2–3.

Piirto, Rebecca. 1990. "Why They Buy Clothes with Attitude." *American Demographics* 12 (Oct.): 10, 52, 54.

Plous, S., and Dominique Neptune. 1997. "Racial and Gender Biases in Magazine Advertising." *Psychology of Women Quarterly* 21:627–44.

Polhemus, Ted. 1994. *Street Style: From Sidewalk to Catwalk*. London: Thames and Hudson.

Press, Andrea. 1994. "The Sociology of Cultural Reception: Notes toward an Emerging Paradigm." Pp. 221–45 in *The Sociology of Culture: Emerging Theoretical Perspectives*, ed. Diana Crane. Cambridge, MA: Blackwell.

Pujol, Pascale. 1989. "Pour créer il faut d'abord capter." *Journal du Textile*, no. 1170 (Aug. 28): 98, 100–101.

———. 1992a. "Le Cca voit les hommes de plus en plus conservateurs." *Journal du Textile*, no. 1275 (Jan. 10): 39.

———. 1992b. "L'univers des femmes est formé de cinq groupes." *Journal du Textile*, no. 1301 (Sept. 28): 47.

———. 1994. "L'Introuvable Marché des créateurs masculins." *Journal du Textile*, no. 1378 (June 27): 34–35.

———. 1995. "L'Avenir des jeunes griffes reste incertain." *Journal du Textile*, no. 1404

(Feb. 27): 46, 51.

Quant, Mary. 1965. *Quant by Quant.* New York: G. P. Putnam's.

Quilleriet, Anne-Laure. 1999. "Le 'Off' en hausse." *Le Monde,* July 24, p. 22.

Rabine, Leslie. 1994. "A Woman's Two Bodies: Fashion Magazines, Consumerism, and Feminism." Pp. 59–75 in *On Fashion,* ed. Shari Benstock and Suzanne Ferris. New Brunswick, NJ: Rutgers University Press.

Reberioux, Madeleine. 1980. "L'Ouvrière." Pp. 59–78 in *Misérable et glorieuse: La Femme de XIXe siècle,* ed. Jean-Paul Aron. Paris: Fayard.

Rendall, Jane. 1985. *The Origins of Modern Feminism: Women in Britain, France, and the United States, 1780–1860.* London: Macmillan.

Ribeiro, Aileen. 1988. *Fashion in the French Revolution.* New York: Holmes and Meier.

Richardson, Joanna. 1967. *The Courtesans: The Demi-Monde in Nineteenth Century France.* Cleveland: World Publishing.

Richins, Marsha L. 1991. "Social Comparison and the Idealized Images of Advertising." *Journal of Consumer Research* 18:71–83.

Riegel, Robert E. 1963. "Women's Clothes and Women's Rights." *American Quarterly* 15: 390–401.

Riot-Sarcey, Michèle, and Marie-Hélène Zylberberg-Hocquard. 1987. *L'Autre Travail: Travaux de femmes au XIXe siècle.* Paris: CRDP, Musée d'Orsay.

Robb, Graham. 1994. *Balzac: A Life.* New York: W. W. Norton.

Robert, Jean-Louis. 1988. "Women and Work in France during the First World War." Pp. 251–66 in *The Upheaval of War: Family, Work, and Welfare in Europe, 1914–1918,* ed. Richard Wall and Jay Winter. New York: Cambridge University Press.

Roberts, Mary Louise. 1994. *Civilization without Sexes: Reconstructing Gender in Postwar France, 1917–1927.* Chicago: University of Chicago Press.

Robinson, Fred Miller. 1993. *The Man in the Bowler Hat: Its History and Iconography.* Chapel Hill: University of North Carolina Press.

Roche, Daniel. 1994. *The Culture of Clothing: Dress and Fashion in the Ancien Regime.* Cambridge: Cambridge University Press.

Rolley, Katrina. 1990a. "Fashion, Femininity and the Fight for the Vote." *Art History* 13: 47–71.

———. 1990b. "Cutting a Dash: The Dress of Radclyffe Hall and Una Troubridge." *Feminist Review,* no. 35 (Summer): 54–66.

Rubinstein, David. 1977. "Cycling in the 1890s." *Victorian Studies* 21:47–71.

Runciman, W. G. 1990. "How Many Classes Are There in Contemporary British Society?" *Sociology* 24:377–96.

Russell, Frances E. 1892. "A Brief Survey of the American Dress Reform Movements of the Past, with Views of Representative Women." *Arena* 7:325–39.

Russett, Cynthia E. 1989. *Sexual Science: The Victorian Construction of Womanhood.* Cambridge, MA: Harvard University Press.

Ryan, Mary P. 1994. "Gender and Public Access: Women's Politics in Nineteenth-Century America." Pp. 259–88 in *Habermas and the Public Sphere,* ed. Craig Calhoun. Cambridge: MIT Press.

Sabas, Carole. 1999. "La Mode masculine intègre sans états d'âme le Répertoire des Valeurs féminines." *Journal du Textile*, no. 1586 (June 28): 48, 50.

Samet, Jamie. 1989. "Les Mystères dévoilés des 6,000 robes les plus chéres du monde." *Le Figaro*, Jan. 19, p. 33.

Sandler, Irving. 1976. *The Triumph of American Painting: A History of Abstract Expressionism.* New York: Harper and Row.

Saporito, Bill. 1993. "Unsuit Yourself: Management Goes Informal." *Fortune* 128 (Sept. 20): 118–19.

Savage, J. 1988. "Sex, Rock and Identity." Pp. 131–72 in *Facing the Music*, ed. Simon Frith. New York: Pantheon.

Schreier, Barbara. A. 1989. "Sporting Wear." Pp. 92–123 in *Men and Women: Dressing the Part*, ed. Claudia Brush Kidwell and Valerie Steele. Washington, DC: Smithsonian Institution Press.

———. 1994. *Becoming American Women: Clothing and the Jewish Immigrant Experience.* Chicago: Chicago Historical Society.

Schudson, Michael. 1994. "Culture and the Integration of National Societies." Pp. 21–44 in *The Sociology of Culture: Emerging Theoretical Perspectives*, ed. Diana Crane. Oxford: Blackwell.

Schwartzman, A. 1993. "Arnold Glimcher and His Art World All-Stars: Carrying Salesmanship to the Level of Art." *New York Times Magazine*, Oct. 3, sect. 6, p. 22.

Scott, Joan W., and Louise A. Tilly. 1975. "Women's Work and the Family in Nineteenth-Century Europe." *Comparative Studies in Society and History* 17: 36–64.

Segal, Lynne. 1990. *Slow Motion: Changing Masculinities, Changing Men.* New Brunswick, NJ: Rutgers University Press.

Senes, Alexandra. 1997. "New York: Haute pression à Manhattan." *Le Monde*, Oct. 16, "*Styles*," p. 6.

Sepulchre, Cécile. 1992. "Le Filon vert pourrait deboucher sur une Impasse." *Journal du Textile*, no. 1298 (Sept. 1): 60–64.

———. 1994a. "Martin Margiela invente une nouvelle forme de présentation." *Journal du Textile*, no. 1372 (May 9–16): 84–85.

———. 1994b. "Les Tee-shirts prennent la parole." *Journal du Textile*, no. 1395 (Dec. 5): 27.

———. 1997. "La Temple de la haute couture s'ouvre aux créateurs." *Journal du Textile* no. 1481 (Jan. 13): 3–4.

Service Nationale de la Statistique. 1906. *Résultats statistiques du recensement général de la population, effectué le 24 mars, 1901*, vol. 4. Paris: Imprimerie Nationale.

Severa, Joan L. 1995. *Dressed for the Photographer: Ordinary Americans and Fashion.* Kent, OH: Kent State University Press.

Shaffer, John W. 1978. "Family, Class, and Young Women: Occupational Expectations in Nineteenth-Century Paris." *Journal of Family History* 3: 62–77.

Shergold, Peter R. 1982. *Working-Class Life: The "American Standard" in Comparative Perspective.* Pittsburgh: University of Pittsburgh Press.

Sichel, Marion. 1978. *Costume Reference, Vol. 8: 1918 to 1939.* London: B. T. Batsford.

——— 1979. *Costume Reference, Vol. 10: 1950 to the Present Day.* London: B. T. Batsford.

Signorielli, Nancy, Douglas McLeod, and Elaine Healy. 1994. "Gender Stereotypes in MTV Commercials: The Beat Goes On." *Journal of Broadcasting and Electronic Media* 38:91–101.

Silver, Catherine B. 1982. *Frédéric Le Play: On Family, Work and Social Change.* Chicago: University of Chicago Press.

Silverman, Debora. 1991. "The 'New Woman,' Feminism, and the Decorative Arts in Fin-de-siècle France." Pp. 144–63 in *Eroticism and the Body Politic,* ed. Lynn Hunt. Baltimore: Johns Hopkins University Press.

Simmel, Georg. 1957 [1904]. "Fashion." *American Journal of Sociology* 62 (May): 541–58.

Sims, Sally. 1991. "The Bicycle, the Bloomer, and Dress Reform in the 1890s." Pp. 125–45 in *Dress and Popular Culture,* ed. Patricia A. Cunningham and Susan Voso Lab. Bowling Green, OH: Bowling Green State University Popular Press.

Siroto, Janet. 1993. "Punk Rocks Again." *Vogue* 183 (Sept.): 248, 258.

Skeggs, Beverly. 1993. "A Good Time for Women Only." Pp. 61–73 in *Deconstructing Madonna,* ed. Fran Lloyd. London: B. T. Batsford.

Smith, Bonnie G. 1981. *Ladies of the Leisure Class: The Bourgeoises of Northern France in the Nineteenth Century.* Princeton, NJ: Princeton University Press.

Smith, Dorothy E. 1988. "Femininity as Discourse." Pp. 37–59 in *Becoming Feminine: The Politics of Popular Culture,* ed. Leslie G. Roman et al. London: Falmer Press.

Smith, D. S. 1994. "A Higher Quality of Life for Whom? Mouths to Feed and Clothes to Wear in the Families of Late Nineteenth-Century American Workers." *Journal of Family History* 19:1–33.

Smith, J. Walker, and Ann Clurman. 1997. *Rocking the Ages: The Yankelovich Report on Generational Marketing.* New York: Harper Business.

La Société Internationale des Etudes Pratiques d'Economie Sociale. 1857–1928. *Les Ouvriers des Deux Mondes.* Paris: Secretariat de la Société d'Economie Sociale.

Sonenscher, Michael. 1987. *The Hatters of Eighteenth-Century France.* Berkeley: University of California Press.

Spencer, Neil. 1992. "Menswear in the 1980s: Revolt into Conformity." Pp. 40–48 in *Chic Thrills: A Fashion Reader,* ed. Juliet Ash and Elizabeth Wilson. Berkeley: University of California Press.

Spindler, Amy. 1995. "Four Who Have No Use for Trends." *New York Times,* Mar. 20, p. B10.

——. 1996a. "The Look: Tough, Maybe Tattered." *New York Times,* Oct. 11, p. B8.

——. 1996b. "Sensuality, Not Practicality." *New York Times,* Oct. 22, p. B8.

——. 1997. "A Death Tarnishes Fashion's 'Heroin Look.'" *New York Times,* May 20, pp. A1, B7.

Stallybrass, Peter. 1993. "Worn Worlds: Clothes, Mourning and the Life of Things." *Yale Review* 81:35–50.

Stansell, Christine. 1987. *City of Women: Sex and Class in New York, 1789–1860.* Urbana: University of Illinois Press.

Statistical Office of the European Communities. 1993. *Eurostat-CD 1993: Electronic Statistical Yearbook of the European Communities.* 2d ed. Luxembourg: Amt flr Amtliche

Vervffertlichungen des Europaoschen Gemeinschaften.

Stearns, Peter N. 1972. "Working-Class Women in Britain, 1890–1914." Pp. 100–20 in *Suffer and Be Still: Women in the Victorian Age*, ed. Martha Vicinus. Bloomington: Indiana University Press.

Steele, Valerie. 1985. *Fashion and Eroticism*. New York: Oxford University Press.

——. 1989a. "Dressing for Work." Pp. 69–91 in *Men and Women: Dressing the Part*, ed. Claudia B. Kidwell and Valerie Steele. Washington, DC: Smithsonian Institution Press.

——. 1989b. *Paris Fashion*. New York: Oxford University Press.

——. 1991. *Women of Fashion: Twentieth-Century Designers*. New York: Rizzoli.

——. 1996. *Fetish: Fashion, Sex and Power*. New York: Oxford University Press.

Stegemeyer, Anne. 1988. *Who's Who in Fashion*. 2d ed. New York: Fairchild Publications.

Steinhauer, Jennifer, and Constance C. R. White. 1996. "Women's New Relationship with Fashion." *New York Times*, Aug. 5, sect. A, p. 1.

Stephens, Debra Lynn, et al. 1994. "The Beauty Myth and Female Consumers: The Controversial Role of Advertising." *Journal of Consumer Affairs* 28: 137–53.

Sudjic, Deyan. 1990. *Rei Kawakubo and Comme des Garçons*. New York: Rizzoli.

Summer, Christine C. 1996. "Tracking the Junkie Chic Look." *Psychology Today* (Sept./ Oct.): 14.

Sutherland, Daniel E. 1981. *Americans and Their Servants: Domestic Service in the United States from 1800 to 1920*. Baton Rouge: Louisiana State University Press.

Swartz, Mimi 1998. "Victoria's Secret." *New Yorker* 74 (Mar. 30): 94–98, 100–101.

Tarrant, N. 1994. *The Development of Costume*. London: Routledge/ National Museums of Scotland, Edinburgh.

Tetzlaff, David. 1993. "Metatextual Girl: ⇒ Patriarchy ⇒ Postmodernism ⇒ Power ⇒ Money ⇒ Madonna." Pp. 239–64 in *The Madonna Connection: Representational Politics, Subcultural Identities, and Cultural Theory*, ed. Cathy Schwichtenberg. Boulder, CO: Westview Press.

Thébaud, Françoise. 1986. *La Femme au temps de la guerre de 14*. Paris: Stock/Laurence Pernoud.

Thim, Dennis. 1987. "Magic Christian." W [Women's Wear Daily], Dec. 10, p. 65.

Thompson, Craig J., and Diana L. Haytko. 1997. "Speaking of Fashion: Consumers' Uses of Fashion Discourses and the Appropriation of Countervailing Cultural Meanings." *Journal of Consumer Research* 24 (June): 15–42.

Tickner, Lisa. 1988. *The Spectacle of Women: Imagery of the Suffrage Campaign, 1907–14*. Chicago: University of Chicago Press.

Time. 1992. "Gun Shirts Are Out." *Time* 140 (Oct. 19): 24.

Toner, Robin. 1994. "Fond Memory: The Family Doctor Is Rarely In." *New York Times*, Feb. 6, sect. 4, p. 1.

Toussaint-Samat, Maguelonne. 1990. *Histoire technique et morale du vêtement*. Paris: Bordas.

Trautman, Julianne, and Marilyn DeLong. 1997. "Design and Fashion Theory in the Work of Madame Boyd, Dressmaker, 1887–1917." Paper presented at the meeting of the International Textile and Apparel Association, Université de la Mode, Lyon,

France, July 11.

Trautman, Pat. 1979. "Personal Clothiers: A Demographic Study of Dressmakers, Seamstresses and Tailors, 1880–1920." *Dress* 4:74–95.

Tredre, Roger. 1999. "Jeans Makers Get the Blues as Sales Sag." *International Herald Tribune*, Jan. 13, "Men's Fashion: A Special Report," p. I.

Trujillo, Nick. 1991. "Hegemonic Masculinity on the Mound: Media Representations of Nolan Ryan and American Sports Culture." *Critical Studies in Mass Communication* 8:290–308.

Turim, Maureen. 1985. "Gentlemen Consume Blondes." Pp. 369–78 in *Movies and Methods: An Anthology*, Vol. 2, ed. Bill Nichols. Berkeley: University of California Press.

Turow, Joseph. 1997. *Breaking Up America: Advertisers and the New Media World*. Chicago: University of Chicago Press.

U.S. Bureau of the Census. 1975. *Historical Statistics of the United States: Colonial Times to 1970*. Washington, DC: Government Printing Office.

U.S. Commissioner of Labor. 1891. *Sixth Annual Report: 1890*. Washington, DC: Government Printing Office.

U.S. Department of Labor, Bureau of Labor Statistics. 1990. "Detailed Occupation by Race, Hispanic Origin, and Sex: 1990 Census of Population and Housing." Equal Employment Opportunity File/U.S. Bureau of the Census. [Accessed via CenStats: An Electronic Subscription Service, Sept. 28, 1999.] Washington, DC: Government Printing Office. (URL: http://tier2.census.gov/eeo.htm)

Valette-Florence, Pierre. 1994. *Les Styles de vie Bilan critique et perspectives: Du mythe à la réalité*. Paris: Nathan.

Valmont, Martine. 1993. "La Consommatrice est mise sous surveillance." *Journal du Textile*, no. 1349 (Nov. 8): 94.

———. 1994. "La Vague du streetwear est prête à déferler." *Journal du Textile*, no. 1368 (April 11): 21–22, 25.

Vanneman, Reeve, and Lynn Weber Cannon. 1987. *The American Perception of Class*. Philadelphia: Temple University Press.

Veblen, Thorstein. 1899. *The Theory of the Leisure Class*. New York: Macmillan.

Vettraino-Soulard, Marie-Claude. 1998. "L'internationalisation de la mode." *Communication et langages*, no. 118: 70–84.

Vicinus, Martha. 1985. *Independent Women: Work and Community for Single Women, 1850–1920*. Chicago: University of Chicago Press.

Vidich, Arthur J. 1995. "Class and Politics in an Epoch of Declining Abundance." Pp. 364–86 in *The New Middle Classes: Life-Styles, Status Claims and Political Orientations*, ed. Arthur J. Vidich. New York: Macmillan.

Villacampa, E. 1989. "Les Hommes: Sont-ils plus receptifs à la Mode?" *Journal du Textile*, no. 1169 (Aug. 24): 98, 100.

Waldrop, Judith. 1994. "Markets with Attitude." *American Demographics* 16 (July): 22–32.

Walsh, Margaret. 1979. "The Democratization of Fashion: The Emergence of the

Women's Dress Pattern Industry." *Journal of American History* 66 (Sept.): 299–313.

Walz, Barbara, and Bernadine Morris. 1978. *The Fashion Makers.* New York: Random House.

Warner, Patricia Campbell. 1993. "The Gym Suit: Freedom at Last." Pp. 140–179 in *Dress in American Culture,* ed. Patricia A. Cunningham and Susan Voso Lab. Bowling Green, OH: Bowling Green State University Popular Press.

Weiss, Andrea. 1995. *Paris Was a Woman: Portraits from the Left Bank.* San Francisco: Harper.

Weiss, Michael J. 1989. *The Clustering of America.* New York: Harper and Row.

White, Constance R. 1997. "If It Sings, Wear It." *New York Times,* Oct. 26, sect. 9, pp. 1, 4.

———. 1998. "Isaac Mizrahi to Close His Doors." *International Herald Tribune,* Oct. 3/4.

White, Palmer. 1986. *Elsa Schiaparelli: Empress of Paris Fashion.* New York: Rizzoli.

White, Shane, and Graham White. 1998. *Stylin': African American Expressive Culture from Its Beginnings to the Zoot Suit.* Ithaca: Cornell University Press.

Wilcox, R. Turner. 1945. *The Mode in Hats and Headdress.* New York: Charles Scribner's.

Williamson, Jeffrey G. 1967. "Consumer Behavior in the Nineteenth Century: Carroll D. Wright's Massachusetts Workers in 1875." *Explorations in Entrepreneurial History,* 2d series, 4:98–135.

Wilson, Brian, and Robert Sparks. 1996. "'It's Gotta Be the Shoes': Youth, Race, and Sneaker Commercials." *Sociology of Sport Journal* 13:398–427.

Wilson, Elizabeth. 1987. *Adorned in Dreams: Fashion and Modernity.* Berkeley: University of California Press.

———. 1990. "These New Components of the Spectacle: Fashion and Postmodernism." Pp. 209–37 in *Postmodernism and Society,* ed. Roy Boyne and Ali Rattansi. London: Macmillan.

Winship, Janice. 1985. "'A Girl Needs to Get Street-Wise': Magazines for the 1980's." *Feminist Review,* no. 21: 25–46.

Wolf, Naomi. 1991. *The Beauty Myth: How Images of Beauty Are Used Against Women.* New York: Anchor Books.

Wolfe, Alan. 1998. "The Homosexual Exception." *New York Times Magazine,* Feb. 8, pp. 46–47.

Wood, George. 1903. "Appendix A: The Course of Women's Wages during the Nineteenth Century." Pp. 257–308 in B. L. Hutchins and A. Harrison, A *History of Factory Legislation.* P. S. King and Son.

Worcester, Wood F., and Daisy W. Worcester. 1911. *Report on Conditions of Woman and Child Wage-Earners in the United States.* Vol. 16: *Family Budgets of Typical Cotton-Mill Workers.* Washington, DC: Government Printing Office.

World Almanac and Book of Facts. 1969, 1980. New York: Newspaper Enterprise Association, Inc.

———. 1999. Mahwah, NJ: World Almanac Books.

Worth, Jean-Philippe. 1928. *A Century of Fashion.* Boston: Little, Brown.

Wright, Carroll D. 1969 [1889]. *The Working Girls of Boston.* New York: Arno/New York Times.

Yardley, Jonathan. 1996. "Hot Color for Men: Gray Pinstripe." *International Herald Tribune*, May 28, p. 10.

York, Peter. 1983. *Style Wars*. London: Sidgewick and Jackson.

Young, Agnes B. 1937. *Recurring Cycles of Fashion, 1760–1937*. New York: Harper.

Young, Malcolm. 1992. "Dress and Modes of Address: Structural Forms for Policewomen." Pp. 266–85 in *Dress and Gender: Making and Meaning in Cultural Contexts*, ed. Ruth Barnes and Joanne B. Eicher. New York: Berg.

Ziegert, Beate. 1991. "American Clothing: Identity in Mass Culture, 1840–1990." *Human Ecology Forum* 19 (Spring): 5–9, 31–32.

索 引

（条目后的数字为原书页码，见本书边码；作为个体讨论的设计师按其姓氏排列；以其姓名命名的公司则按品牌名称排列，通常为既定名称）

艺术与社会译丛

第一批书目

第二批书目

11.《先锋派的转型：1940—1985年的纽约艺术界》，

　　〔美〕戴安娜·克兰著，常培杰、卢文超译　　　　　　55.00元

12.《阅读浪漫小说：女性，父权制和通俗文学》，

　　〔美〕珍妮斯·A.拉德威著，胡淑陈译　　　　　　　69.00元

13.《高雅好莱坞：从娱乐到艺术》，

　　〔加〕施恩·鲍曼著，车致新译　　　　　　　　　　59.00元

14.《艺术与国家：比较视野中的视觉艺术》，

　　〔英〕维多利亚·D.亚历山大、〔美〕玛里林·鲁施迈耶著，

　　赵卿译　　　　　　　　　　　　　　　　　　　　59.00元

15.《时尚及其社会议题：服装中的阶级、性别与认同》，

　　〔美〕戴安娜·克兰著，熊亦冉译　　　　　　　　　68.00元

16.《以文学为业：一种体制史》，

　　〔美〕杰拉尔德·格拉夫著，童可依、蒋思婷译　　　（即出）

17.《绘画文化：原住民高雅艺术的创造》，

　　〔美〕弗雷德·R.迈尔斯著，卢文超、窦笑智译　　　78.00元

18.《齐美尔论艺术》，〔德〕格奥尔格·齐美尔著，张丹编译　（即出）

19.《阿多诺之后：音乐社会学的再思考》，

　　〔英〕提亚·德诺拉著，陆道夫译　　　　　　　　　（即出）

20.《贝多芬和天才的建构：1792年到1803年维也纳的音乐政治》，

　　〔英〕提亚·德诺拉著，邹迪译　　　　　　　　　　（即出）